Koslowski/Kreuzer/Löw (Hrsg.)
Evolution und Freiheit

Evolution und Freiheit

Zum Spannungsfeld von
Naturgeschichte und Mensch

Herausgegeben von

Peter Koslowski, München
Philipp Kreuzer, München
Reinhard Löw, München

CIVITAS Resultate Band 5

S. Hirzel Verlag Stuttgart 1984

CIVITAS Gesellschaft zur Förderung von Wissenschaft und Kunst e. V. ist ein gemeinnütziges, privates Forschungsinstitut. Es stellt sich die Aufgabe, die Lebensbedingungen unserer Zivilisation am Ende des 20. Jahrhunderts in einer umfassenden interdisziplinären und philosophischen Perspektive zu untersuchen und neue Lösungen für grundsätzliche Probleme der Politik vorzubereiten. CIVITAS versteht ihre Arbeit als praktische Philosophie, als Untersuchung der Frage, was vernünftige menschliche Praxis für den einzelnen wie für das Gemeinwesen in ganzheitlicher Sicht ist. Diese Arbeit geschieht im interdisziplinären Gespräch mit den Wissenschaften. Ihr Ziel ist Theorie und Forschung ebenso wie Politikberatung.

CIVITAS wurde im Jahre 1979 in München von Leo Koslowski (Tübingen), Peter Koslowski, Philipp Kreuzer, Hermann Krings, Reinhard Löw, Robert Spaemann und Wilhelm Vossenkuhl (alle München) gegründet. Sitz der Gesellschaft ist D-8000 München 80, Möhlstraße 2.

CIP-Kurztitelaufnahme der Deutschen Bibliothek

Evolution und Freiheit:
zum Spannungsfeld von Naturgeschichte u.
Mensch/hrsg. von Peter Koslowski ... —
Stuttgart: Hirzel, 1984.

   (Civitas-Resultate; Bd. 5)
   ISBN 3-7776-0409-7

NE: Koslowski, Peter (Hrsg.);
Civitas: Civitas-Resultate

Satz und Druck: Karl Hofmann, Schorndorf

Inhaltsverzeichnis

III. Evolution und Freiheit. Öffentliche Abendvorträge und Bericht über die Schlußdiskussion

Einleitung

Mit diesem Buch legt die Gesellschaft CIVITAS den 5. Band ihrer „CIVITAS-Resultate" vor. Er umfaßt die Referate und Statements eines Symposiums, das auf Einladung von CIVITAS und unter finanzieller Trägerschaft des amerikanischen LIBERTY FUND, Inc. vom 8. bis 11. Mai 1983 in München stattfand. In der Reihe „CIVITAS-Resultate" liegen nun folgende Bände vor:

— *Fortschritt ohne Maß? Eine Ortsbestimmung der wissenschaftlich-technischen Zivilisation* (Verlag R. Piper, München 1981)
— *Atomenergie — Ein Weg der Vernunft? Eine kritische Einschätzung der Konsequenzen der Kernenergie* (Verlag R. Piper, München 1982)
— *Die Verführung durch das Machbare. Ethische Konflikte in der modernen Medizin und Biologie* (S. Hirzel Verlag, Stuttgart 1983)
— *Chancen und Grenzen des Sozialstaats. Staatstheorie — Politische Ökonomie — Politik* (Verlag J. C. B. Mohr, Tübingen 1983).
— *Evolution und Freiheit. Zum Spannungsfeld von Naturgeschichte und Mensch* (S. Hirzel Verlag, Stuttgart 1984).

Aus den von CIVITAS gewählten Themen wird ersichtlich, worin die Gesellschaft ihr Ziel sieht. Aufgabe von CIVITAS ist die Untersuchung der Lebensbedingungen der wissenschaftlich-technischen Zivilisation. Sie soll deren Chancen und Gefahren für ein vernünftiges und gutes Leben aufweisen und deren Herausforderungen an die wissenschaftliche und politische Phantasie und Gestaltungskraft aufnehmen. Dies schließt die Behandlung zentraler theoretischer Grundprobleme, wie in diesem Fall das Verhältnis von Evolution und Freiheit, ein.

Praktische Philosophie und Einzelwissenschaften

Die Untersuchung von gesellschaftlichen und politischen Problemen im Gesamtzusammenhang unserer Lebensbedingungen mit Blick auf vernünftige politische Praxis und Gestaltung muß heute notwendig die Grenzen der Einzeldisziplinen überschreiten. Diese können in einer arbeitsteiligen Wissenschaftswelt immer nur einen Teilaspekt unserer Existenz in den Blick bekommen und die Frage nach der Vernünftigkeit unserer Praxis und unserer handlungsleitenden Zwecke nicht ausreichend beantworten.

Die Frage nach der Vernünftigkeit des Ganzen ist eine philosophische, und so versteht CIVITAS ihre Arbeit als praktische Philosophie, als philosophische Theorie *und* Praxis. Praktische Philosophie vermittelt zwischen Wissenschaft, Politik und Philosophie. Sie dient der Integration der verschiedenen wissenschaftlichen Disziplinen in das Gesamt der wesentlichen Zwecke des Menschen, und sie dient der Erörterung vernünftiger politischer Praxis und der Politikberatung.

Das Einzelne begründet sich in Wissenschaft wie Politik als vernünftig nicht durch sich selbst, sondern immer innerhalb eines Horizontes vernünftiger Praxis im Ganzen. Wenn dagegen eingewendet wird, daß man aber so etwas wie „vernünftige Praxis im Ganzen" nicht wissenschaftlich klar und eindeutig definieren könne, so ist dies ganz richtig. Die Frage nach vernünftiger Praxis ist keine Frage des Definierens, weil alle Definitionen selbst unter bestimmten Gesichtspunkten stehen, welche letztlich erst durch das Ganze als vernünftig erwiesen werden können. Vernünftigkeit gründet sich nicht auf den Vorrang oder das Durchsetzen *eines* Aspekts (und sei es des wissenschaftlichen), sondern auf die Herbeiführung der Harmonie unter den Aspekten der Gesamtwirklichkeit.

Evolutionstheorie und Philosophie

Darwins Theorie der Evolution natürlicher Arten stellt seit über einem Jahrhundert einen der markantesten Pfeiler der wissenschaftlichen Weltsicht dar. Die vielfachen Bestätigungen, aber auch Modifikationen bis hin zur „Synthetischen Theorie" haben die Evolutionstheorie zudem über ihre ursprünglichen Grenzen — Lebensbeginn hier und geistige Sphäre da — hinauswachsen lassen. Im Prinzip scheint der Kosmos vom Urknall bis zu den höchsten menschlichen Leistungen, Erkenntnis, Kunst, Sittlichkeit, der natürlichen Erklärung zugänglich zu sein. Doch nicht dieser weite Horizont des evolutionistischen Erklärungsanspruchs war Gegenstand des CIVITAS-Symposiums, sondern das spezielle Verhältnis von Evolution und Freiheit.

Auf den ersten Blick ist die Sprengkraft dieser Problematik noch nicht zu sehen: Freiheit „gibt es", und die Evolution „gibt es" eben auch. Aber schon die Vielfalt der Auffassungen unter den Vertretern der Evolutionstheorie darüber, was das „gibt es" eigentlich bedeute, macht nachdenklich. Der strenge Determinist entlarvt alle Freiheit als (allerdings selektionsförderliche) Illusion, der Vertreter des „sowohl . . . als auch" läßt die Dimension der Freiheit durch eine „Fulguration" schlagartig als neue „Systemeigenschaft" entstehen, eine dritte Auffassung sieht in der Freiheit ein allgemeines Naturphänomen bis hinab zur anorganischen Materie. Diese Positionen ergeben sich zwangsläufig, wenn man im ersten Fall von den Prinzipien der Evolutionstheorie, Materie und Spielregeln, alleine ausgeht und die menschliche Freiheit zu rekonstruieren sucht. Es mißlingt, und daraus schließt der Determinist, daß es Freiheit nicht wirklich gibt. Die mittlere Position will weder Evolution noch Freiheit aufgeben und setzt darum einen Sprung, die Fulguration, in die Mitte, welche wiederum bei gleicher Ausgangslage die dritte Position vermeiden will und deshalb genötigt ist, das Reich der Freiheit vom Menschen ausgehend bis in die anorganische Natur zu erstrecken. Philosophische Positionen, die den naturwissenschaftlichen Rahmen transzendieren, verweisen darauf, daß schon dem Entwurf jeder Theorie, auch der Evolutionstheorie, die Freiheit dieses Tuns voraufliegt, daß Menschengeschichte immer eine Geschichte der Freiheit resp. „des Fortschritts im Bewußtsein der Freiheit" ist (Hegel). Wie können diese Gedanken mit denen der Evolutionstheoretiker in Einklang gebracht werden, welche ihrerseits die Philosophie als ein sehr spätes evolutionäres Produkt ansehen?

Evolution und Freiheit: Überblick über den Aufbau des Buches

Der Frage nach dem Verhältnis von Evolution und Freiheit gehen im vorliegenden Band vor allem Philosophen und Biologen, daneben Physiker und Ökonomen nach, welche sich in der Diskussion auch Medizinern und Soziologen, Psychologen und Journalisten stellen. Im ersten Teil wird das Verhältnis von Evolution und Freiheit in der Naturwissenschaft erörtert. Der Physiker Hermann Haken untersucht die Reichweite des Freiheitsbegriffs im anorganischen Bereich, der Geologe und Zoologe Stephen Gould diskutiert das Verhältnis von Bewußtsein und evolutionärer Flexibilität. Der Biologe Hans Mohr entwickelt die Sicht der menschlichen Freiheit aus strikt biologischer Warte, während der Philosoph Reinhard Löw die allgemeine Frage untersucht, wie konsistent die darwinische Sicht generell über die Entstehung des Neuen, nicht nur der Freiheit, argumentiert. Der zweite Teil des Bandes ist dem Verhältnis von Evolution und Freiheit in den Geistes- und Sozialwissenschaften gewidmet. Der Ökonom Jack Hirshleifer rückt das Zusammenspiel von Marktmechanismus und spontaner Ordnung in den Mittelpunkt seiner Überlegungen; anschließend diskutiert der Philosoph Peter Koslowski die beiden komplementären Interaktionen zwischen Sozialwissenschaft und Biologie: Soziobiologie und Bioökonomie. Der Philosoph Reinhart Maurer endlich projiziert die Tagungsproblematik vor den weiteren Horizont der Geschichtsphilosophie. Im dritten Teil des Bandes sind die beiden öffentlichen Abendvorträge enthalten, welche die Philosophen Hans Jonas und Hermann Krings an der Ludwig-Maximilians-Universität in München hielten. Hans Jonas diskutiert das Verhältnis von Evolution und Freiheit aus der Sicht seiner organischen Naturphilosphie, Hermann Krings geht den Grenzen der evolutionistischen Auffassung durch Überlegungen zur Geschichte nach: „Sokrates überlebt". Daran schließt sich ein Bericht über die Schlußdiskussion an.

München, im Juni 1984

Peter Koslowski
Philipp Kreuzer
Reinhard Löw

I. Evolution und Freiheit in den Naturwissenschaften

1. Indeterminismus, Wahl und Freiheit — wie sind diese Begriffe im Bereich des Anorganischen zu verstehen?

Hermann Haken, Stuttgart

1. Ohne Freiheit keine Evolution

Das naturwissenschaftliche und zum Teil auch das geisteswissenschaftliche Denken des letzten Jahrhunderts war durch die ehernen Gesetze der Mechanik geprägt, die im 17. Jahrhundert Newton in überzeugender Weise postuliert hatte. Diese Einstellung gipfelte in der Idee des Laplaceschen Weltgeistes. Wäre ein solcher gedachter Geist fähig, die Lagen und Geschwindigkeiten aller Teilchen des Weltalls in einem Moment zu kennen, so könnte er für alle Zeiten den Lauf der weiteren Geschichte eindeutig voraussagen. Für die Begriffe Indeterminismus und Wahlfreiheit bleibt in dieser Mechanik auch nicht der geringste Platz. Wenn man darüber hinaus an eine mathematische Fassung des Begriffs Evolution denkt, so stoßen wir auf weitere tiefschürfende Schwierigkeiten. Mit dem Begriff der Evolution verknüpfen wir ja nicht nur die Vorstellung, daß sich etwa Bahnen der einzelnen Teilchen, aus denen die Materie besteht, im Laufe der Zeit ändern, sondern wir verknüpfen mit diesem Begriff drastische makroskopische Änderungen, wie sie wohl am deutlichsten im Darwinismus hervortreten: die Entwicklung höherer Wesen aus niedrigeren Wesen oder, um es präziser zu fassen, die Entwicklung höherer Ordnungszustände aus niedrigeren, ja selbst aus dem Chaos heraus. Im letzten Jahrhundert haben die Physiker im Rahmen ihrer Wissenschaft einen Begriff gefunden, der die Entwicklung physikalischer Systeme beschreibt und zugleich auch ein Maß für Ordnungs- und Unordnungszustände ist, den Begriff der Entropie. Nach dem Grundgesetz der Thermodynamik wächst in einem abgeschlossenen, d. h. in einem sich selbst überlassenen System die Entropie im Laufe der Zeit immer mehr an. Der geniale österreichische Physiker Boltzmann konnte den Zusammenhang zwischen Entropie eines makroskopischen Systems, etwa eines Gases, und den Vorgängen im Mikrokosmos, d. h. auf atomarem Niveau, herstellen. Es wurde schlagartig klar, daß das Anwachsen der Entropie größere Unordnung bedeutet.

Für den Fernerstehenden mag es auf den ersten Blick erscheinen, als wäre die Mechanik einschließlich der Konsequenzen des Laplaceschen Weltgeistes mit der Vorstellung des Anwachsens der Entropie verträglich. Dies ist jedoch keineswegs der Fall. Das wird sofort klar, wenn wir die Entropie „subjektivistisch" interpretieren. Danach ist „Entropie" ein Maß unserer Unkenntnis über ein System. Ein Beispiel möge dies erläutern. Sperren wir alle Atome eines Gases in einen kleinen Teil eines Gefässes, so wissen wir relativ gut, wo sich die einzelnen Gasatome aufhalten: Die Entropie ist klein. Lassen wir aber die Gasatome frei, so daß sie das ganze Gefäß erfüllen, so ist unsere Unkenntnis über deren Lagen gewachsen — die Entropie hat zugenommen. Könnten wir aber als Laplacescher Weltgeist alle Lagen der Atome für alle Zeiten präzise erfassen, so würde sich unsere Kenntnis (oder Unkenntnis) nicht ändern — die Entropie des Gases würde sich nicht ändern. In diesem Zusammenhang treten tiefgreifende Probleme hinsichtlich einer „subjektivistischen" oder einer „objektivistischen" Deutung der Entropie auf, worauf wir hier nicht eingehen können. Tatsächlich läßt die strenge mathematische Formulierung beide Deutungen zu. Wichtig ist nur, daß im Falle der Mechanik in einem abgeschlossenen System, d. h. ohne Eingriffe von außen, die Entropie konstant bleiben müßte — im Gegensatz zur Erfahrung, wonach in einem solchen System die Entropie immer mehr anwachsen müßte. Eine zweite fundamentale Schwierigkeit tritt hinzu: Das Anwachsen der Entropie weist eine eindeutige Zeitrichtung aus. Die Gesetze der Mechanik sind hingegen in der Zeit umkehrbar. Alle Vorgänge könnte man in der Zeit gespiegelt auch rückwärts laufen lassen. Nicht so in der Natur, wo wir den Lauf der Zeit nicht umdrehen können — etwa die Milch im Kaffee entmischt sich nicht mehr. Mit den hiermit aufgeworfenen Problemen der Irreversibilität und des Anwachsens der Entropie befassen sich die Physiker heute noch und finden verschiedene Antworten. Nach meiner Auffassung, die auch von einer Reihe anderer Physiker geteilt wird, ist letztlich kein System völlig abgeschlossen (selbst das Weltall dehnt sich aus, so daß auch hier die tiefgreifende Frage entsteht, in welchem Sinne es „abgeschlossen" ist). Daher spielt beim Anwachsen der Entropie die Einflußnahme der Umgebung auf das untersuchte System eine wesentliche Rolle. Die Umgebung stört, wenn auch jeweils in einer relativ schwachen Weise, die Vorgänge im betrachteten System, so daß die Bahnen der Teilchen immer mehr durcheinandergewirbelt werden und so die Entropie (und auch unsere Unkenntnis über die Teilchenbahnen) anwachsen kann. Man muß dabei aber ganz deutlich sehen, daß bei diesen Vorgängen *Schwankungen*, (Fluktuationen), mit denen die Umgebung auf das System einwirkt, eingeführt werden. Diese Schwankungen, wie auch interne Schwankungen eines Systems, werden sich als von grundlegender Bedeutung erweisen, nicht nur um die Schwierigkeiten mit der Entropie zu beheben, sondern vor allen Dingen um zu verstehen, wie Evolution möglich wird. Genau so wenig, wie in einem rein deterministisch-mechanischen System im Laufe der Zeit die Entropie zunehmen kann und damit die Unordnung immer größer wird, genau so wenig kann in einem solchen System die Entropie abnehmen, d. h. sich der Ordnungszustand erhöhen. Im folgenden will ich, auf unsere Forschungen gestützt, zeigen, daß die Fluktuationen bei der Erhöhung von Ordnungszuständen eine ausschlaggebende Rolle spielen. Dabei muß ich natürlich erläutern, inwieweit wir den Begriff Fluktuationen mit Indeterminismus, Wahl und Freiheit gleichsetzen dürfen. Gleichzeitig stellt sich dabei heraus, daß bei dem Verständnis des Entstehens höher geordneter Zustände der Entropiebegriff nicht das adäquate Mittel ist. Obwohl sich die Entropie eines Systems im Laufe der Zeit ändert, ist die Entropie im Grunde eine statische Größe („gegenwärtige Unkenntnis"), Evolution hingegen ist etwas Dynamisches und ihre Erklärung bedarf des Instrumentariums der Dynamik vieler Teile — d. h. der Synergetik. Im Laufe meines Vortrags will ich das Augenmerk auf zwei Dinge richten: 1. Was können wir in den Naturwissenschaften zur Frage der Evolution beitragen? 2. An welchen Stellen ist der Naturwissenschaftler mit dem Problem von Wahl und Freiheit konfrontiert? Historisch gesehen hat in den 20er Jahren die Problematik Indeterminismus, Wahl und Freiheit bereits ihren ersten Höhepunkt erlebt, als nämlich die Quantenmechanik zeigte, daß fundamentale Grundbegriffe der klassischen Mechanik einer tiefschürfenden Revision bedurften. Über diese Art der Problematik sind verständlicherweise in den letzten Jahrzehnten schon so viele wichtige Beiträge geschrieben worden, daß ich diese Problematik nun nicht mehr an den Anfang meiner Ausführungen stellen will. Ich will vielmehr in den Mittelpunkt zwei moderne Entwicklungen stellen, nämlich unsere Vorstellungen über Evolution und Freiheit, die auf dem Boden der Synergetik entstanden sind, und die neuen Entwicklungen unserer Vorstellungen zum Chaos, die in den letzten Jahren ebenfalls revolutioniert wurden. Erst zum Schluß will ich dann, und auch nur streifend, auf die durch die Quantentheorie aufgeworfenen Probleme eingehen.

2. Synergetik: Die Evolution geordneter Zustände aufgrund der Kooperation vieler Teile

Alle Strukturen, die wir als geordnet bezeichnen, sei es in der unbelebten oder in der belebten Natur, bestehen aus sehr vielen Einzelteilen, die in ihrer Individualität mehr oder minder scharf unterschieden werden können. Sehen wir einmal von den Elementarteilchen ab, die uns im vorliegenden Zusammenhang weniger interessieren, so bieten sich als Einzelteile in der Physik Atome oder Moleküle an. In der Biologie sind sinnvolle Einzeleinheiten zum Beispiel Zellen oder Organe. Auf noch höherem Niveau sehen wir dann die Partner in Ökosystemen oder gesellschaftliche Gruppen im soziologischen Bereich. Im Rahmen der Synergetik haben wir in den letzten 15 Jahren versucht, Gesetzmäßigkeiten aufzufinden, die das kollektive Verhalten verschiedenster Einzelteile beschreiben und uns zu verstehen erlauben, warum deren Zusammenwirken zu einem sinnvollen Ganzen führen kann. Die hierbei aufgedeckten Gesetzmäßigkeiten führen uns tief in die Problematik, die das Generalthema dieser Tagung ist, nämlich Evolution und Freiheit. Es erscheint mir an dieser Stelle zweckmäßig, den Leser mit ganz konkreten Beispielen aus der Physik und einigen Nachbarwissenschaften bekanntzumachen. Nach meiner Erfahrung versteht man sehr oft allgemeine Prinzipien dann am besten, wenn sie an einem einfachen Modellbeispiel demonstriert werden. In diesem Sinne möchte ich zwei Beispiele aus der Physik herausgreifen, mit denen wir uns seit vielen Jahren befaßt haben. Obwohl für unseren Zugang zur Synergetik der Laser, jene inzwischen sehr bekannt gewordene Lichtquelle, eine Schlüsselrolle spielte, möchte ich hier mit einem anderen Beispiel beginnen, das vielleicht noch anschaulicher als der Laser ist. Dazu denken wir uns eine Flüssigkeitsschicht in einem Gefäß, das von unten her erhitzt wird. Die unten erwärmte Flüssigkeit dehnt sich aus, sie wird spezifisch leichter und drängt nach oben. Dieser Bewegung wirkt die darüber lagernde, noch schwerere, weil kältere Flüssigkeit entgegen. Ist die Temperaturdifferenz zwischen unterer und oberer Begrenzung der Flüssigkeit nicht zu groß, so wird die Wärme mikroskopisch weitergeleitet und wir können keine makroskopische Flüssigkeitsbewegung beobachten. Übersteigt aber die Temperaturdifferenz eine bestimmte Größe, die man genau berechnen kann, so läßt sich im Experiment ein überraschendes Phänomen beobachten. Die unten erwärmte Flüssigkeit steigt makroskopisch sichtbar nach oben. Aber dieses Nachobensteigen erfolgt keineswegs unregelmäßig, sondern ganz wohlgeordnet. Es bildet sich z. B. eine walzenförmige Bewegung aus, wo die Flüssigkeit wie in Walzen laufend nach oben transportiert wird, sich oben wieder abkühlt, dann wieder walzenförmig nach unten fällt, um so den Kreislauf wieder zu beginnen. Wie in einem Wälzlager wechseln sich links und rechts drehende Walzen untereinander ab. Den Flüssigkeitsteilchen ist es gelungen, sich auf Längen, die viele Milliarden Mal größer als ihre individuelle Größe sind, zu verständigen. Wie gelingt es der Flüssigkeit, dieses makroskopische Muster zu erzeugen? Dies geschieht auf folgende Weise. Dadurch, daß die Flüssigkeit unten spezifisch leichter geworden ist als oben, ist der gesamte Zustand instabil, genauso wie die Lage einer Kugel auf einer umgekehrten Vase im obersten Punkt instabil ist. Die Flüssigkeit strebt danach, diesen Zustand durch eine geeignete Bewegung zu ändern, um dadurch in einen neuen stabilen Zustand überzugehen. Kleine Wärmeschwankungen veranlassen die Flüssigkeit, verschiedene Bewegungsformen immer wieder auszuprobieren. Dabei sind bestimmte Bewegungsformen für die Flüssigkeitsbewegung leichter zu verwirklichen als andere. Diese Behauptung läßt sich, wie nur beiläufig erwähnt sei, durch eine exakte Rechnung bestätigen. Hier kommt es uns aber nur auf das qualitative Verhalten der Flüssigkeit an. Die verschiedenen mehr oder weniger gut geeigneten Bewegungen der Flüssigkeit treten nun miteinander in Konkurrenz, wobei, ganz im Sinne eines Darwinismus, die Bewegung, die am schnellsten anwachsen kann, sich durchsetzt und alle anderen Bewegungen unterdrückt. Wir sehen hier, daß das Darwinsche Prinzip des „survival of the fittest" auch in der unbelebten Natur gültig ist mit einem entscheidenden positiven Unterschied. Bekanntlich hat es in der Wissenschaft einen langen Streit darüber gegeben, ob das Prinzip des „survival of the fittest" nicht nur eine Tautologie ist, nämlich daß der Überlebende zum Lebenstüchtigsten erklärt wird. In der Flüssigkeitsdynamik ist dies anders. Hier können wir von vornherein berechnen, welche Bewegungsform die geeignetste ist, die damit den Wettkampf mit allen anderen gewinnen wird. Dieser Satz bedarf allerdings einer äußerst wichtigen Einschränkung. An dieser Stelle werden wir sehen, wie Indeterminismus oder Wahl und Freiheit hereinkommen, um die Evolution zu einem höheren Zustand hin zu ermöglichen. Betrachten wir eine einzelne Flüssigkeitswalze, so kann diese nämlich entweder rechts oder links herum laufen. Was ist letztlich die Ursache dafür, daß sie sich für links *oder* rechts herum entscheiden muß? Die Durchführung der Theorie zeigt, daß es eine mikroskopisch kleine Fluktuation ist, die hier den Ausschlag gibt. Die Tatsache, daß die Flüssigkeitsrolle links oder rechts herum laufen kann, ist ein Beispiel für einen für die Synergetik typischen Vorgang. Wird ein System durch Einwirkung von außen, in unserem Fall durch Erhitzen, instabil gemacht, so gibt es im allgemeinen mehrere Möglichkeiten, welchen neuen, höher geordneten Zustand das System einnehmen kann. Sowohl dafür, daß es einen neuen Zustand einnimmt, als auch dafür, welchen Zustand es einnimmt, sind die Fluktuationen verantwortlich. Diese haben wir in mikroskopischen Vorgängen zu suchen, die sich aus verschiedenen Gründen der Voraussage entziehen. Diese Gründe können im Rahmen der Quantenmechanik liegen, sie können aber nach neueren Vorstellungen im Rahmen scheinbar deterministischer Vorgänge liegen, wenn wir es nämlich mit Chaos zu tun haben.

Ich will den Leser nicht mit zu vielen Modellbeispielen und Details langweilen. Vielleicht ist aber trotzdem noch ein zweites Beispiel aus der Physik aufschlußreich, wie das Zusammenwirken einzelner Teile zu einem kohärenten Ganzen führt, wie aber auch hier wieder zufällige Schwankungen darüber entscheiden, welcher makroskopische Zustand schließlich realisiert wird. Dazu betrachten wir den Laser, die schon obengenannte bekannte Lichtquelle. Ein solcher Laser kann z. B. aus einem Gas bestehen, das in einer Röhre eingeschlossen ist. An deren beiden Enden sind Spiegel angebracht, die dafür sorgen, daß Lichtwellen zwischen ihnen immer wieder hin- und herlaufen können (bis sie schließlich doch entweichen, weil kein Spiegel 100 % perfekt ist und man überdies ja schließlich doch noch das austretende Licht für andere Zwecke verwenden will). Schickt man Strom durch die Röhre, so werden die einzelnen Laseratome energetisch angeregt und können völlig unregelmäßig Lichtwellenzüge ausschicken. Nach Grundregeln der Quantentheorie sind diese ausgeschickten Wellenzüge in keiner Weise miteinander verknüpft. Sie bilden gewissermaßen eine Art Spaghetti. Das Licht wird, wie man sagt, völlig inkohärent oder chaotisch (das Wort Chaos werden wir allerdings weiter unten nochmals in einem ganz anderen Sinn verwenden). Erhöht man nun den Strom, durch den die Atome angeregt werden, immer mehr, so ändern sich plötzlich die Eigenschaften des Lichts völlig. An die Stelle der inkohärenten Wellen tritt ein einziger, praktisch unendlich langer Wellenzug. Könnte man Licht hören, so entspräche das inkohärente Licht dem Rauschen des Meeres, während der kohärente, unendlich lange Wellenzug einem reinen Ton entspräche. Ganz offensichtlich ist aus der Unordnung der Lampe ein hochgeordneter Zustand im Laser hervorgegangen. Interessanterweise ist bei dem Übergang zur Ordnung wieder eine Art Darwinismus am Werke. Die einzelnen Lichtwellenzüge konkurrieren miteinander. Jeder versucht, immer mehr Atome in seinen Bann zu ziehen und damit soviel Energie aus den Atomen herauszuziehen, daß der Wellenzug als solcher immer länger leben kann. Bei diesem Wettkampf sind bestimmte Wellenzüge, die man physikalisch durch ihre Farbe unterscheiden kann, gegenüber anderen im Vorteil. Es tritt ein Wettkampf ein, bei dem nur ein einziger Wellenzug überlebt. Dieser zwingt alle Atome des Lasers in seinen Bann oder, um ein Fachwort zu verwenden, er versklavt die einzelnen Laseratome. Höhere Ordnung ist also durch den Wettbewerb mit Hilfe der Versklavung möglich geworden.

Ist nun durch das Auftreten des neuen Ordnungszustandes, der durch die „überlebende" Welle beschrieben wird, der Indeterminismus der quantenmechanischen Ausstrahlungsvorgänge hinfällig geworden? Auf den ersten Blick mag es scheinen, daß nun keinerlei Freiheit mehr herrscht. Die einzelnen Atome werden ja durch die ordnende Welle, auch Ordner genannt, versklavt. Es zeigt sich aber, daß auch diese Welle nicht eindeutig bestimmt ist. Um mit einem Fachwort zu sprechen, ist die Phase unbestimmt geblieben. Diese wird erst wieder durch Fluktuationen jeweils festgelegt und aussortiert.

Fassen wir die Ergebnisse unserer beiden Modellbeispiele zusammen.
1. Es gibt in der Tat Prozesse in der unbelebten Natur, die sehr stark an die Evolution der belebten Natur erinnern, nämlich den Übergang ungeordneter in geordnete Zustände, die sich, wie etwa bei den Flüssigkeiten, dem bloßen Auge als solche zu erkennen geben.
2. Bei dem Auftreten solcher neuer Ordnungszustände muß eine Auswahl zwischen verschiedenen von ihnen getroffen werden, ja, wie die Theorie zeigt, müssen diese Ordnungszustände erst getriggert werden. Auswahl und Triggern erfolgt durch Fluktuationen, die aus dem mikroskopischen Bereich an den Instabilitätspunkten ins Makroskopische vervielfacht werden.
3. Bei der Vervielfachung ins Makroskopische ist eine *dynamische Selektion*, eine Art Darwinismus der unbelebten Natur am Werke.
4. Der entsprechende Ordnungszustand wird dadurch ermöglicht, daß im Ordner eine reelle oder fiktive Größe auftritt, die die einzelnen Teile eines Systems in ihren Bann zieht oder, wieder in der Fachsprache, versklavt.

Die hier herausgearbeiteten Prinzipien haben wir auf ihre Gültigkeit hin in vielen Beispielen der Physik, Chemie, Biologie und anderen Wissensgebieten untersucht. Bei praktisch allen Beispielen, die wir untersucht haben, haben sich diese Prinzipien als gültig erwiesen. Dies hat für unser Naturverständnis weitgehende Konsequenzen. Es zeigt, daß das Auftreten höherer Ordnung nur dadurch möglich wird, daß bei den Naturvorgängen eine Auswahl zwischen verschiedenen Möglichkeiten getroffen wird. Die Auswahl, die getroffen wird, können wir aber im allgemeinen nicht voraussagen. Hierfür sind die mikroskopischen Fluktuationen verantwortlich.

Diese Betrachtungen haben mich auf grundsätzliche Fragen der Informationstheorie geführt. Wie der Fachmann weiß, bereitet die Frage der Informationsvermehrung grundsätzliche Schwierigkeiten. Lassen wir jedoch Fluktuationen zu, so bereitet das prinzipielle Verständnis des Informationszuwachses keine Schwierigkeiten mehr. Eine Ausarbeitung dieser Bemerkung würde mich allerdings zu weit in die Informationstheorie hineinführen, und ich will lieber, da ich ja hier als Physiker spreche, zu Fragen des Indeterminismus, Wahl und Freiheit zurückkehren.

3. Chaos

Die letzten Jahre haben nicht nur in der Physik, sondern auch in den Nachbarwissenschaften Chemie, ja auch Biologie und Medizin, neue aufregende Entwicklungen gebracht, die ganz neues Licht auf die alte Problematik des Laplaceschen Weltgeistes werfen. Es gibt nämlich heute eine ganze Reihe mathematisch sehr gut untersuchter Beispiele, wo der Bewegungsverlauf etwa einer Kugel so aussieht, als würde er von Schwankungen unbestimmter Art festgelegt sein, hingegen aber die Bewegung „in Wirklichkeit" rein deterministischen Gleichungen genügt. Wenn man Computerkurven anschaut, so verläuft die Bahn ausgesprochen chaotisch, obwohl die Gleichungen, die man den Computer lösen läßt, streng deterministisch, z. B. ganz im Sinne der Newtonschen Mechanik sind. Wieder mag ein ganz simples, ja fast banal anmutendes Beispiel die Problematik erhellen. Denken wir an eine senkrecht aufgestellte Rasierklinge, auf die von oben her eine Stahlkugel fallengelassen wird. Trifft die Stahlkugel auf die Rasierklinge, so hängt es vom winzigsten Bruchteil eines Millimeters ab, ob sie links oder rechts in weitem Bogen weiterfliegen wird. Man spricht hier von einer Empfindlichkeit der Bahn gegenüber Anfangsbedingungen. Dieses Beispiel mag weit hergeholt erscheinen. Es zeigt sich aber, daß bei vielen Vorgängen in der Physik und Chemie im Prinzip genau der gleiche Vorgang wirksam wird. Eine ganz geringfügige, ja unendlich kleine Änderung der Anfangsbedingungen kann zu ganz anderen makroskopischen Bewegungsverläufen führen. Wir sehen uns hier einem tiefen philosophischen Dilemma gegenüber. Obwohl wir uns natürlich im

Prinzip vorstellen könnten, daß man Anfangsbedingungen unendlich genau festlegt, können wir bei einem noch so ausgeklügelten Experiment diese unendliche Genauigkeit nie erreichen. Wenn also der Laplacesche Weltgeist auch nur den geringsten Fehler macht, so entgleitet ihm nach sehr, sehr kurzer Zeit völlig die Fähigkeit, den weiteren Bewegungsablauf vorauszusagen. Wahl und Freiheit kommen hier einerseits auf künstliche, andererseits wieder auf ganz natürliche Weise herein. Künstlich insofern, als Agierende oder Messende die Anfangswerte nicht beliebig genau festlegen oder messen können. Obwohl die Bedingungen determiniert sind, bleibt doch noch eine Freiheit. Legen wir solche chaotischen Bewegungen Mikrovorgängen, etwa bei der Flüssigkeitsdynamik, zugrunde, so haben wir hier ein ganz natürliches Modell für die Fluktuationen. Die hier angeschnittenen Fragen sind, wie mir scheint, philosophisch faszinierend, weil wir in eine Antinomie zwischen determiniert und doch nicht determiniert geraten. Gleichzeitig sei aber hier darauf hingewiesen, daß diese Untersuchungen weitreichende praktische Konsequenzen haben, z. B. auf Gültigkeitsgrenzen einer längerfristigen Wettervorhersage.

4. Quantenmechanische Unbestimmtheit

Kommen wir nun zum letzten Teil, der vom naturphilosophischen Standpunkt aus gesehen der vielleicht fundamentalste ist, den wir aber an den Schluß gestellt haben, weil hierüber schon eine sehr umfangreiche Literatur besteht. Ausgangspunkt unserer Überlegungen ist wieder die klassische Mechanik. Nach ihr ist es möglich, den weiteren Verlauf der Bewegung eines Teilchens in einem Kraftfeld präzise vorauszusagen, wenn man nur seinen Ort und seine Geschwindigkeit zum gegenwärtigen Zeitpunkt kennt. Die revolutionierende Aussage der Quantentheorie ist es aber, daß es prinzipiell unmöglich ist, Ort und Geschwindigkeit, oder genauer, Ort und Impuls, eines Teilchens gleichzeitig beliebig genau zu messen. Um diese prinzipielle Unmöglichkeit zu verstehen, müssen wir etwas weiter ausholen und ein klein wenig auf die geschichtliche Entwicklung der Physik Anfang dieses Jahrhunderts eingehen. Die fundamentale Idee, die alles verändern sollte, geht auf Planck zurück. Während bis dahin der Grundsatz „natura non facit saltus" herrschte, konnte Planck die experimentellen Befunde für die Energieverteilung der Strahlung in einem Hohlraum nur dadurch erklären, daß er annahm, daß Licht in bestimmten Energiequanten aufgenommen oder abgegeben wird. Einstein stellte dann einige Jahre später die Lichtquantenhypothese auf und konnte die Plancksche Strahlungsformel durch die Annahme herleiten, daß Licht in Form einzelner Quanten, den Photonen, vorhanden ist. Wie im Compton-Effekt experimentell nachgewiesen werden kann, verhält sich bei der Wechselwirkung eines Lichtfelds mit einem Elektron das Licht so, als würde es aus Teilchen bestehen. Damit war erstmalig die Frage nach der Natur des Lichts, die früher schon Newton und Huygens gestellt hatten, wieder aufgeworfen. Besteht das Licht aus Wellen oder aus Teilchen? Später formulierte dann de Broglie die Hypothese, daß auch umgekehrt die Materie, etwa Elektronen, nicht nur Teilchen-, sondern auch Welleneigenschaften aufweisen können. Tatsächlich zeigten die Experimente von Davisson und Germer, daß Elektronen an Kristalloberflächen genauso gebeugt werden wie die Röntgenwellen. Hinter dem Januskopf Welle oder Teilchen verbirgt sich ein echtes Dilemma der Physik, nämlich Licht und Materie sollten beide Eigenschaften besitzen, die konträr wohl nicht gedacht werden könnten. Ein Teilchen ist ein punktförmiges Gebilde, streng im Raum lokalisiert. Wir können seinen Ort angeben und seine Geschwindigkeit. Eine Welle ist im Idealfall unendlich ausgedehnt und wird durch ganz andere Größen, nämlich Wellenlänge und Frequenz, charakterisiert. Zwar ist es relativ leicht, formal Zusammenhänge zwischen dem Impuls und der Wellenlänge, die etwa ein Elektron bei einer bestimmten Energie haben soll, anzugeben. Aber viel fundamentaler ist die Schwierigkeit einer anschaulichen Deutung. Dies ist erst durch die statistische Interpretation der Quantenmechanik durch Born möglich geworden, wobei zugleich die Grenzen der anschaulichen Deutbarkeit erkennbar werden. Nach Born ist das absolute Quadrat der Wellenfunktion, die die Ausbreitung der Materiewellen beschreiben, gleichzusetzen mit der Wahrscheinlichkeit, ein Teilchen an einem bestimmten Ort anzutreffen. Versuchen wir, diese Deutung an einem Experiment zu erläutern. Dazu lassen wir einen Elektronenstrahl auf einen Schirm fallen, in dem sich zwei Löcher befinden. In einem Abstand davon befindet sich ein weiterer Schirm, etwa in Form einer Photoplatte, auf der wir die auftretenden Elektronen nachweisen können. Besteht die Materie aus Wellen, so müßte man nach der Beugungstheorie erwarten, daß auf dem Auffängerschirm sich abwechselnd helle und dunkler Flecken ergeben, sogenannte Interferenzmuster. Macht man die Löcher, wenigstens gedanklich, und auch deren Abstand entsprechend klein, wie dies experimentell z. B. durch eine Kristalloberfläche realisiert wird, so werden tatsächlich derartige Interferenzmuster gefunden. Damit scheint eindeutig bewiesen, daß die Materie Wellencharakter hat. Nun kann man aber die Intensität des betreffenden Elektronenstrahls immer mehr verringern, so daß de facto jeweils nur ein Elektron auf den Schirm auftrifft. Erstaunlicherweise entsteht dann kein Interferenzmuster, sondern bei jedem Auftreffen eines Elektrons auf dem Auffängerschirm blitzt mal hier mal dort ein Punkt auf, der anzeigt, daß ein Elektron dort streng lokalisiert aufgetreten ist. Erst wenn man diesen Versuch sehr lange laufen läßt und die Häufigkeitsverteilung der Lichtblitze aufträgt, ergibt sich das alte Interferenzmuster. Das Interferenzmuster ist also nur mit Hilfe einer statistischen Deutung der Quantenmechanik zu erklären. Offenbar ist die Quantenmechanik nicht in der Lage, die jeweiligen Orte der Elektronen genau vorauszusagen, sondern nur im statistischen Mittel. Nun kann man hier einwenden, daß wir vielleicht zu Anfang eben nicht genau genug über Anfangsort und Anfangsimpuls des Teilchens Bescheid wissen und wir nur diese anfänglich genauer messen müßten. An dieser Stelle kommen aber die Überlegungen von Heisenberg ins Spiel. Wenn man nämlich davon ausgeht, daß die Materie sowohl Wellen- als auch Teilchencharakter hat, dann läßt sich wieder mit Hilfe eines Gedankenexperiments und dann auch experimentell nachweisen, daß eine genaue Messung der Ortskoordinate die Geschwindigkeitsmessung stört und umgekehrt. Dies liegt daran, daß eine Ortsmessung erfordert, daß man durch Überlagerung sehr vieler Wellenzüge ein sogenanntes Wellenpaket bildet, das die Lokalisierung eines Elektrons beschreibt. Andererseits gehört ein ganz bestimmter Impuls zu einer ganz bestimmten Wellenlänge. Wenn man aber ganz verschiedene Wellenlängen braucht, um ein Wellenpaket zu bilden, dann impliziert dies gleichzeitig, daß der Impuls ebenfalls eine bestimmte Breite, d. h. Unschärfe besitzt. Die statistische Deutung der Quantentheorie ist derart revolutionierend, daß es bis heute nicht gefehlt hat, immer wieder andere Theorien und Hypothesen zu entwickeln, die letztlich auf dem Boden der klassischen Mechanik beruhen. Alle diese Versuche sind aber fehlgeschlagen, und es ist meine persönliche Überzeugung, daß diese auch in Zukunft fehlschlagen werden. Die statistische Interpretation der Quantenmechanik eröffnet natürlich sofort den Weg, Fluktuationen einzuführen. Hierfür sei nur als ein wichtiges Beispiel die Emission von Licht aufgeführt. Nach der klassischen Physik kann ein schwingender Dipol elektromagnetische Wellen aussenden, wobei die sogenannte Phase des Lichts durch die Phase des Dipols bestimmt ist. Nach dieser Deutung würde die Lichtaussendung eines Atoms dadurch zustandekommen, daß das Elektron gemeinsam mit dem Kern einen schwingenden Dipol bildet. Nach der Quantenmechanik wissen wir aber, daß der Ort des Elektronenumlaufs und damit auch dessen Phase nur statistisch festgelegt ist, nicht aber im einzelnen vorhergesagt werden kann. Aus diesem Grunde bleibt auch dann die Phase des emittierten Lichtwellenzuges unbestimmt. Darüberhinaus ist es nicht einmal möglich vorauszusagen, in welchem genauen Zeitpunkt die Lichtemission erfolgt. Die spontane Emission des Lichts ist ein Vorgang, der ebenfalls den Gesetzen der Wahrscheinlichkeitstheorie unterliegt. Kehren wir damit zu einem der Anfangspunkte unserer Überlegungen zurück. Wir hatten im Kapitel Synergetik gesehen, daß es im Laser bei der Ausstrahlung von Licht zu einer kohärenten Welle kommt. Aber die Phase dieser Lichtwelle können wir nicht voraussagen. Sie beruht auf einer Schwankung, die nach heutiger Auffassung prinzipiell nicht voraussagbar ist.

5. Abschließende Bemerkungen

Durch die allgemeinen Konzepte der Synergetik und deren mathematische Methoden, die ich hier natürlich nicht darstellen konnte, ist es möglich geworden, die Vorgänge der Evolution in den verschiedensten Gebieten, insbesondere im Bereich der Naturwissenschaften, wiederzugeben. Es können Instabilitäten auftreten, bei denen der alte Zustand eines Systems instabil wird, d. h. das System seinen alten Zustand verlassen will. Ob dann ein neuer Zustand höherer Ordnung eingenommen wird und insbesondere welcher, entscheidet eine Fluktuation, die fast immer im mikroskopischen Bereich zu suchen ist und, wenn man sie auf quantenmechanische Vorgänge zurückführt, nicht vorausgesagt werden kann. Durch die Instabilität werden die mikroskopischen Vorgänge auf makroskopische Dimensionen hinauf verstärkt. Ein kleiner Funke genügt gewissermaßen, um ein Pulverfaß zur Explosion zu bringen. Die Vielfalt der Erscheinungsformen, insbesondere in der Biologie, müssen wir daher auf derartige Vorgänge zurückführen. Für den Biologen mag eine solche Idee nicht neu sein, da er, dem Darwinismus folgend, die Mechanismen der Evolution darin erblicken wird, daß die Mutationen die Rolle der Fluktuationen spielen, während die Selektion auf der Wachstumsrate (der verschiedenen Spezies) beruht. Die Synergetik spannt aber den Bogen viel weiter. Wir sehen das Wechselspiel zwischen Instabilität, Fluktuationen und Entstehung von Ordnungszuständen bereits im Anorganischen. Andererseits lassen sich aber die Methoden und Begriffsbildungen der Synergetik auf viele Prozesse der Geisteswissenschaften, etwa auch der Soziologie, anwenden. So legen es die Überlegungen der Synergetik nahe, den Mechanismus von Revolutionen neu zu erfassen. Durch äußere Bedingungen, etwa wirtschaftliche Notlage, politische Unterdrückung usw., wird das alte System destabilisiert. Jeder fühlt, daß etwas Neues geschehen muß, aber es sind die verschiedensten Ideen im Widerstreit. Letztlich kann dann eine ganz kleine entschlossene Gruppe, die im Sinne unserer Deutung den Fluktuationskern darstellt, das instabil gewordene System in eine neue Richtung drängen und so schließlich das System in einen neuen geordneten Zustand führen, wobei im politischen Zusammenhang der Begriff der Ordnung natürlich mit äußerster Vorsicht anzuwenden ist und man wohl besser neutral von einem neuen Zustand des gesellschaftlichen System sprechen sollte. Leider reichen hier weder Zeit noch Raum aus, um diese Überlegungen näher darzustellen und ich darf deshalb die interessierten Leser auf mein Buch „Erfolgsgeheimnisse der Natur" verweisen. Die naturwissenschaftlich-mathematische Durchdringung dieser Fragen findet sich in meinen Büchern „Synergetics" und „Advanced Synergetics". Weitere theoretische und experimentelle Aspekte sind in den Springer Series in Synergetics abgehandelt.

2. Evolutionäre Flexibilität und menschliches Bewußtsein

Stephen Jay Gould, Harvard

Flexibilität
Kritik an der synthetischen Theorie
„Exaptation" und die Flexibilität des Verstandes
Hierarchie und Ebenen-Durchbruch

Übersetzung aus dem Amerikanischen von Georg Hellmann und Reinhard Löw

1. Flexibilität

Obwohl diese Tagung unter dem Thema Evolution und Freiheit steht, schlage ich vor, das Wort Freiheit zu vermeiden wegen seiner unklaren und sehr verschiedenen Bedeutungen. Freiheit als Begriff aus der ethischen oder moralischen Sphäre paßt nicht für die Muster organischen Wechsels in der Geschichte des Lebens. Freiheit hat auch zu viele verschiedene Bedeutungen — von der „Anerkennung der Notwendigkeit" bei Spinoza und den Deterministen bis hin zum Unvorhersagbarkeits-Anarchismus einiger Freiheitsdenker —, als daß ich (entschieden als Nicht-Experte in praktischer Philosophie) eine befriedigende Definition vorstellen könnte.

Evolutionisten haben jedoch intensiv einen Begriff diskutiert, der vielleicht analog zu unserer gewöhnlichen, umgangssprachlichen Bedeutung von Freiheit zu verstehen ist. Auf diesen zwar vagen, aber wichtigen Begriff, am treffendsten vielleicht „Flexibilität" genannt, möchte ich mich konzentrieren. In diesem Sinne bezieht sich Flexibilität nicht auf die Bandbreite gleichzeitiger Anpassung innerhalb einer Species — denn die einfachsten und ältesten Prokaryonten übertreffen vielleicht alle späteren Formen in ihrem Ausmaß der Umwelttoleranz. Flexibilität in meinem Sinn bezieht sich eher auf die Fähigkeit zur Weiterentwicklung in evolutionärem Wechsel, besonders in bezug auf den zugegebenermaßen vagen und anthropozentrischen Begriff einer Fähigkeit zum Komplexitätszuwachs. In diesem Sinne von Flexibilität sind Prokaryonten eng beschränkt. Sie waren im Leben auf der Erde 3 Milliarden Jahre lang dominant (verglichen mit nur etwa $1/2$ Milliarde der Vielzeller), und blieben am Ende dieser Epoche doch Prokaryonten derselben biologischen Grundausstattung. Das Fehlen geschlechtlicher Fortpflanzung und die daraus resultierende Schwierigkeit, ausreichend viele Variationen bereitzustellen, um Darwins Prozeß der natürlichen Auslese wirksam voranzubringen, mögen den Hintergrund der angesprochenen Inflexibilität der Prokaryonten darstellen.

Die drei Reiche vielzelligen Lebens — Tiere, Pflanzen, Pilze — haben einerseits zunehmende Mannigfaltigkeit und Komplexität entwickelt (wenn auch nicht auf einem generell ebenen, ansteigend-gestuften oder notwendig-unausweichlichen Weg), seit sie vor etwas über einer halben Milliarde von Jahren entstanden. Warum diese unterschiedliche Flexibilität? Die traditionellen Antworten beziehen sich auf die beiden großen Themen der Naturgeschichte: Form und Mannigfaltigkeit. Was die Form anlangt, so besagt das konventionelle Argument, daß Komplexität mehr Komplexität erzeugt in der Art eines kontinuierlichen, positiven Feedback. Natürlich kann die Komplexität einzelner Species in Sackgassen führen, etwa durch das wohlbekannte Phänomen der Überspezialisierung. Irische Elche oder Pfauen sind wohl wegen ihrer komplizierten Geweihe resp. Schwänze auf eine eng definierte Umwelt angewiesen, die im Falle eines drastischen Wechsels fast unausweichlich ihren Untergang zur Folge hat. Gleichwohl darf es als allgemeine Regel innerhalb großer Abstammungsgruppen von Species gelten, daß jeder Komplexitätszuwachs in ihrer Ausstattung die Möglichkeit für weitere Variation in ihr (wenn nicht sogar Fortschritt) nach sich zieht, also mehr evolutionäre Flexibilität.

Was die Mannigfaltigkeit anlangt, so besagt das gewöhnliche Argument, daß jede Species ein unabhängiges Wesen und in der Lage ist, mit seiner vererbten Form in neue evolutionäre Richtungen zu experimentieren. Obwohl die meisten Species nun nirgendwohin „gehen", außer auf ihr Ende zu, so fungieren doch einige als Zentren neuer Richtungen für zunehmende Komplexität (Flexibilität). Daraus folgt: je mehr Species, umso mehr Möglichkeiten dafür — und umso mehr Flexibilität. Quastenflosser und Vierfüßler sind Geschwisterstämme innerhalb der Vertebraten, obwohl die eine Klasse eine einzige lebende Species hat und die andere fast 20000. Prokaryonten ohne Sexualität unterteilen sich nicht in Species und schaffen daher nicht die vielen Möglichkeiten für evolutionäres Experimentieren innerhalb von Einheiten mit einer für effektive natürliche Auslese ausreichenden Variation.

Ich habe nun keinen Grund, auch nur eines der beiden fundamentalen Argumente für den Flexibilitätszuwachs in einer darwinischen Welt zu bestreiten. Aber ich will mich auch nicht weiter bei ihnen aufhalten, nicht zuletzt, weil sie so wohlbekannt und so angemessen behandelt sind von einigen Architekten der sogenannten „synthetischen Theorie" des modernen Darwinismus[1]. Während der letzten Jahre wurde die Hegemonie der synthetischen Theorie zum ersten Mal in ihrer 40jährigen Herrschaft stark angezweifelt[2]. Die Kritiken sind hilfreich, nicht destruktiv, denn sie be-

---

[1] Vgl. bes. Huxley 1942 und 1958, sowie Rensch 1947, 1971.
[2] Ich habe versucht, diesen Vorgang zusammenzufassen; vgl. Gould 1982 a und b.

haupten nicht, daß der grundlegende darwinische Mechanismus der natürlichen Auslese ungültig oder unwichtig sei, sondern sie zeigen eher die Enge und Starrheit einiger der „synthetischen" Doktrinen und plädieren für eine erweiterte und pluralistische Theorie mit einer gesicherten darwinischen Basis — kurz gesagt, für eine flexiblere Theorie. Wenn diese Kritiken wirklich einschlägig und wichtig sein sollen, dann müssen sie neue Einsichten in alte Probleme vermitteln. Die Flexibilitätszunahme in der Zeit der Evolution ist so eines der „alten Probleme". Ich werde daher den Rest dieses Beitrags auf die Frage verwenden, ob die beiden hauptsächlichen Kritikpunkte an der synthetischen Theorie uns neue Einsichten in das Problem des Flexibilitätszuwachses bringen oder nicht. Um die Erörterung innerhalb vertretbarer Grenzen zu halten, konzentriere ich mich auf nur ein Beispiel allerdings riesigen Flexibilitätszuwachses — den klarsten aller Fälle und zugleich denjenigen, der uns natürlich am meisten beschäftigen muß: das menschliche Bewußtsein. Ich behaupte, daß jeder der beiden Kritikansätze eine neue Perspektive eröffnet für den Ursprung und die Bedeutung des menschlichen Bewußtseins in evolutionärem Sinne.

2. Kritik an der synthetischen Theorie

Ernst Mayr, der führende Architekt und Historiker der modernen Synthese, gab bei einer Konferenz, die deren Protagonisten versammelte, folgende Definition ihrer wichtigsten Behauptungen[3]:

„Der Begriff ‚evolutionäre Synthese' wurde von Julian Huxley eingeführt . . ., um die allgemeine Annahme zweier Überzeugungen zu bezeichnen: allmähliche Evolution kann erklärt werden vom Standpunkt kleiner genetischer Änderungen („Mutationen') und der Rekombination, und die Ausrichtung dieser genetischen Variation kann erklärt werden durch natürliche Auslese; die beobachtbaren evolutionären Phänomene, insbesondere makroevolutionäre Prozesse und Speziation können erklärt werden in einer mit dem bekannten genetischen Mechanismus konsistenten Weise."

Die beiden maßgeblichen Lehrsätze können aus diesen Paragraphen destilliert werden:

1. Extrapolation aus der Intrapopulations-Dynamik und der reduktionistischen Tradition: die zentrale Behauptung der Synthese, zugleich Basis ihrer beanspruchten Kraft der Vereinheitlichung, besagt, daß die Phänomene der Makroevolution in den Begriffen der genetischen Prozesse erklärt werden können, welche innerhalb von Populationen zum Tragen kommen. Organismen sind die ursprünglichen darwinisch Agierenden, und Evolution ist auf

---

[3] In Mayr und Provine 1980, 1.

allen Ebenen ein Ergebnis natürlicher Auslese, welche sich durch Individuen-auslese innerhalb von Populationen vollzieht (unterschiedlicher Vermehrungserfolg). Dies stellt eine wesentliche reduktionistische Tradition dar, natürlich nicht hinunter zu den Atomen und Molekülen des klassischen physikalischen Reduktionismus, sondern vielmehr eine Reduktion von makroevolutionären Ereignissen wie Langzeit-Trends auf den ausgedehnten Kampf individueller Organismen innerhalb von lokalen Populationen.

Die Reduktion auf Kämpfe zwischen Organismen innerhalb von Populationen ist fundamental für den Darwinismus und liegt der Logik von Darwins eigener Version der natürlichen Auslese zugrunde. Darwin entwickelte seine Theorie in bewußter Analogie zu der laisser-faire-Ökonomie des Adam Smith[4], deren wichtigster Grundsatz darin besteht, daß Ordnung und Harmonie innerhalb von wirtschaftlichen Systemen nicht als Ergebnis höherrangiger Gesetze entsteht, die für diese Wirkung vorausbestimmt wären, sondern daß Ordnung und Harmonie sich schon dann einstellen, wenn man Individuen um ihr persönliches Wohlergehen konkurrieren läßt, wodurch man gewissermaßen der Ordnung erlaubt, sich als nicht-geplante Konsequenz aus der Auslese unter den Konkurrenten einzustellen. Der Darwinismus der modernen Synthese ist daher eine Theorie auf *einer* Ebene; sie nimmt den Kampf zwischen Organismen innerhalb einer Population als die ursächliche Quelle des evolutionären Wechsels an und versteht alle anderen Arten und Beschreibungen des Wechsels als Folge dieser primären Aktivität.

2. Adaptation (Anpassung): Wenn der evolutionäre Wechsel gemäß des Kampfes von Individuen innerhalb von Populationen voranschreitet, dann muß das Ergebnis in Adaptation bestehen. Natürliche Auslese vollzieht sich durch den unterschiedlichen Vermehrungserfolg von Individuen, die (als glückliches Resultat ihrer speziellen Kombination genetischer Variationen) besser für die lokale Umwelt eingerichtet sind. Die statistische Häufung dieser bevorzugten Gene muß Anpassung hervorbringen, wenn die Evolutionsrichtung durch die natürliche Auslese kontrolliert ist. Natürlich geben alle „Darwinians" zu, daß auch andere Vorgänge — dabei besonders die Zufallskraft des „genetischen Drifts" — evolutionären Wechsel erzeugen können, aber die synthetische Theorie beschränkt deren Reichweite und Wirksamkeit so sorgfältig und klar, daß sie keine statistisch bedeutsame Rolle im tatsächlichen Wechsel des Phänotyps innerhalb von Stammbäumen spielen. Da ja (gemäß der ersten These in bezug auf die Extrapolation) Langzeit-Trends nichts anderes sind als eine ausgeweitete natürliche Auslese innerhalb von Populationen, reduzieren sich die Phänomene der Makroevolution genauso auf die natürliche Auslese und müssen ähnlich durchwegs adaptiv sein.

Beide Zentralstücke der synthetischen Theorie sind in den letzten Jahren kritisiert worden:

1. Die hierarchische Perspektive und die Irreduzibilität der Makroevolution: das Ausgangsmaterial der Biologie läßt sich in einer Hierarchie von im-

---

[4] Vgl. Schweber 1977.

mer mehr einschließenden Objekten anordnen, wobei als genealogische Einheiten auftreten: Gene, Körper, Deme (lokale Populationen einer Species), Species und monophyletische Gruppen von Species. Obwohl unsere gewöhnliche Sprechweise den Begriff Individuum allein auf Körper anwendet, zeigt doch jede Einheit in dieser Hierarchie die zwei wesentlichen Eigenschaften, die sie als ein Individuum und eine selbständige, potentiell kausal wirksame Entität qualifizieren — Stabilität in der Zeit (mit feststellbarem Beginn und Ende, sowie ausreichender Kohärenz der Form zwischen Anfang und Ende) und Fähigkeit zur Replikation (eine Voraussetzung, um Objekt in einer genealogischen Hierarchie zu sein). Traditionelle Anhänger des Darwinismus würden den Species keine Individualität zusprechen mit dem Argument, daß Species nichts als Abstraktionen sind, Namen, die wir den Abschnitten allmählich sich ändernder Stammbäume geben. Aber gemäß dem punktuellen Gleichgewichtsmodell[5] sind Species im allgemeinen stabil in der Folge ihres geologisch schnellen Beginnes, und der größte Teil des evolutionären Wechsels tritt auf in Verbindung mit abzweigender Speziation, nicht durch *in toto* Transformation existierender Species. Gemäß diesem Modell haben daher Species die wesentlichen Eigenschaften von Individuen und können auch als solche bezeichnet werden[6].

Wenige Evolutionisten würden eine solche Hierarchie nicht wenigstens in einem deskriptiven Sinne zugeben, aber die Tradition der modernen Synthese fügt hinzu, daß Kausalität nur auf der Ebene der Organismen gesucht werden kann — weil natürliche Auslese sich eben durch Organismenauslese innerhalb von Populationen vollzieht. Richard Dawkins, ein weiterer Teilnehmer jener Konferenz, hat diese Ansicht abgelehnt, aber nur im Interesse eines noch weitergehenden und strengeren Reduktionismus[7]. Er vertritt die These, daß Gene allein die wahren kausalen Ursachen sind und Organismen nur zeitweise ihre Behältnisse. Ich stimme mit Dawkins gar nicht überein[8], weil ich glaube, daß er Buchhaltung, die man effizient auf der Ebene der Gene führen kann, mit Kausalität verwechselt. Aber ich glaube auch, daß er dabei versehentlich einen wichtigen Beitrag zur Theorie der kausalen Hierarchie geleistet hat, indem er viele Fälle tatsächlicher Selektion auf Gen-Ebene nachgewiesen hat — d. h. Auslese in bezug auf Gene, die ohne Auslese von Körpern stattfindet, und die keinen Einfluß auf den Phänotyp von Körpern hat. Die Hypothese einer „egoistischen DNS" zur Erklärung für die Kopien-Wiederholung in mittelschnell replikativer DNS (ohne Nutzen oder Schaden für Organismen auf der nächsten Stufe der Hierarchie) ist vielleicht das interessanteste Beispiel einer unabhängigen Selektion auf Gen-Ebene[9].

---

[5] Vgl. Eldredge und Gould 1972, sowie Gould und Eldredge 1977.
[6] Vgl. Eldredge und Cracraft 1980.
[7] Dawkins 1976 und 1982.
[8] Vgl. Gould, im Druck.
[9] Vgl. Doolittle und Sapienza 1980, sowie Orgel und Crick 1980.

Wenn eine Gen-Auslese unabhängig von Organismen stattfinden kann, so läßt sich die kausale Hierarchie aber genauso aufsteigend erweitern. Auslese auf der Dem-Ebene wurde schon lange von Sewall Wright vertreten in seiner Theorie des „wechselnden Gleichgewichts"[10]. Species-Auslese kann sogar eine noch stärkere Kraft denn traditionelle darwinische Organismen-Auslese sein, im Hinblick sowohl auf die Verbreitung von Eigenschaften innerhalb von Abstammungsgruppen als auch auf den verschiedenen Erfolg einiger solcher Gruppen gegenüber anderen. Wirkliche Species-Auslese beruht auf den Eigenschaften der Species als Wesenheiten — die Neigung zur Speziation insonderheit —, die sich nicht auf Kennzeichen von Organismen reduzieren lassen und daher auch nicht durch die traditionelle natürliche Auslese auf ihrer üblichen Ebene erklärt werden können. Die erweiterte hierarchische Theorie bleibt darwinisch im Geist — insofern sie den Prozeß der Auslese auf mehreren Ebenen einer Individuen-Hierarchie vertritt —, aber sie widerlegt die zentrale darwinische Logik, daß nämlich die evolutionären Ereignisse auf allen Stufen zur Kausalerklärung auf die Ebene von Organismen innerhalb von Populationen reduziert werden müssen.

2. Kritik der Adaptation:
Viele überzeugende Kritiken der Allgegenwart der Anpassung nahmen ihren Ausgangspunkt bei der Theorie des Neutralismus — der Behauptung, daß genetischer Wechsel sich vielfach in Populationen summiert durch den genetischen Drift von anpassungs-irrelevanten allelen Varianten, und daß deswegen natürliche Auslese nicht zugegeben werden kann. Obwohl diese Kritiken zutreffen und historisch wichtig waren dadurch, daß sie die Hegemonie der Adaptation durchbrachen, übergehe ich sie hier, denn ich will die evolutionäre Flexibilität von Phänotypen diskutieren, und neutrale Wechsel berühren definitionsgemäß Phänotypen nicht.

Auf der Ebene der Phänotype behauptet die Kritik der Adaptation nicht die Entdeckung irgend eines neuen evolutionären Prozesses, der aktiv einen substantiellen, phänotypischen Wechsel hervorriefe ohne natürliche Auslese. Denn in der Tat bleibt die Kritik einverstanden mit der herkömmlichen Vorstellung, daß natürliche Auslese die einzige bekannte Ursache substantiellen und dauerhaften evolutionären Wechsels ist. Inwiefern kann man dann von einer Kritik der Adaptation sprechen?

Man nehme an, daß jeder adaptive Wechsel eine Anzahl von nicht adaptiven Folgen mit sich bringt (denn Organismen sind integrierte Wesen), die in Zahl und Ausmaß die direkte Adaptation weit übertreffen. Man nehme weiters an, daß diese Folgen fürderhin sehr einflußreich als „Kanäle" auftreten, welche die Grenzen und Richtung des weiteren evolutionären Wechsels stark bestimmen. Natürliche Auslese kann zwar weiterhin die Kraft sein, die die Organismen durch die Kanäle hindurchtreibt, aber wenn diese Kanäle die einzigen vorhandenen Wege sind und wenn sie selber nicht zustandekamen als direktes Resultat der Anpassung, dann sind Phänotypen genauso determi-

---

[10] „Shifting balance", vgl. Wright 1931.

niert durch jene Grenzen und Möglichkeiten, die *nicht* durch Adaptation zustandekamen, wie durch die, die direkt durch natürliche Auslese auftraten. Natürlich leugnen traditionelle Darwinisten nicht, daß Anpassung auch nichtadaptive Folgen hat. Das gilt für den klassischen Fall der Allometrie, so benannt und bekannt gemacht von dem großen Darwinisten Julian Huxley[11]. Aber diese Folgen werden gewöhnlich als oberflächlich, epiphänomenal und nicht-zwingend angesehen; natürliche Auslese könne jedenfalls eine allometrische Wechselwirkung brechen, wenn erforderlich. Darüber hinaus: Obwohl der Darwinismus nicht die Existenz von starken Einflüssen auf Wege des evolutionären Wechsels leugnet, gelten die Einflüsse als hervorgerufen durch frühere Anpassungen für verschiedene andere Zwecke. Daher werden die Eigenschaften des Phänotyps entweder als gegenwärtige Anpassungen oder als frühere Anpassungen an andere Umstände aufgefaßt, die den jetzigen Wechsel gleichwohl beeinflussen. Anpassung dominiert. Darwin selbst, ein sorgfältiger Beobachter von Einflüssen und Wechselbeziehungen, hat lange und gründlich mit diesem Problem gerungen, und er löste es schließlich im Sinne der Überlegenheit der Anpassung. Dies zeigt eine vielfach übersehene Schlüsselstelle des „Origin of Species"[12]:
„Es wird allgemein zugegeben, daß alle organischen Wesen nach zwei großen Gesetzen entstanden sind: der Einheit des Typus und der Existenzbedingungen. Unter Einheit des Typus verstehen wir die grundsätzliche Übereinstimmung im Körperbau, die wir bei organischen Wesen derselben Klasse finden und die von deren Lebensweise unabhängig ist . . . Der Ausdruck Existenzbedingungen . . . ist im Prinzip der natürlichen Zuchtwahl eingeschlossen. Denn die natürliche Zuchtwahl wirkt dadurch, daß sie die verschiedenen Teile eines Wesens entweder jetzt seinen organischen oder anorganischen Lebensbedingungen anpaßt oder schon in längst vergangenen Zeiten angepaßt hat . . . Daher ist tatsächlich das Gesetz der Existenzbedingungen das höhere Gesetz, weil es infolge der Erblichkeit früherer Abänderungen und Anpassungen das Gesetz von der Einheit des Typus umfaßt."
Ich glaube, daß unsere Ansicht über die Gründe der evolutionären Flexibilität sich in einem strikten Darwinismus festgefahren haben, der seine gültigen Einsichten alle schon vorgetragen hat — und ich glaube, daß jede Kritik am Darwinismus eine bedeutende neue Perspektive eröffnet.

---

[11] Vgl. Huxley 1932 sowie Gould 1966.
[12] Darwin 1859, 206; hier zitiert nach der deutschen Übersetzung von C. W. Neumann (Reclam Nr. 3071), 280.

3. „Exaptation" und die Flexibilität des Verstandes

Adaptation in strengem Sinne verstanden zieht ein Paradox für den Erforscher des evolutionären Wechsels nach sich. Wenn alle Strukturen für den sofortigen Gebrauch wohleingerichtet sind, wo ist dann die Flexibilität für einen substantiellen Wechsel als Antwort auf eine sich stark ändernde Umwelt? Die konventionelle Antwort beruft sich auf das Phänomen der Vorweg-Anpassung („Präadaptation") — die Vorstellung, daß Strukturen, die sich eigentlich für einen anderen Gebrauch entwickelten, zufällig auch dafür geeignet sind, bei leichter Änderung ganz andere Funktionen zu erfüllen (etwa Federn, die für die Temperaturregelung entwickelt wurden, und die sich dann auch zum Fliegen eignen). Aber Vorweg-Anpassung spricht nur von der Substitution einer Sache durch eine andere. Läßt sich nicht auch ein ganzer Flexibilitäts-Pool in nicht festgelegten Strukturen herausfinden?

Vrba und ich sind folgender Meinung: strikter Adaptionismus hat uns die Sicht so weit verdunkelt, daß ein wichtiger Begriff in unserer Wissenschaft von der Form fehlt[13]. Einige Evolutionisten benützen den Begriff „Adaptation" für jede Struktur mit positiver Funktion, gleichgültig welchen Ursprungs sie ist. Aber eine lange Tradition, beginnend bei Darwin selber, beschränkt Adaptation auf jene Strukturen, die *direkt* für den sofortigen Gebrauch durch natürliche Auslese entwickelt wurden. Wenn wir diese engere Definition annehmen, wie sollen dann Strukturen erfaßt werden, die zwar zur Fitness beitragen, aber durch andere Ursachen entwickelt und für ihre gegenwärtige Rolle einfach nur in Dienst genommen wurden? Sie haben gegenwärtig noch keinen Namen, und Vrba und ich schlagen vor, sie „Exaptationen" zu nennen. Präadaptation ist natürlich ein verwandter Begriff — eine Art Exaptation vor dem Eintritt des Faktums (Federn auf einem rennenden Dinosaurus sind Präadaptationen für das Fliegen; nicht weiterentwickelte Federn auf einem Vogel sind Exaptationen). Aber Präadaptation deckt nicht den Bereich der Exaptation ab, weil sie sich auf bereits für eine bestimmte Funktion *angepaßte* Strukturen bezieht, die sich nur zufällig auch für eine andere eignen. Wie steht es um Strukturen, die niemals Anpassungen an irgend etwas waren, die aber (wie oben erörtert) durch zahllose nichtadaptive Konsequenzen aus Primäradaptationen entstanden? Sie stehen für spätere Indienstnahme als Exaptationen auch zur Verfügung[14]. Da nichtadaptive Folgen an Zahl die Adaptationen selber übertreffen, muß man sicherlich den Bereich der Exaptations-Möglichkeiten als primär durch Nicht-Adaptationen hervorgerufen ansehen. Wenn daher die Flexibilität primär ein Ergebnis von Möglichkeiten ist, welche labil bleiben, entweder weil sie keine gegen-

---

[13]   Vgl. Gould und Vrba 1982.
[14]   Für Beispiele vgl. Gould und Lewontin 1979; sie stammen zumeist aus Architektur und Anthropologie, wo der Begriff die konventionellen Vorstellungen nicht berührt und deshalb einfacher zu verstehen ist.

wärtige Funktion haben (potentielle Exaptationen) oder weil ihre gegenwärtige Adaptationsstruktur sie andere Dinge genauso gut verrichten läßt (Präadaptationen), dann besteht die Grundlage der Flexibilität hauptsächlich in Nicht-Adaptation.

Die alte These, daß Flexibilität in positiver Wechselwirkung mit Komplexität steht, ist richtig, aber der Grund dafür ist nicht der gewöhnlich angenommene, daß nämlich Komplexität selber so hoch adaptiv ist, sondern vielmehr derjenige, daß erhöhte Komplexität eine viel größere Anzahl nichtadaptiver Konsequenzen für jeden Wechsel hat und damit einen stark vergrößerten Exaptations-Pool.

Unter den gewöhnlich vorgebrachten Gründen für die extreme Flexibilität des menschlichen Denkens finden sich die biologische Neotänie, die unser Gehirn in einem labilen jugendlichen Zustand erhält, und das unvergleichliche Potential einer nicht-somatischen Kultur, die unsere Gehirne ermöglicht haben. Ich stimme zu, daß diese zwei die wesentlichen Gründe für die menschliche Flexibilität darstellen, aber ich weise darauf hin, daß beides Widerspiegelungen eines zugrundeliegenden Themas sind: keine biologische Struktur war jemals so mit exaptiven Möglichkeiten geschwängert wie das menschliche Gehirn; keine andere biologische Struktur hat je so viele nichtadaptive Folgen nach seiner ursprünglichen Vergrößerung durch Adaptation nach sich gezogen.

Ich zweifle nicht daran, daß das Gehirn aus adaptiven Gründen (vielleicht sogar einer Gruppe komplexer Gründe) so groß wurde, und daß natürliche Auslese es bis zu einer Größe entwickelte, die Bewußtsein ermöglichte. Aber ebenso sicher ist, daß das meiste von dem, was unser Gehirn heutzutage tut, das meiste, was uns so distinkt menschlich (und flexibel) macht, als Konsequenz der nicht-adaptiven Folgeerscheinungen auftrat, nicht aber der primären Anpassung selber — denn diese Folgeerscheinungen waren sehr viel zahlreicher und zur Weiterentwicklung geeigneter. Das Gehirn ist ein komplexer Computer, den die natürliche Auslese konstruierte, um ein kleines Teilchen seiner potentiellen Operationen auszuführen. Ein Arm, der sich für eine Sache entwickelte, kann auch andere tun (ich etwa tippe gerade mit Fingern, die sich für andere Zwecke herausbildeten). Aber ein Gehirn, das sich für einige Zwecke herausgebildet hat, kann ganze Größenordnungen von Dingen mehr tun, einfach deswegen, weil es ein flexibler Computer ist. Die Evolution hat in der biologischen Geschichte noch keine Struktur mit einer derart enormen und verzweigten Ansammlung exaptiver Möglichkeiten hervorgebracht. Die Grundlage menschlicher Flexibilität liegt in den nichtselektierten Kapazitäten unseres großen Gehirns.

Diese Perspektive legt auch nahe, daß wir unsere Denkmethode bezüglich der biologischen Grundlage von essentiell menschlichen Institutionen und Verhaltensweisen radikal ändern müssen. Zahlreiche und großenteils spekulative Forscher versuchen alles Wesentliche, was unsere Gehirne heute tun, mit einer direkten Adaptationsleistung in Verbindung zu bringen, die sich an Umwelten unserer früheren Evolution vollzogen haben soll. So soll z. B. Religion ein moderner Reflex von Verhaltensweisen sein, die sich für den

Gruppenzusammenhalt unter Steppenjägern als förderlich entwickelt hatten. Aber Religion könnte genauso gut unsere menschliche Antwort auf das erschreckende Faktum sein, daß unser großes Gehirn uns die Unausweichlichkeit unseres persönlichen Sterbens einzusehen erlaubte (und zwar ohne direkt adaptiven Grund). Ich vermute, daß der größte Teil unseres kognitiven Lebens die nicht-adaptiven Folgeerscheinungen eines großen Gehirns als Exaptationen nutzt, und nicht die direkten Gründe widerspiegelt, aufgrund deren die natürliche Auslese unser großes Gehirn ursprünglich herausbildete.

4. Hierarchie und Ebenen-Durchbruch

Hierarchien, bei denen höhere Stufen niedrigere mit einschließen wie etwa unsere genealogische Hierarchie, haben die wichtige Eigenschaft der Asymmetrie. Auslese auf einer höheren Ebene muß Wirkungen auf allen niedrigeren Ebenen haben, deren Einheiten (Individuen) in Mitleidenschaft gezogen werden. (Tatsächlich ist es diese Eigenschaft, die die Kausal-Konfusion der Reduktionisten hervorruft: weil die Einheiten der niedersten Ebene, in diesem Falle Gene, immer mit ausgelesen wurden, erscheint ihnen dies die Kausalebene des Wechsels zu sein. Aber noch einmal: Buchhaltung ist nicht Kausalität, und das Argument taugt nichts.) Wenn daher die Species-Selektion funktioniert und bestimmte Species von einer Abstammungsgruppe entfernt oder ihr (wie auch immer) hinzugefügt werden, dann müssen sich Proportionen an den Organismen und den Gen-Frequenzen innerhalb der Abstammungsgruppe auch ändern — obwohl die Ursache all diesen Auslesens auf der Species-Ebene verbleibt.

Das Umgekehrte trifft aber nicht zu. Auslese auf niedrigeren Ebenen bringt nicht notwendig irgendeine Wirkung bezüglich des Charakters oder der relativen Anzahl höherer Einheiten mit sich. Auslese auf niedrigerer Ebene kann wirksam isoliert werden von jedem Einfluß auf höhere Ebenen. Daher können, wenigstens am Anfang, mobile Gene zwar ihre Kopienanzahl innerhalb eines Genoms erhöhen, ohne aber irgend einen Effekt bei den Körpern, Demen oder Species hervorzurufen. Das aber ist die Argumentationsgrundlage der Hypothese von der „egoistischen DNS".

Der Organismus — Inbegriff der evolutiven Handlungseinheit nach Darwin — kann normalerweise nur etwas für sich selber tun. Dies ist die Ursache für das Paradox der Überspezialisierung, wenn Vorteile für Individuen das Aussterben von Arten zur Folge haben, weil bizarre Spezialisierungen die Flexibilität gegenüber Umweltsänderungen einengen. Man stelle sich nur vor, welche evolutionären Möglichkeiten sich eröffneten, wenn diese Asymmetrie durchbrochen werden könnte, wenn also die Einheiten der niedrigen Ebene gleichzeitig sowohl für ihre eigene Fitness als auch für die der höheren Einheiten, deren Teil sie sind, etwas tun könnten! Aber das kann nicht in einer Welt nicht-bewußter Objekte geschehen, denn wie sollte ein Gen aktiv für seinen Körper etwas tun, oder ein Körper für seine Species, wenn die Selektion nur auf der eigenen Ebenen „gesehen" wird, und die Kräfte und Richtung der Auslese auf höheren Ebenen unbekannt sind (weil die eigene Ebene durch sie nicht berührt wird)?

Aber das menschliche Bewußtsein hat dieses System durchbrochen. Wir können das Denken zum Übersteigen unserer eigenen Ebene benützen und zum Verständnis desjenigen, was wir als Individuum tun müssen, um die Gruppen, deren Teil wir sind, zu fördern oder zu behindern. Kurz gesagt: wir können direkten Einfluß auf die Fitness unserer höheren Ebene nehmen. (Wir haben auch die genetische Flexibilität — da wir nicht programmierte Automaten sind —, Handlungen zu vollziehen, die uns verletzen, aber von Vorteil für unsere Gruppen sind, obwohl die natürliche Auslese so lange nur auf unserer Individual-Ebene positiv wirkte. Wir können uns daher nicht nur deswegen altruistisch verhalten, weil bestimmte Vorgänge auf der Individual-Ebene — Gruppenselektion und reziproker Altruismus — Selbstlosigkeit im gut darwinischen Sinne fördern, sondern primär deswegen, weil wir die Wichtigkeit der Tauglichkeit auf Gruppenebene verstehen können und die genetische Flexibilität haben [vielleicht aus nicht-adaptiven Gründen und nicht notwendig als das Resultat von Jahrtausenden der Gruppenselektion], uns danach zu verhalten.)

Zum ersten Mal in der biologischen Geschichte können Organismen aktiv die Tauglichkeit auf mehreren Ebenen ihrer eigenen Hierarchie befördern, nicht nur für sich selbst. Was dabei an potentieller Macht und Flexibilität gewonnen wurde, ist überwältigend. Wir können jetzt die Evolution unserer eigenen Species in unvergleichlicher Art und Wirksamkeit beschleunigen und abändern. Wir haben die Ordnungsprinzipien unserer eigenen Hierarchie durchbrochen.

Diese einzigartige Form von Evolution bringt auch neue Herausforderungen mit sich. Wenn wir in einer Welt wahrer Harmonie lebten, wo die Fitness auf einer Ebene unausweichlich die anderen Ebenen steigerte, dann würde uns das neue Können eine positive Feedback-Kurve zwischen der Fitness der individuellen und Species-Ebene erlauben *ad maiorem hominis generisque gloriam*. Aber so erfreulich ist unsere Welt leider nicht. Die Komponenten der Fitness auf einer Ebene können die der höheren Ebene gleichermaßen verringern (wie bei der Überspezialisierung) wie steigern. Das bringt uns in die unangenehme Lage, die einzige Species zu sein, die die Fitness sowohl der individuellen als auch der Species-Ebene direkt beeinflussen kann — und die dann herausfindet, daß diese oft miteinander in Konflikt stehen. Was sollen wir tun?

Wie eingangs festgestellt, bin ich kein Moralphilosoph. Daher werde ich mich schamlos um diese uralte Frage drücken und mit der einfachen Bekräftigung schließen, daß die unvergleichliche Flexibilität (oder Freiheit, wenn man darauf bestehen wollte), die unsere Species hat, nur angemessen verstanden werden kann, wenn der strikte Darwinismus der modernen Synthese einer Revision unterzogen wird, und diese ganz in die Evolutionstheorie integriert wird.

Literatur

Darwin, C (1859) On the Origin of Species London, J. Murray.

Dawkins, R. (1976) The selfish gene. New York, Oxford Univ. Press.

Dawkins, R. (1982) The extended phenotype. San Francisco, W. H. Freeman.

Doolittle, W. F. und C. Sapienza (1980) Selfish genes, the phenotype paradigm and genome evolution. Nature 284: 601—603.

Eldredge, N. und S. J. Gould (1972) Punctuated equilibria: an alternative to phyletic gradualism. In: T. J. M. Schopf, ed., Models in paleobiology. San Francisco, Freeman, Cooper and Co., 82—115.

Eldredge, N. und J. Cracraft (1980) Phylogenetic patterns and the evolutionary process. New York, Columbia Univ. Press.

Gould, S. J. (1966) Allometry and size in ontogeny and phylogeny. Biol. Rev. 41: 587—640.

Gould, S. J. (1982 a) The meaning of punctuated equilibrium and its role in validating a hierarchival approach to macroevolution. In: R. Milkman (ed.), Perspectives on Evolution. Sunderland, MA, Sinauer Associates, 83—104.

Gould, S. J. (1982 b) Darwinism and the expansion of evolutionary theory. Science 216: 380—387.

Gould, S. J. (im Druck) Irrelevance, submission and partnership: the changing role of palaeontology in Darwin's three centennials, and a modest proposal for macroevolution. In: J. Bendall, ed., Evolution from Molecules to Man. Cambridge Univ. Press.

Gould, S. J. und N. Eldredge (1977) Punctuated equilibria: the tempo and mode of evolution reconsidered. Paleobiology 3 (2): 115—151.

Gould, S. J. und R. C. Lewontin (1979) The spandrels of San Marco and the Panglossian paradigm: a critique of the adaptationist programme. Proc. R. Soc. Lond. B 205: 581—598.

Gould, S. J. und Elisabeth S. Vrba (1982) Exaptation — a missing term in the science of form. Paleobiology 8 (1): 4—15.

Huxley, J. (1932) Problems of relative growth. London, MacVeagh.

Huxley, J. (1942) Evolution, the Modern Synthesis. London, Allen and Unwin.

Huxley, J. (1958) Evolutionary processes and taxonomy with special reference to grades. Uppsala Univ. Arsskr. 21—38.

Mayr, E. (1980) Some thoughts on the history of the evolutionary synthesis. In: E. Mayr and W. Provine (eds.), The Evolutionary Synthesis. Cambridge, MA, Harvard Univ. Press. 1—48.

Orgel, L. E. und F. H. C. Crick (1980) Selfish DNA: the ultimate parasite. Nature 284: 604—607.

Rensch, B. (1947) Neuere Probleme der Abstammungslehre. Stuttgart, F. Enke Verlag.

Rensch, B. (1971) Biophilosophy. New York, Columbia Univ. Press.

Schweber, S. S. (1977) The origin of the Origin revisited. J. History Biol. 10: 229—316.

Wright, S. (1931) Evolution in Mendelian populations. Genetics 16: 97—159.

3. Freiheit und die biologische Natur des Menschen

Hans Mohr, Freiburg

1. Das Problem

Es gibt Fragen, die sind so groß und so alt, daß man keine Antwort mehr erhofft.

In diesem Essay geht es letztlich um die *Möglichkeit* von Ethik, um „das Leib-Seele-Problem im Vorfeld des Prinzips Verantwortung"[1]. Sind das Gute und das Böse durch die Erfindung des Determinismus aus der Welt geschafft? Oder läßt sich Freiheit, d. h. Determination durch „Sinn, Neigung, Interesse und Wert, kurz, nach Gesetzen der Intentionalität", in einem wissenschaftlichen Weltbild unterbringen, das den Erhaltungssätzen höchste Priorität zubilligt und Kausalität ohne Energieübertrag nicht kennt? — In der Sprache von Hans Jonas: „Daß der physikalische Naturzusammenhang keine Einmischung nichtphysikalischer Ursachen in sein Determinationsgefüge duldet, folgt aus der Herrschaft der Naturgesetze; besonders der Erhaltungsgesetze, die jedesmal verletzt würden, wenn eine Wirkungsgröße ohne physikalische Vorgängerschaft der bisherigen Summe hinzugefügt und ohne physische Nachfolge von ihr abgezogen würde".

Das Leib-Seele-Problem ist uralt, zentral für jeden denkenden Menschen und — nach gängiger Auffassung — ungelöst. Die meisten Biologen neigen dazu, auf den Spuren von Emil du Bois-Reymond das Problem für unlösbar

---

[1] Vgl. Jonas 1981.

zu halten („ignorabimus"). Meist wird es mit der Dignität einer „ewigen Antinomie" nach Kantschem Vorbild ad acta gelegt. So Gunter Stent: „Kants grundlegende erkenntnistheoretische Einsicht bestand darin, daß wir in zwei metaphysisch unterschiedlichen Welten leben — einmal in der der Naturwissenschaften, deren natürliche Objekte den Gesetzen der kausalen Bestimmtheit unterworfen sind, und zum anderen in der des sittlichen Verhaltens, in der vernunftsbegabte menschliche Subjekte in Freiheit gewählten Gesetzen gehorchen, denen jedes Individuum sein Handeln unterwirft ... Wie können sie (die modernen Biologen) die Auffassung von der biologischen Natur des Menschen (uneingeschränkt) akzeptieren und zugleich Kant zugestehen, daß der Glaube an einen autonomen freien Willen, der sich unabhängig vom Naturgesetz manifestiert, eine notwendige Voraussetzung für sittliches Verhalten ist?" Und Stents Antwort: „Als vernunftbegabte Wesen können wir die Vorstellung sittlicher Freiheit für die Ethik ebensowenig aufgeben wie die der kausalen Notwendigkeit für die Naturwissenschaft." Der common sense stört sich kaum an der Antinomie; vermutlich deshalb, weil sie zu gewaltig ist. Und der auf penetrante Analyse eingeschworene Biologe?

Unsere dualistische Überlieferung erlaubt es selbst dem *Wissenschaftler,* mit der Überzeugung zu leben, daß „die Subjektivität ihrem Wesen nach fiktiv und ihrem Vermögen nach ohnmächtig" sei, obgleich wir als moralische Subjekte gleichzeitig an (spärliche?) Freiheit, an Verantwortung und Kreativität glauben und damit eine Intervention des Geistes in den Vorgängen der Materie voraussetzen.

2. Der Lösungsversuch im „literarischen Kielwasser der Quantentheorie"

Hans Jonas hat in seinem Buch „Macht oder Ohnmacht der Subjektivität?" das Leib-Seele-Problem angesichts moderner Wissenschaft aufbereitet. Sein „Versuch zu einer Lösung des psychophysischen Problems" rekurriert auf das Unbestimmtheitsprinzip der Quantenphysik. Die von Jonas angestrebte „quantentheoretische Beseitigung der Unverträglichkeit von geistiger Spontaneität und mechanischer Kausalität" bleibt indessen aus zwei Gründen fragwürdig. Einmal ist die „statistische" Interpretation der Quantenmechanik, wie sie Jonas und seinem Gesprächspartner vorschwebt, eine subjektive und unverbindliche Sache: „Das menschliche Gehirn ... könnte, was die physikalische Zulassung angeht, für die Makrodetermination des Leibes, d. h. für unser offenbares Verhalten (ebenso wie für die Determination seiner innerzerebralen Prozesse im bloßen Denken), den Spielraum genießen, den die quantenmechanische Unbestimmtheit seiner basalen Ebene ihm an Entscheidbarkeiten zur Verfügung stellt. Das heißt aber: mittels des Gehirns könnte das Bewußtsein sich dieses Spielraums bedienen."

„Die Bewegung der Partikel folgt Wahrscheinlichkeitsgesetzen, die Wahrscheinlichkeit selbst breitet sich im Einklang mit den Kausalgesetzen aus,
nämlich *deterministisch* nach der von Schrödinger angegebenen Wellenglei-
chung." *Diese* Auffassung — von Max Born formuliert — hat sich allgemein
durchgesetzt und hat Born 1954 den Nobelpreis für Physik eingetragen[2]. —
Zum andern gehen wohl die meisten Biologen davon aus, daß die Frage
„Quantenmechanik und Biologie", die der damals junge, aber bereits namhafte Physiker Pascual Jordan 1932 mit seiner „Verstärkertheorie" ins Rollen gebracht hatte, seit dem wegweisenden Aufsatz von E. Bünning aus dem Jahr
1943 ausgestanden ist. Dem Argument von P. Jordan lag folgende Überlegung zugrunde:
Im physikalischen Mikrobereich ist die strenge Gültigkeit des Kausalitäts-
prinzips der klassischen Mechanik nicht mehr nachweisbar — eine seinerzeit
übliche Folgerung aus der Heisenbergschen Unschärferelation. Jordan zöger-
te nicht, etwas nicht Nachweisbares auch als nicht existierend anzusehen und
sprach ohne epistemologische Skrupel von der Akausalität bestimmter sub-
atomarer Prozesse. Die „Willensfreiheit" brachte Jordan mit der Vorstellung
ins Spiel, der lebende Organismus wirke in Analogie zu einem elektroni-
schen Verstärker und so könnte „die Akausalität bestimmter atomarer Reaktionen sich verstärken zur makroskopisch wirksamen Akausalität ...
Gerade solche Vorgänge, durch welche die Reaktionen des Menschenkörpers
dirigiert werden, sind vielfach von einer bis ins atomistische Gebiet reichen-
den Feinheit, sind also deterministischer Kausalität nicht mehr unterworfen"[3], und Jordan folgerte: „Die Verneinung der Willensfreiheit ist durch die
Erfahrungen der Atomphysik widerlegt".
Ist damit die Entscheidungsfreiheit des Menschen, genauer: die Determination unseres Handelns durch „Sinn, Neigung, Interesse und Wert, kurz,
nach Gesetzen der Intentionalität", vor der Kausalität gerettet? Vor der Kausalität vielleicht (falls man geneigt ist, P. Jordan zu folgen), aber nicht vor
dem blinden Zufall! Nach Jordans Anschauung werden die „freien" Entscheidungen von physikalischen, akausalen, somit zufallsmäßigen Mikroprozessen dirigiert, die der Organismus ins Makroskopische verstärkt. Damit ist
für die „Freiheit", für das „Prinzip Verantwortung" und somit für die Ethik
nichts gewonnen sondern alles verloren. Vom Regen der Kausalität hat uns
P. Jordan in die Traufe zufallsmäßiger Akausalität geführt.
Max Planck hat seinem jungen Kollegen seinerzeit auch widersprochen: „Einige namhafte Physiker sind gegenwärtig der Meinung, man müsse, um die
Willensfreiheit zu retten, das Kausalgesetz zum Opfer bringen, und tragen daher keine Bedenken, die bekannte Unsicherheitsrelation als eine Durchbre-
chung des Kausalgesetzes zur Erklärung der Willensfreiheit heranzuziehen.
Wie sich allerdings die Annahme eines blinden Zufalls mit dem Gefühl der
sittlichen Verantwortung zusammenreimen soll, lassen sie dahingestellt."

---

[2] Vgl. Walther 1982.
[3] Zitat bei Hassenstein 1979; dort gekürzt.

Erwin Bünning hat dann in seinem Aufsatz „Quantenmechanik und Biologie" in der Zeitschrift „Die Naturwissenschaften"[4] im einzelnen ausgeführt, daß nicht eine zufallsmäßige Beliebigkeit, sondern eine ungeheure funktionelle Zuverlässigkeit, die eine präzise und eindeutige Systemorganisation und Ordnung einschließt, die Grundlage der Lebensprozesse und ihrer Steuerung darstellt. Würde sich physikalische Akausalität im lebenden System verstärken und damit eine wesentliche Rolle spielen, so müßte sie die total anti-zufallsmäßige Ordnung des Lebendigen stören und wäre verhängnisvoll. Physikalische Akausalität kann somit erst recht nicht das Wesentliche an der biologischen *Steuerung* sein.

Wir wissen heute, daß die statistischen Aussagen der Biologie, die sich stets auf Populationen (und *nicht* auf Individuen) beziehen, *epistemologisch* den Status der Versicherungsstatistik haben (und damit total in das Einzugsgebiet der klassischen Mechanik fallen). Die *Prognosen* der biologischen Statistik sind präzise und eindeutig, falls sie sich wieder auf große Zahlen beziehen. Eine *derart* exakte Statistik schließt eine Bedeutung der postulierten Akausalität im Mikrobereich für das biologische Geschehen aus.

Die damals junge Generation (von 1942/43) hat trotz des Krieges die Diskussion mit großem Engagement und wissenschaftlichem Ernst geführt. Das Ende der „Verstärkertheorie" wurde aber auch durch geistvollen Spott, der der Wissenschaft — Gott sei Dank! — nicht fremd ist, beschleunigt. Ein Gedicht im Stile Christian Morgensterns, von Bernhard Hassenstein verfaßt, bezog sich auf die Tatsache, daß atomare Reaktionen von der Art, wie sie P. Jordan im Sinne hatte, im allgemeinen „Quantensprünge" von Elektronen von einer Bahn in eine andere darstellen. Das Wirkungsquant ist die von Max Planck entdeckte Einheit der Energie (h), die in der Unschärferelation Heisenbergs die entscheidende Rolle spielt ($\Delta p \cdot \Delta x \geqq h$).

Hassensteins Spottgedicht[5] hatte den Titel: *Das Wirkungsquant* oder *die Verstärkertheorie* und lautete:

Ein Wirkungsquant fliegt durch das Dorf,
es sucht das Hirn des Herrn von Korf.

Es findet dort in dem Gewühl
ein ganz bestimmtes Molekül.

Von Korf ist grad in schwerer Not:
„Eß' Wurst- ich oder Käsebrot?"

Das Quant, das wirft sich in die Brust:
„Du glaubst, du willst! Allein: Du mußt!

Nie kannst die Freiheit du erringen.
Doch ich bin frei und kann dich zwingen!"

Elektron „9" sprach: „Spring' mich doch!"
Das Quant: „Ich überleg' mir's noch.

---

[4] Vgl. Bünning 1943.
[5] Hassenstein 1979.

Dann hat durch es Elektron „8"
'nen akausalen Sprung gemacht.
Von Korf nahm daraufhin spontan
die Wurst und fing zu essen an
und nahm die Sache ganz im Stillen
dann als Beweis für freien Willen.
Dem Quant hat das den Rest gegeben:
frei-willig schied es aus dem Leben.

Der erneute, glänzend vorgetragene Versuch von Hans Jonas[6], im „literari-
schen Kielwasser der Quantentheorie" den strikten Kausaldeterminismus im
biologischen Geschehen abzuschwächen, führt in der Sache über den damali-
gen Stand der Diskussion *nicht* hinaus. Die entscheidende Schlußfolgerung
von Jonas: „In der Quantenphysik besteht kein flagranter Widerspruch zwischen Mechanik der Natur und Einfluß des Bewußtseins" ist ebensowenig
überzeugend, wie Jordans Konzept vor 50 Jahren. Jonas' Hoffnung, „das
menschliche Gehirn könnte den Spielraum genießen, den die quantenmechanische Unbestimmtheit seiner basalen Ebene ihm an Entscheidbarkeiten zur
Verfügung stellt", bleibt vage, solange „kein Modell in Sicht ist" (H. Jonas),
das den Übergang zwischen Materie und Geist begreiflich machen könnte.
Auch Popper und Eccles sind in „The Self and its Brain" in dieser Frage keinen Deut weiter gekommen. Das Jonassche Buch hat mich in seiner Klarheit
vollends davon überzeugt, daß mit dem Rekurs auf die epistemologischen
Schwierigkeiten der Quantenphysik (Kopenhagener Schule) das Leib-Seele-
Problem nicht zu lösen ist. Die Frage *bleibt*, ob all unser moralisches Handeln nichts ist als täuschender Schein.

3. Der Lösungsversuch in der Nachfolge eines rigorosen Leib-Seele-Dualismus

Nur wenige heutige Biologen werden offen zugeben, daß sie an eine nicht-
körperliche Seele glauben. Dies bedeutet aber keineswegs, daß der Leib-Seele-
Dualismus nicht mehr lebendig wäre, denn für die jedem von uns aufgetrage-
ne Behandlung des Themas „Freiheit/Verantwortung und (Human-)Biolo-
gie" hat bisher nichts die cartesianische Formulierung des Leib-Seele-Problems verdrängt. Die Vorstellung des Descartes, der *Leib* des Menschen lasse
sich — wie der Leib der Tiere — als „Maschine" betrachten, hat philosophisch (und epistemologisch) die Grundlagen für Physiologie (einschließlich
Neurophysiologie) und Humangenetik gelegt. Aber so ergiebig die
mechanistisch-rationalistische Vorstellung vom menschlichen Körper sich

---

[6] Op. cit. Anm. 1.

auch erwiesen hat, eine sittliche Person muß mehr sein — so lautet die Über-lieferung — als ein „Automat in Menschengestalt"[7]. „Das ‚zusätzliche Et-was', das sie (die Person) über diesen Zustand hinaushebt, ist ihre Seele, eine wirkende Kraft, die nicht Teil des Körpers ist. Aus seiner nicht-körperlichen Seele bezieht der Mensch Freiheit und die Verantwortlichkeit für sein Tun, Konzepte, ohne die es keine idealistische Ethik gibt"[8]. Diese präzise Formu-lierung mag verdeutlichen, daß auch ein in den Dingen der Neurobiologie erfahrener Forscher *um der Ethik und der Verantwortung willen* die Unter-scheidung von Körper und Geist (res extensa und res cogitans) mitvollzieht, obgleich er implizit keinen Zweifel daran läßt, daß ein strenger Dualismus — ein beziehungsloses Nebeneinander von Körper und Geist — für den Bio-logen inakzeptabel ist. Die auf den Leib-Seele-Dualismus gegründete, absicht-lich provokative These des Psychiaters Thomas S. Szasz, es handle sich bei Geisteskrankheiten nicht um wirkliche Krankheiten, ist deshalb bei den Bio-logen auf fast einhellige Ablehnung gestoßen. Szasz behauptet, Geisteskrank-heit sei nicht auf „eine Abnormität oder auf Funktionsmängel des Körpers zurückzuführen — Da Krankheit und Unwohlsein ausschließlich den Kör-per betreffen können, ist so etwas wie eine geistige Erkrankung gar nicht möglich. Der Begriff ‚Geisteskrankheit' muß als Metapher angesehen wer-den"[9]. Es erscheint uns absurd, daß Szasz behaupten kann, die abnormen Verhaltenssymptome, die mit geistiger Erkrankung einhergehen, ließen sich nicht aus Funktionsmängeln des Körpers herleiten. Szasz ignoriert offenbar alle Einsichten, die Neuroanatomie, Neurophysiologie und Humangenetik in den letzten 100 Jahren gewonnen haben. Er ignoriert (absichtlich natür-lich) die in der Bilanz ungeheuer wohltätige Wirkung der modernen Psycho-pharmaka, etwa die Rückfallverhütung bei depressiven oder manisch-depressiven Psychosen durch die Applikation von Lithiumsalzen, die vielen Patienten die Möglichkeit der sozialen Integration wieder eröffnet hat. Ist es ethisch zu verantworten, daß unsere *Vorstellungen* von der res cogitans uns daran hindern, die Einsichten, die wir beim Studium der Funktionsweise des menschlichen Organismus gemacht haben, im Interesse von Patienten prak-tisch nutzbar zu machen?

Man muß aber andererseits G. Stent zustimmen, der seine Kritik an der Szaszschen Position mit der Feststellung schließt: „Wenn Szasz auch bei sei-ner Polemik die von der Neurologie und Psychologie stammenden Kennt-nisse von der Funktionsweise des menschlichen Gehirns vollständig außer acht zu lassen scheint, so hat er doch das mit der Geisteskrankheit verbunde-ne ethische Dilemma deutlich erfaßt: Die Vergegenständlichung der mensch-lichen Seele durch die Biologie, das Abrücken vom Leib-Seele-Dualismus Descartes' ist mit der Aufrechterhaltung der abendländischen Ethik unver-einbar."

---

[7] Vgl. Stent 1982.
[8] Ebd.
[9] Zitiert nach Stent 1982.

Die Frage an den Biologen lautet nicht nur, ob die abnormen Verhaltenssymptome, die mit geistiger Krankheit einhergehen, sich aus Funktionsmängeln des Körpers herleiten lassen; die uns eigentlich interessierende Frage
geht darüber hinaus: in welchem Maße die Eigenschaften und Leistungen der
res cogitans von der res extensa her *bedingt* seien.

Mit anderen Worten: Inwieweit sind unser bewußtes Verhalten, unser Fühlen und Denken, unser Intellekt, die Wurzeln unserer Moral — inwieweit
sind diese seelischen Eigenschaften durch *unsere Gene* bedingt?

4. Ein Exkurs in die biologische Anthropologie[10]

Die Menschen sind verschieden. Sie zeigen Variation — Differenzen von Individuum zu Individuum — bei nahezu allen Merkmalen. Bei körperlichen
Eigenschaften, Gesicht, Gestalt, Größe, ist die Variation besonders augenfäl-
lig; wir alle wissen aber auch, daß sich die Menschen in geistigen und seelischen Eigenschaften unterscheiden, beispielsweise nach Temperament,
Intelligenz und Kreativität, oder in der Art, wie sie Belastungen aushalten,
wie sie Glück genießen und Unglück ertragen.

Oft beruht die Verschiedenheit unbestreitbar auf verschiedenen *Erbanlagen.* Besonders deutlich manifestiert sich deren Einfluß bei den erblich be-
dingten Stoffwechsel- und Entwicklungsstörungen, die in Humangenetik
und Medizin eine wichtige Rolle spielen. Diese Defekte lassen sich häufig auf
bestimmte mutierte Gene oder auf definierte Chromosomenanomalien zurückführen. Ein bekanntes Beispiel ist das Down-Syndrom beim Menschen
(„Mongolismus"), das auf eine Trisomie des Chromosoms 21 zurückzuführen ist.

Weithin bekannt — wegen der klinischen Bedeutung — ist auch die Phenylketonurie, eine sich autosomal-recessiv vererbende Krankheit. Sie beruht
auf dem Fehlen eines bestimmten Enzyms, der Phenylalaninhydroxylase. Im
Vordergrund des Krankheitsbildes steht die schwere Störung der geistigen
Entwicklung. Die besonders gut erforschte Phenylketonurie ist deshalb so
instruktiv, weil sie paradigmatisch zeigt, daß ein Defekt in einem einzigen
Gen ausreicht, die normale geistig-seelische Entwicklung des Menschen zu
verhindern.

Besondere Aufschlüsse erwartete man mit Recht von der wissenschaftlichen Erforschung der körperlichen und der geistig-seelischen Entwicklung
genetisch gleicher Menschen. Zwillinge sind deshalb für die Humanbiologen
ein höchst willkommenes „Naturexperiment" gewesen. Es gibt beim Menschen zwei Klassen von Zwillingen: eineiige Zwillinge und zweieiige Zwillinge. Die eineiigen Zwillinge haben in der Regel alle Erbanlagen gemeinsam,

---

[10] Literatur zu diesem Kapitel ist angegeben bei Mohr 1981.

zweieiige Zwillinge hingegen verhalten sich genetisch wie normale Geschwister. Von den Genen (Erbanlagen), die bei Vater und Mutter mit verschiedenen Formen vertreten sind, besitzen zwei zweieiige Zwillinge daher nach Wahrscheinlichkeitsgesetzen 50 Prozent gemeinsam.

Aus dem Studium von Zwillingspaaren lassen sich einige Generalisierungen gewinnen:

Eineiige Zwillinge sind sich physisch in aller Regel sehr ähnlich. Die Abweichungen lassen sich durch ungleiche Verteilung cytoplasmatischer Komponenten während der ersten Furchungsteilungen und/oder durch die neuerdings gut begründete „Theorie des optimalen ontogenetischen Restrauschens" erklären.

Eineiige Zwillinge verhalten sich unter gleichen Umständen auch sehr ähnlich, während im Erbgut verschiedene Menschen auf den gleichen Umweltreiz meist recht verschieden reagieren.

Eineiige Zwillinge bleiben einander in fast allen Fällen erstaunlich ähnlich, auch wenn sie über Jahrzehnte hinweg getrennt und unter verschiedenen Umweltbedingungen gelebt haben.

Zweieiige Zwillinge verhalten sich in den meisten Hinsichten ähnlich unterschiedlich wie normale Geschwister, auch wenn sie (im Fall der Gleichgeschlechtlichkeit) gleich angezogen und mit Absicht gleich behandelt werden.

Bei eineiigen Zwillingen erfolgt die Hirnreifung, erkennbar an der Entwicklung des Elektroencephalogramms, in völlig gleicher Weise, während sich zweieiige Zwillinge charakteristisch unterscheiden (ähnlich wie normale Geschwister auch).

Die verstärkte Ähnlichkeit eineiiger Zwillinge (im Vergleich zu zweieiigen Zwillingen oder normalen Geschwistern) zeigt sich nicht nur bei Schulleistungen, Intelligenztests, sensorischen und motorischen Leistungen. Sie kommt vielmehr auch bei Verhaltensstörungen zum Ausdruck, zum Beispiel bei Bettnässen, Stottern, kindlichen Neurosen, Schreib- und Leseschwächen.

Die weitgehende Identität eineiiger Zwillinge zeigt sich besonders eindrucksvoll bei Sonderbegabungen, z. B. bei der musikalischen oder bei der mathematischen Begabung. In der Familie Bach, die eine einzigartige Häufung musikalischer Begabungen aufwies, gab es auch ein Beispiel für eineiige Zwillinge. Johann Ambrosius Bach, der Vater von Johann Sebastian Bach, hatte einen Zwillingsbruder Johann Christoph Bach, von dem Johann Sebastians Sohn, Philipp Emanuel Bach, folgendes erzählt: „Diese Zwillinge sind vielleicht von dieser Art die einzigen, die man weiß. Sie liebten sich aufs äußerste. Sie sahen einander so ähnlich, daß sogar ihre Frauen sie nicht unterscheiden konnten. Sie waren ein Wunder für große Herren und für jeden, der sie sah. Sprache, Gesinnung alles war einerlei. Auch in der Musik waren sie nicht zu unterscheiden. Sie spielten einerlei, sie dachten ihren Vortrag einerlei. War einer krank, so war es auch der andere. Sie starben bald hintereinander."

Vielleicht das faszinierendste „Experiment" in der ganzen Anthropologie stellen eineiige Zwillingspaare dar, die getrennt voneinander aufwachsen. Da die Partner erbgleich sind, müssen *erhebliche* Unterschiede in körperlichen und geistigen Merkmalen auf das unterschiedliche Milieu zurückgeführt werden, dem die Zwillinge bei ihrer Entwicklung ausgesetzt waren. Getrennt aufgewachsene eineiige Zwillinge sind natürlich selten. Es handelt sich um Kinder, die frühzeitig und einzeln von ihren Eltern zur Adoption freigegeben worden sind — ein Schicksal, das allerdings Zwillinge häufiger trifft als Einzelkinder. Die erste Studie an getrennt aufgewachsenen eineiigen Zwillingen kam auch erst in den 30er Jahren in Amerika zustande, obgleich die Zwillingsforschung bereits 1876 von dem britischen Naturforscher Sir Francis Galton begründet worden war. Die Ergebnisse der amerikanischen Studie an 18 eineiigen Zwillingspaaren erschienen in Buchform[11] im Jahr 1937. Sie haben die Anthropologie nachhaltig beeinflußt. Im Gegensatz zu den Erwartungen der behavioristisch (und damit „milieu-theoretisch") orientierten amerikanischen Untersucher ergab sich ein übermächtiger Einfluß der Erbanlagen nicht nur auf die Ausbildung der körperlichen Merkmale, sondern auch auf die Entwicklung von Intelligenz, Temperament und Charakter. Darüber hinaus waren sich die Zwillinge auch im Aussehen, in Haltung, Gebaren, Sprache, Frisur und Kleidung erstaunlich ähnlich.

In der Folgezeit wurden von den Verfechtern der „Milieutheorie" viele Versuche unternommen, die Ergebnisse der Chicagoer Studie aus methodischen Gründen anzuzweifeln oder sie wegzudiskutieren. Obgleich weitere Untersuchungen in den 60er Jahren (von Shields in England und von Juel-Nielsen in Dänemark) die älteren Beobachtungen bestätigten, wurde von einflußreichen Milieutheoretikern der Eindruck aufrecht erhalten, die Frage nach der relativen Bedeutung von Erbgut und Umwelt für die Entwicklung des Menschen sei wissenschaftlich noch immer offen.

Eine großangelegte Studie, die zur Zeit an der Universität von Minnesota unter der Federführung des renommierten Psychologen Bouchard läuft, soll die längst fällige Klärung herbeiführen. Mitte 1980 wurden die ersten Ergebnisse der neuen Studie bekannt. Von den 20 getrennt aufgewachsenen Zwillingspaaren, die Bouchard bisher aufspüren konnte, hatten damals bereits 9 Paare das umfangreiche Testprogramm absolviert, zusammen mit zweieiigen Geschwisterzwillingen, die als Kontrollen fungierten. Die bisher erzielten Resultate scheinen noch eindeutiger zu sein als die Ergebnisse der früheren Studien, vermutlich eine Folge der verbesserten Untersuchungsmethoden und der ausgereiften Testverfahren. In vielen psychologischen Tests sind sich die eineiigen Zwillinge ebenso ähnlich, wie ein und dieselbe Person sich ähnelt, wenn sie sich zweimal dem gleichen Test unterzieht. Die Untersucher, die meisten von ihnen Psychologen, waren offenbar überrascht von der Übereinstimmung der Zwillingspartner. Unter diesen gibt es Paare, deren Lebensläufe wie zwei Nacherzählungen desselben Romans anmuten. Auch die bisher getrennt lebenden Zwillinge empfanden ihre Identität als „geradezu gespenstisch". Inzwischen (Anfang 1983) haben Bouchard und seine Mit-

---

[11] Twins: a Study of Heredity and Environment.

arbeiter 31 Paare untersucht, darunter wiederum solche Zwillinge, die gleich nach der Geburt getrennt wurden und in völlig unterschiedlichen Milieus herangewachsen sind. Der 1980 festgestellte Trend bestätigte sich ausnahmslos: die Übereinstimmung zwischen den Zwillingen in den physischen *und* mentalen Merkmalen ist nahezu total, unabhängig davon, wohin die Adoption sie seinerzeit versetzt hatte. Sie haben nicht nur eine (fast) gleiche Intelligenz, die (fast) gleichen Temperamente und Empfindlichkeiten, selbst Marotten haben sich offenbar (fast) identisch entwickelt — unheimliche Phänomene[12]. Warum glauben wir auch angesichts solcher Beobachtungen unerschütterlich an ein erhebliches Ausmaß an Willensfreiheit, an Entscheidungsfreiheit? — Vielleicht nur deshalb, weil die meisten von uns noch keinem erbgleichen Doppelgänger begegnet sind, mit dem zusammen sie vor 40 oder 50 Jahren geboren wurden und mit dem sie seitdem nichts mehr zu tun hatten? Wir wollen einen Sachverhalt nicht wahr haben, daß wir deshalb Persönlichkeiten sind, weil wir *genetisch* einzigartig sind.

Auch für die Ätiologie der Geisteskrankheiten war die „Zwillingsmethode" von besonderer Bedeutung. Etwa 0,5—1,0 % der Bevölkerung erhalten die Diagnose Schizophrenie, wenn sie das entsprechende Alter erreichen[13]. Eine *genetische Determination* der Schizophrenie ist bereits durch die schlichten Beobachtungen angezeigt, daß mehr als 50 % der Kinder erkranken, wenn beide Elternteile schizophren sind und daß von gesunden Familien adoptierte Kinder schizophrener Eltern ein gleich hohes Schizophrenie-Risiko haben wie in der Familie verbliebenen und dort aufgezogene Kinder. Von später schizophren gewordenen Pflegeeltern adoptierte Kinder haben dagegen kein erhöhtes Schizophrenierisiko, usw.

Bisher wurden 13 eineiige Zwillingspaare bekannt, die kurz nach der Geburt oder im frühen Kindesalter getrennt worden waren und von denen mindestens der eine Partner später schizophren wurde. Neun von den 13 Paaren erwiesen sich für Schizophrenie als konkordant, d. h. beide Partner wurden krank. Bei manisch-depressiven Psychosen dürfte die Konkordanzrate ähnlich hoch liegen[14].

Im Fall Schizophrenie liegt die Konkordanzrate bei eineiigen Zwillingen zwar über 50 %, aber man muß sich fragen, woher es kommt, daß die Konkordanz nicht 100 % ist. Gibt es für den Geist eine Chance, sich von dem kranken Substrat zu lösen, sich davon zu emanzipieren? — So ist es nicht, wie die Erfahrung zeigt. Es sind Umweltfaktoren —, subtile, aber *kausal greifbare* Umweltfaktoren — die bei etwa der Hälfte der Kranken darüber entscheiden, ob das Syndrom ausbricht oder ob das latente Krankheitsbild innerhalb des Spielraums apparenter Normalität bleibt. Wie ist die Wirkung der Neuroleptika zu beurteilen, jener Moleküle, die man gegen die *Symptome*

---

[12] Für Details vgl. Ditfurth 1983.
[13] Die Sachverhalte dieses Abschnitts wurden besonders übersichtlich zusammengefaßt von Lenz 1978.
[14] Vgl. Lenz 1978.

der Schizophrenie einsetzt? Natürlich heilen die Neuroleptika weder die defekten Gene noch die kranke Seele. Aber sie sind — trotz ihrer unvermeidlichen Nebenwirkungen — eine ungeheure Hilfe, weil die Emotionen gedämpft und die Halluzinationen und Wahnideen weniger quälend erlebt werden. Viele Patienten können es außerhalb der Klinik nur solange aushalten, als sie unter der Wirkung von Neuroleptika stehen. Ohne diese werden sie bald für sich selber wie für ihre Umgebung untragbar. Warum erwähne ich diese Sachverhalte so explizit? Weil die moderne Ätiologie der Geisteskrankheiten kaum einen Zweifel daran läßt, daß bereits winzige Störungen der genetischen Substanz die Seele des Menschen krank machen können. Willen und Spontaneität, die Essentialien des Geistes, werden ausgelöscht.

Die Schlußfolgerung erscheint unabweisbar, daß die Fähigkeiten und das Verhalten der Lebewesen, auch des Menschen, weitgehend durch das Erbgut determiniert sind. *Der Spielraum für Entscheidungsfreiheit engt sich gewaltig ein.* Die Hirnleistungen sind weitgehend unabhängig von Umwelteinflüssen. Wir können „lernen" und „denken", gewiß, aber nur nach Maßgabe der genetisch vorgegebenen Programme und Kapazitäten. Die Menschen sind aus genetischen Gründen nicht nur physisch, sondern auch geistig-seelisch sehr verschieden. Dem juridischen Postulat der Gleichheit vor dem Recht entspricht somit kein biologisches Korrelat.

Wir können die anthropologisch-humangenetischen Sachverhalte drehen und wenden, um diese Schlußfolgerungen kommen wir nicht herum. Sowohl die *dem* Menschen eigene forma substantialis als auch die vielfältigen accidentia haben ihre Ursache in bestimmten materiellen Komponenten unseres Körpers.

5. Das „ontogenetische Restrauschen" als Ausweg?

Das „ontogenetische Restrauschen", ein schmaler Spielraum entwicklungsgenetischer Unbestimmtheit, bietet sich als Ausweg an. Genetisch identische Lebewesen entwickeln sich auch unter identischen Umweltbedingungen nicht *völlig* identisch. Dies gilt gleichermaßen für Pflanzen, für Tiere, für Menschen. Die resultierende Variation in der quantitativen Merkmalsausprägung läßt sich weder auf genetische Unterschiede noch auf Schwankungen der Umwelt zurückführen. Beispielsweise vermindert eine weitere Standardisierung der Versuchstierhaltung die Schwankungen der Merkmalsausprägung nicht weiter[15].

Ist die ontogenetische Restvarianz, ist das in den feinsten Experimenten bei vielen Merkmalsgrößen nachweisbare ontogenetische Restrauschen jene Domäne, in der wir den Einfluß des Geistes auf die Materie ansiedeln könn-

---

[15]   Bericht 1982 des Sonderforschungsbereichs 146: Versuchstierforschung.

ten? Ich glaube, nein. Das ontogenetische Restrauschen findet seine volle Erklärung in jenen *deterministischen* Fluktuationen, auf die Haken aufmerksam gemacht hat[16]. Es handelt sich *nicht* um Determination durch Sinn und Wert, sondern um die Manifestation mikroskopischer Fluktuationen, die wir zwar derzeit nicht prognostizieren können, von denen wir aber annehmen müssen, daß sie im Sinn der Mechanik deterministisch sind. Die Organismen sind offenbar darauf eingerichtet, das ontogenetische Restrauschen je nach Bedeutung des Merkmals mit einem entsprechenden genetischen Aufwand zu dämpfen. Beispielsweise ist das ontogentische Restrauschen bei der Ausprägung lebensentscheidender *Muster* sehr gering, bei der Ausprägung rein quantitativer Merkmale hingegen größer.

6. Ein Blick auf die Soziobiologie

Bevor wir einen (skeptischen?) Blick auf die Soziobiologie werfen, lassen Sie mich die Auffassungen von Freiheit und Entscheidungsfreiheit, wie sie diesem Essay zugrunde liegen, resümieren.

„Freiheit" sei Determination durch „Sinn, Neigung, Interesse und Wert, kurz, nach Gesetzen der Intentionalität" (H. Jonas)[17]. „Freier Wille" bedeute, daß mir die Möglichkeit zu Gebote steht, mein teleologisches Denken und Handeln durch intentionale Determinanten bestimmen zu lassen[18]. Freier Wille, so glauben wir, gehöre unabdingbar zum „Wesen des Bewußtseins". Ein bewußtes Wesen ohne freien Willen sei nicht vorstellbar, weil moralische Verantwortlichkeit einen freien Willen voraussetze. *Entscheidungsfrei* und *verantwortlich* handeln bedeute, daß wir bereits beim teleologischen *Denken*, beim Erwägen der Zielvorstellungen und der einzusetzenden Mittel, unsere antizipierten Handlungen durch das explizite Zurückführen auf Güter und Werte rechtfertigen[19]. *Rationale* Entscheidungen nenne ich solche, bei denen wir bewußt und mit klarem Verstand Güter und Werte gegeneinander abwägen und uns schließlich für *bestimmte* Werte entscheiden (genauer ausgedrückt: — uns schließlich von bestimmten Werten determinieren lassen).

Dieses Argument impliziert, daß Werte als Determinanten fungieren und wir uns die Determinanten gewissermaßen aussuchen. Angesichts der von Ethologie und Soziobiologie herausgestellten Sachverhalte ist es nicht eben einfach, diese Auffassung — eine durch Vorurteil und abendländische Tradition geheiligte Interpretation unseres Selbstbewußtseins — aufrecht zu erhalten.

---

[16] Vgl. den Beitrag von H. Haken in diesem Band.
[17] Op. cit. Anm. 1.
[18] Vgl. Mohr 1978.
[19] Ebd.

Die Soziobiologie geht davon aus, daß die Natur des Menschen, unsere Handlungsstruktur, unser Verhalten und unsere Fähigkeit zur sozialen Organisation *biologischen* Determinanten unterliegen, die sich nicht beliebig überspielen lassen. Unser Verhaltenspotential sei weit mehr biologisch determiniert als wir gemeinhin glaubten. Viele Handlungen des Menschen — so wird argumentiert — seien entscheidend mitbestimmt durch prärationale Elemente. Manche Soziobiologen gehen — mit guten Gründen — noch einen entscheidenden Schritt weiter. Sie vertreten die These, daß unsere Werte *allesamt* in Wirklichkeit Epiphänomene seien, Nebenprodukte von Handlungen. Wir konstruieren — so wird argumentiert — unsere Werte post factum aus unserem Verhalten; wir schaffen Werte (oder ethische Konstrukte), um im Nachhinein — im *Retro*spekt — unsere tatsächlich vollzogenen Zielsetzungen und Aktionen zu rechtfertigen. Es gibt nach dieser Auffassung weder spirituelle Werte, noch eine in praxi wirksame idealistische Moral, es gibt lediglich explicit gemachte, sekundär als Wertvorstellungen formulierte Verhaltensweisen. Damit verliert die Ethik den Status einer eigenständigen philosophischen Disziplin. Die Wissenschaft von der Moral wird zu einer (sozio-)biologischen Forschungsrichtung. Edward Wilson, einer der führenden Köpfe der Soziobiologie, beantwortet dementsprechend die Frage nach der Grundthese der Soziobiologie wie folgt: „Es ist die These, daß alle Verhaltensformen bei Tier und Mensch, einschließlich Altruismus, religiöser Aktivität und moralischer Entscheidungen, letztlich durch die Theorie der genetischen Evolution *erklärt* werden können."

Eine solche Auffassung zieht für die *Individual*entwicklung des Menschen das „entwicklungsgenetische Konzept des ethischen Verhaltens" zwangsläufig nach sich. Die ursprünglich von Psychologen wie Jean Piaget oder Lawrence Kohlberg entwickelten (vagen) Vorstellungen ergeben sich in der Tat zwangsläufig aus Entwicklungsgenetik und Evolutionstheorie. Im Prinzip gelangen die Vertreter des entwicklungsgenetischen Konzepts zu dem Resultat, daß sich das Wertsystem bzw. das Beurteilungssystem für vorgegebene Werte im Verlauf des menschlichen Lebens entwickelt wie andere vergleichbare Merkmale auch. Die moralische Entwicklung eines Menschen (die nichts anderes widerspiegele als die Entwicklung seines Verhaltens) sei ein Teil seiner auf differentieller Genexpression beruhenden Gesamtentwicklung und sei somit den operationalen Begriffen, den quantitativen Methoden und den Erklärungen der Entwicklungsgenetik zugänglich.

Humanethologie und Soziobiologie treten damit in einen (scheinbaren?) Widerspruch zu der idealistischen Ethik unserer abendländischen Tradition, die seit Plato von dem Glauben ausgeht, daß der menschliche Geist unmittelbar um Gut und Böse weiß, daß er dieses *intuitive* Wissen logisch formalisieren kann und Handlungsregeln, Anweisungen für richtiges Handeln, für die richtige Führung unseres Lebens, daraus ableiten kann. „Frei ist der Mensch, der dem Gesetz der Vernunft folgt." Im kategorischen Imperativ Kants, in dem inneren Pflichtgebot: „Handle nur nach derjenigen Maxime, durch die du zugleich wollen kannst, daß sie allgemeines Gesetz werde", oder, „handle so, als ob die Maxime deiner Handlung durch deinen Willen zum allgemeinen Naturgesetz werden sollte", fand die autonome Moral ihren höchsten Ausdruck.

Die Kritik, die im Namen einer idealistischen Ethik an den Thesen der Soziobiologie geübt wird, beruht vielfach darauf, daß viele, allzuviele Menschen nicht imstande sind, eine „Erklärung" (oder eine Tatsachenaussage) von einem „Gebot" zu unterscheiden, obgleich es längst zum Verhaltensrepertoire von Ethologen und Soziobiologen gehört, diese Distinktion zu betonen.

Gewöhnlich erklären die Ethologen zuerst, „warum uns die Evolution mit ‚egoistischen', aggressiven und überhaupt ziemlich widerlichen Genen ausgestattet hat und weisen dann die scheinbar begründete Anschuldigung zurück, sie lieferten eine auf natürliche Bedingtheiten gründende Rechtfertigung für eine unmoralische Gesellschaft. Sie behaupten, es sei im Gegenteil ihre Absicht, einer idealen Gesellschaft den Weg zu bahnen, und das allein sei der Grund dafür, daß sie auf das Negative an unseren ererbten Genen hinweisen, die zu transzendieren wir uns bemühen müßten"[20].

Die entscheidende Frage ist, wie der Mensch es anstellen könnte, seine Gene „zu transzendieren". Dies ist nicht allein eine philosophisch-theoretische Frage, sondern *die* existentielle Frage unserer Zeit. Unsere Zukunft wird davon abhängen, ob es den Menschen gelingt, sich *beim Handeln* aus den Gesetzen biologischer Evolution zu lösen, sich Entscheidungsspielraum *zu schaffen*. Jedwede Ethik, die uns *heute* eine Antwort gibt auf die Frage „Was ist zu tun", wird *nicht* konform mit unseren Genen sein. Wir müssen das Gute *wollen*; es fällt uns nicht mehr zu.

Die ungebändigten klassischen Verhaltensweisen, die naturalistische Ethik des *evolutionären* Utilitarismus, führen uns unweigerlich in den Untergang; wir verbrennen im atomaren Holocaust oder — viel wahrscheinlicher — unsere Kultur erstickt unter den Folgelasten der absurden Bevölkerungsexplosion[21]. Umso dringender erhebt sich die Frage: Wie können wir die faktisch unbezweifelbare Auffassung von der biologischen Natur des Menschen akzeptieren und zugleich Kant zugestehen, daß der Glaube an das moralische Gesetz in uns und „der Glaube an einen autonomen freien Willen, der sich unabhängig vom Naturgesetz manifestiert, eine notwendige Voraussetzung für sittliches Verhalten (und damit für die Bewältigung der Zukunft) ist?"[22].

---

[20] So Stent 1982.
[21] Vgl. Mohr 1982 und 1983.
[22] So formuliert bei Stent 1982.

7. Ein Blick auf die Evolutionäre Erkenntnistheorie

Die Grundthese der Evolutionären Erkenntnistheorie lautet: Der Mensch ist ein Produkt biologischer Evolution, also müssen auch seine Denkstrukturen — nicht nur seine Handlungsstrukturen — evolutiv entstanden sein. Unsere subjektiven Erkenntnisstrukturen, unsere synthetischen Urteile a priori, passen *deshalb* auf die reale Welt, weil sie sich im Laufe der Evolution in Anpassung an diese Welt herausgebildet haben. Die Struktur unseres Denkens und die Struktur der Welt müssen wenigstens partiell übereinstimmen, weil nur eine solche Koinzidenz ein Überleben und eine Evolution in dieser Welt ermöglichte. Die Art, wie wir denken, und die Reichweite unseres Denkens, sind *in unseren Genen* festgelegt.

Was das Leib-Seele-Problem angeht, stützt sich die Evolutionäre Erkenntnistheorie auf eine „Identitätstheorie"[23]. Als Biologen gehen wir (selbstverständlich?) davon aus, daß jedem Bewußtseinsakt ein kausaler neurophysiologischer Vorgang entspricht. Die meisten von uns gehen noch einen Schritt weiter: Geist, Seele, Bewußtsein werden als Funktionen des strikt kausal funktionierenden Zentralnervensystems, insbesondere des Gehirns, aufgefaßt. Diese „Identitätstheorie" ist wohlbegründet. Zahllose Experimente und kontrollierte Beobachtungen haben gezeigt, wie eng in der Tat die Beziehungen zwischen Gehirn- und Bewußtseinsprozessen sind. Jedermann weiß, welch ungeheure Wirkung auf das Bewußtsein von einfachen Molekülen wie Alkohol, Narkotika, Psychopharmaka ausgehen kann. Die biochemische Therapie von Geisteskrankheiten, beispielsweise Schizophrenie, spricht ebenso für die Identitätstheorie wie die oben dargestellte Erblichkeit geistig-seelischer Eigenschaften. Allem Anschein nach ist Bewußtsein ein Korrelat hoher Systemkomplexität, eine reale *System*eigenschaft. Die Elemente und Elementarprozesse besitzen kein Bewußtsein. Allerdings besteht derzeit keine Klarheit darüber, ob die Zahl der Neuronen und ihr Vernetzungsgrad die mit dem Auftreten von Bewußtsein korrelierte „Struktur" hinreichend beschreiben.

Die Protagonisten der „Identitätstheorie" gehen noch einen, für unser Thema wesentlichen Schritt weiter: Es war von *Vorteil* in der Evolution, so lautet das Argument, solche neuralen Strukturen auszubilden, die gleichzeitig mentale Prozesse ermöglichen. „Der mentale Charakter dieser Strukturen ist nicht ein zufälliges Nebenprodukt oder Epiphänomen, sondern gerade eine typische, eine wesentliche Eigenschaft dieser Strukturen"[24].

Läßt sich in diesem Sinn unser fester Glaube an Willens- und *Entscheidungs*freiheit, evolutionistisch erklären? — Wenn schon der Naturforscher die Menschen als natürliche Objekte klassifiziert, die *total* eingebettet sind in die *kausal* bestimmten Prozesse der natürlichen Welt, wenn er schon Frei-

---

[23] Vgl. Vollmer 1980.
[24] Op. cit. Anm. 23.

heit zur Fiktion und moralisches Handeln (im Sinn idealistischer Ethik) zu täuschendem Schein erklärt, dann sollte er sich auch der Frage stellen, wie unser unerschütterlicher Glaube an Entscheidungsfreiheit *zu erklären* ist. Wie kann man dem „Bewußtsein" und dem „freien Willen" einen Selektionswert zubilligen, wenn sie dem Anschein nach ein Nichts in kausaler Hinsicht sind?

8. Die evolutionistische Bedeutung von Epiphänomenen

Ein Beispiel aus der Evolution der Pflanzen — die Geschichte der Carotinoide — soll das Prinzip verdeutlichen. Die Carotinoide, zu den Terpenoiden gehörende lineare Kohlenwasserstoffe mit der Grundformel $C_{40}H_{56}$, entstanden als Stoffklasse bereits früh in der Evolution. Dies hat seinen Grund darin, daß die Carotinoide eine unabdingbare Voraussetzung für die Evolution der Chlorophylle und damit des phototrophen Lebens darstellten. (Die Chlorophylle sind nur dann im Licht stabil, wenn sie eng mit Carotinoiden vergesellschaftet in der Photosynthesemembran vorliegen.) Für die Evolution der Carotinoide war also der gewaltige Selektionsdruck zugunsten der Phototrophie maßgebend. Der Umstand, daß die Carotinoide wunderbar gelb gefärbt sind, spielte hierbei keine Rolle: die gelbe Eigenfarbe der Carotinoide war für die Evolution der Pflanzen ein irrelevantes Epiphänomen. Dies änderte sich erst mit der Entstehung der Angiospermen in der Kreidezeit und im Tertiär, als im Rahmen der Koevolution der höheren Pflanzen und Tiere den Farben in der belebten Natur eine neue, besondere Rolle zufiel. Das bisherige Epiphänomen, ihre Farbigkeit, wurde jetzt zur entscheidend wichtigen Eigenschaft der Carotinoide, ohne daß sich an der molekularen Struktur, an der Biogenese oder an der Funktion dieser Stoffe im Photosyntheseapparat etwas geändert hätte.

Die Evolution bietet viele Beispiele dieser Art. So ist die *rote Farbe* des Hämoglobins für die *ursprüngliche* Funktion des Moleküls völlig irrelevant und dem Selektionswert nach neutral. Erst spät in der Evolution wurde das Epiphänomen evolutionistisch relevant, beispielsweise als Signalgeber in der Verhaltensphysiologie des Menschen (rote Lippen!). Wie bei den Carotinoiden, entstand die *Farbe* des Hämoglobins, das Epiphänomen, *kausal* deshalb, weil auf das Basisphänomen — in diesem Fall die O_2-Bindungskraft des Häms — selektioniert wurde. Die evolutionären Kosten für die Hervorbringung des Epiphänomens wurden also durch den evolutionären Wert des Basisphänomens gedeckt[25].

---

[25] Ich danke meinem Kollegen G. Osche für manches Gespräch über diese Zusammenhänge.

Vermutlich hat sich die phylogenetische Entstehung von „Bewußtsein" entsprechend vollzogen. „Bewußtsein" ist ein Korrelat hoher zentralnervöser Systemkomplexität (s. oben), wie die „Farbe" ein Korrelat der hohen Dichte an konjugierten Doppelbindungen ist. Bewußtsein entstand als ein Epiphänomen, als eine zwar sehr reale, aber evolutionistisch irrelevante Systemeigenschaft. „Evolutionistisch irrelevant" bedeutet, daß auf diese Systemeigenschaft hin nicht selektioniert wurde.

Das klassische Argument (wieder vorgebracht von H. Jonas) die „Schöpfung der Seele aus dem Nichts" sei ein „ontologisches Rätsel, mit dem die Theorie des Epiphänomenalismus der Physik zuliebe, in der sonst niemals etwas aus nichts entstehen soll, sich abfindet", dieses Argument ist also nicht mehr notwendig.

Der Umstand, daß wir die *Entstehung* von Bewußtsein evolutionistisch erklären können, wobei das Bewußtsein und seine accidentia ein Nichts in kausaler Hinsicht bleiben, diese Einsicht hilft uns freilich nicht weiter. Wir wollen ja *mehr*. Wir wollen verstehen, wie geistige Spontaneität die mechanische Kausalität überwinden kann. Und wir wissen, daß jedwede Ethik, die uns heute eine Antwort auf die Frage geben kann „Was ist zu tun", nicht konform mit unseren Genen sein kann. Wenn es keine Freiheit gibt, die der Kausalität in den Arm fallen kann, sind wir für den Stammestod vorprogrammiert, unweigerlich.

Ich wünschte ich könnte sprechen wie Karl Rahner, der kürzlich sagte: „Die Irreduktibilität des Menschen auf bloß Materiell-Biologisches ist, unbeschadet seines realen Zusammenhangs mit der biologischen Gesamtevolution, gesichert durch das Wissen des Menschen „von innen her" über seine Transzendentalität, seine Geistigkeit und Freiheit, schon bevor er etwas über die bloße Biosphäre und ihr Verhältnis zum Anorganischen erkannt hat." Ich wünschte, so sprechen zu können, mich zum Schluß entlasten zu können durch den Verweis auf die Weisheit, moralische Gewißheit und politische Macht vernünftig begründeter Ethik. Aber diese Sprache und ihre tröstliche Botschaft steht dem Naturwissenschaftler nicht mehr zu Gebote. Wir *wissen* zu viel über die Biosphäre, über den Menschen und über die Macht der Gene.

Literatur

Bünning, E. (1943) Quantenmechanik und Biologie. Naturwissenschaften 31, 194—197.

Ditfurth, H. von (1983) Die Marionetten der Gene.? Geo, Mai-Heft, 38—54.

Eccles, J. C., Popper, K. R. (1977) The Self and its Brain. Springer, Berlin.

Hassenstein, B. (1979) Willensfreiheit und Verantwortlichkeit. Naturwissenschaftliche und juristische Aspekte. In: Freiburger Vorlesungen zur Biologie des Menschen (B. Hassenstein, Hg.). Quelle und Meyer, Heidelberg.

Jonas, H. (1981) Macht oder Ohnmacht der Subjektivität? Insel, Frankfurt/M.

Jordan, P. (1932) Die Quantenmechanik und die Grundprobleme der Biologie und Psychologie. Naturwissenschaften 20, 815—821.

Lenz, W. (1978) Humangenetik in Psychologie und Psychiatrie. Quelle und Meyer, Heidelberg.

Mohr, H. (1979) Wissenschaft und Ethik. In: Freiburger Vorlesungen zur Biologie des Menschen (B. Hassenstein, Hg.). Quelle und Meyer, Heidelberg.

Mohr, H. (1981) Biologische Anthropologie und Pädagogik. Biologica didactica 4, 28—33.

Mohr, H. (1982) Leiden und Sterben als Faktoren der Evolution. Zeitwende 53, 129—145.

Mohr, H. (1983) Biologische Wurzeln der Ethik? Schriftenreihe der Juristischen Studiengesellschaft Karlsruhe. C. F. Müller, Karlsruhe.

Planck, M. (1943) Vom Wesen der Willensfreiheit. In: Reden und Vorträge, Bd. II. Hirzel, Leipzig.

Rahner, K. (1983) Vom Geheimnis des Lebens. Universitas 38, 473—484.

Stent, G. S. (1982) Ethische Dilemmas der Humanbiologie. In: Mannheimer Forum 82/83 (H. v. Ditfurth, Hg.). Studienreihe Boehringer, Mannheim.

Vollmer, G. (1980) Evolutionäre Erkenntnistheorie und Leib-Seele-Problem. In: Wie entsteht der Geist (W. Böhme, Hg.). Herrenalber Texte 23. Verlag der Evangelischen Akademie in Baden, Karlsruhe.

Walther, H. (1982) Zum 100. Geburtstag von Max Born. Naturwiss. Rundschau 35, 473—475.

Wilson, E. O. (1980) Biologie als Schicksal. Die soziobiologischen Grundlagen menschlichen Verhaltens. Ullstein, Berlin.

4. Die Entstehung des Neuen in der Natur
Berechtigung und Grenzen gegenwärtiger Erklärungsmodelle

Reinhard Löw, München

Die drei Erklärungstypen der „Entstehung des Neuen"
Reduktionismus
Präformationismus
Fulgurationismus/Creationismus
Zur Konsistenz des Fulgurationismus
Genealogie und Wirklichkeit
Evolution und Freiheit

Die Frage nach der Entstehung des Neuen war bis zum 19. Jahrhundert kaum die Frage der Biologie und Naturwissenschaft als vielmehr eine der Metaphysik gewesen. Auch die Temporalisierung der großen „Kette der Lebewesen"[1] hatte das Entstehen und Vergehen der „substantiellen Form" nicht der Naturwissenschaft zur Erklärung zugemutet: der physikotheologische Hintergrund ließ zwar akzidentelle Ursachen, „Anlässe" in der Natur für Veränderungen auch von Arten zu, doch ein genaueres „Wie" einer solchen Veränderung schien diese Akzidenzien, Katastrophen wie Erderschütterungen, Vulkanausbrüche oder Überschwemmungen hoffnungslos zu überfordern. Bonnet prognostizierte im 18. Jahrhundert eine Höherentwicklung, die auch über den Menschen hinausreichen würde: nach der nächsten Umwälzung würde sich unter den Affen und Elefanten ein Leibniz oder Newton befinden, und wir würden uns einen weiteren Schritt (?) den Engeln nähern. Auch Bonnet konnte sich aber über zugehörige „Mechanismen" nicht erklären, ebensowenig wie Buffon, dessen Entwicklungstheorie die näherliegende These einer Degeneration durch Katastrophen vertrat: denn wenn etwas in *einem* Schritt, etwa durch eine katastrophale Erd- oder Wasserbewegung verändert wird, dann kommt dabei normalerweise nichts besseres heraus.

Dennoch kann man bei diesen Vorstellungen noch nicht von Theorien der Entstehung des Neuen sprechen; auch für sie zählt der Bestand der natürlichen Arten zu den göttlichen Schöpfungsideen, und die Temporalisierung

---

[1] Vgl. A. O. Lovejoy: *The Great Chain of Being*. Cambridge/Mass. 1936 und 1964.

der „Kette der Lebewesen" ließ sie nur nacheinander in die geschöpften Formen einrücken. So hatte es auch der Hl. Augustinus gelehrt: die institutio prima hatte zwar nur die Materie geschaffen, aber mit ihr die ihr innewohnende Tendenz (durch teleologische Bewegung), Bestandteil eines Lebeswesens zu werden. Dies geschieht *in* der Zeit und ist für uns institutio secunda[2].

Die beiden zu Ende des 18. Jahrhunderts miteinander konkurrierenden Theorien über die Ontogenese der Lebewesen, Evolution vs. Epigenesis[3] stimmten darin überein, daß nichts wesentlich Neues hinsichtlich der Art dieses Lebewesens entstehen kann. Die Evolutionstheorien ließen damals nur mit Tempodifferenzen (bei hohem Tempo: Revolution) das ursprünglich Angelegte sich auswickeln, die Epigenetiker seit Ca. F. Wolff erlaubten eine Prägung der entstehenden Lebewesen nur innerhalb einer Art. Und diese Gemeinsamkeit der Annahme von Artkonstanz war längst nicht mehr nur metaphysisch-theologisches Dogma, sondern ein von allen Naturforschern anerkannter empirischer Befund: die Unfruchtbarkeit der bekannten Hybriden zusammengenommen mit der Definition der Art, die an die Fruchtbarkeit der erzeugten Jungen geknüpft war (Buffon, Kant), errichtete eine scheinbar unüberwindliche Schranke für jeden Artenwandel[4].

Aber nur scheinbar. Denn in zweifacher Weise hat das 19. Jahrhundert sie durchbrochen, einmal durch die Romantische Naturphilosophie und einmal durch den Darwinismus. Das erste Mal, hier nicht das Thema, wurde die evolvierende Natur etwa von Schelling als Manifestation eines ebenfalls temporaliter erscheinenden und zu sich selbst kommenden Weltgeistes interpretiert — und in diesem Prozeß regieren nicht nur Fülle und Kontinuität, auch der aufsteigende Artenwechsel ist Bestandteil dieser Naturphilosophie: L. Oken definiert in seinem „Lehrbuch der Naturphilosophie" (1843) die Zoologie als „die Lehre von der Entwicklung der Tierarten". Und die Tatsache, daß der Artenwandel den Status einer a priori Einsicht für die Romantische Naturphilosophie hatte, führte dazu, daß Darwins Theorie in Deutschland nach der Abkehr von der Naturphilosophie zunächst mit Mißtrauen betrachtet wurde. Der berühmte Arzt Virchow schreibt 1856: „Der Artenwandel ist eine unbewiesene Idee der Naturphilosophie; der wahre Naturforscher betrachtet sie mit Skepsis." Diese „romantische" Evolutionstheorie ist aber, wie gesagt, hier nicht thematisch.

Der zweite Durchbruch durch die Schranken des Definitionszusammenhanges der natürlichen Art einerseits und der Unfruchtbarkeit von Hybriden andererseits ist derjenige, der mit dem Namen Darwin untrennbar verbunden ist. Entscheidend aus seiner Sicht waren nicht etwa neue natur-

---

[2] Vgl. hierzu S. M. E. Keenan: St. Augustine and Biological Science. *Osiris* 7 (1939), 588—608.

[3] Vgl. hierzu R. Löw: *Philosophie des Lebendigen.* Frankfurt 1980. 101—106, H. Krings: Evolution und Revolution. In: *Fortschritt ohne Maß* (Hrsg. R. Löw u. a.) München 1981, 29—47.

[4] Vgl. Löw (Anm. 3), 182—191.

wissenschaftliche Beweise — was Darwin da heranzog, war nicht nur schon etwa 1830 bekannt, wie Lovejoy gezeigt hat[5], sondern diese konnten, einzeln genommen, sogar direkt gegen Darwin eingewendet werden; es gab auch genügend Befunde gegen Darwin, und selbst alle positiven Indizien zusammengenommen erbrachten nicht mehr als eine „circumstantial evidence" (Lovejoy) für den Artenwandel.

Doch gerade in bezug auf dieses Zentrum seiner Theorie packte Darwin den Stier bei den Hörnern — Musterbeispiel einer Kuhnschen Revolution: Darwin erklärte den Artenwandel („Variabilität") für ein *Faktum.* Gleichzeitig nahm er die Position des Artennominalismus ein: der Artbegriff sei nur ein vom Menschen eingeführter Klassifikationsbegriff, dem in der Natur nichts entspreche (Darwin verzichtete wohlweislich darauf zu definieren, was denn er selber unter einer „Art" verstand) — und er drehte die Beweislast um: die Sterilität von nur *einigen* Hybriden beweise nicht die generelle Unmöglichkeit der Artumwandlung: dafür müßte noch ganz andere Experimentalforschung betrieben werden. Solange das aber nicht geleistet sei, gehe er, Darwin, vom Artenwandel aus. Die Beispiele, die Darwin freilich zu seinen Gunsten anführte, konnten nur im Lichte seines Artennominalismus Beispiele sein. Als Grund für den Artenwandel nahm Darwin eine unbekannte Variationstendenz an (der säkularisierte, weil richtungslose Erbe der früheren Vervollkommnungstendenz). Erst das 20. Jahrhundert — und darauf hatte Darwin sich auch verlassen — brachte vernünftige Hypothesen über das genauere „Wie" des Artenwandels hervor: die Mutationstheorie auf molekularer Ebene, die genauer spezifizierten Selektionsmechanismen mit den zugehörigen Theorien des Genflusses, der Isolation, der „Ökologischen Nischen" lassen es kaum denkbar erscheinen, daß das Paradigma des Darwinismus noch einmal abgelöst werden könnte, genauer: der Darwinismus ist überhaupt keine falsifizierbare Hypothese[6]. Doch auch das ist hier nicht thematisch. Vielmehr soll es allgemein um die Theorien zur Entstehung des Neuen (in der Natur) gehen, für welche in einem ersten Schritt zu zeigen sein wird, daß sie im wesentlichen seit über 2000 Jahren dieselben geblieben sind. Ein zweiter Schritt wird sich gründlicher auseinandersetzen mit der spezifisch neodarwinistischen Theorie der Fulguration (K. Lorenz, E. Mayr). Danach soll ein dritter Schritt die logische Ausgangssituation klären, bevor am Schluß die Rolle der Freiheit in ihrem Verhältnis zu den Theorien der Entstehung des Neuen erörtert wird.

---

[5]   A. O. Lovejoy: The Argument for Organic Evolution Before the Origin of Species. In: H. Glass (Hrsg.). *Forerunners of Darwin 1745–1855.* Baltimore 1968, 356—414.

[6]   Ausführlich begründet in R. Spaemann/R. Löw: *Die Frage Wozu?* Geschichte und Wiederentdeckung des teleologischen Denkens. München 1981, 239—270, und die Zustimmung hierzu von seiten der Wissenschaftstheorie bei W. Stegmüller: *Probleme und Resultate der Wissenschaftstheorie* Band I, Studienausgabe Teil E, 2. Auflage, Berlin—Heidelberg—New York 1983, 761—764 (im Abschnitt „STT, Evolutionstheorie und die Frage Wozu").

1. Die drei Erklärungstypen der „Entstehung des Neuen"

Im Unterschied zur oben angedeuteten historischen Auseinandersetzung um die Entstehung neuer Arten hat es die gegenwärtige Diskussion mit der Entstehung neuer Systemeigenschaften zu tun. Die Vererbung, näherhin die Fähigkeit, fruchtbare Nachkommenschaft zu erzeugen, erscheint dabei spezieller als die Systemeigenschaft der identischen Autoreplikation, welche bestimmte hochkomplexe molekulare Gebilde besitzen. Ernst Mayrs Definition des Lebens als das „Haben eines genetischen Programmes" faßt Autoreplikation, Stoffwechsel und Fähigkeit zur Mutation zusammen. Evolution gehört zu den Möglichkeiten von genetischen Programmen. Wesentlich in dieser neuen Sicht ist nicht mehr „Überbau", der Organismus, den sich das Programm in den Worten von Dawkins als „Überlebensmaschine" herstellt[7], sondern dessen genetische Grundlage. Diese Sicht stützt natürlich auch die These des Artennominalismus. Die heuristisch wertvollen Vorüberlegungen und Klassifikationen im Makrobereich sind gegründet in einer Ähnlichkeit im Mikrobereich, aber es sind unsere Klassifikationswünsche, bestimmte, wenn auch hochkomplexe Kohlenstoffverbindungen als einer „Art" zugehörig, als genetisches Programm einer „Art" zu betrachten. Und hier zeigt sich auch unsere Fähigkeit zur Neukombination, zu Eingriffen im Mikrobereich, die im Makrobereich Wirkungen hervorruft, welche vor kurzem noch als unerklärlich angesehen worden wären.

Wenn hier also allgemeiner von der „Entstehung des Neuen" die Rede ist, so enthält dies den Spezialfall des Auftretens neuer Systemeigenschaften, zu welchen auch die Entstehung von Leben, Bewußtsein, Verantwortlichkeit gehören[8]. Dies läßt sich ebenso allgemein wie einfach formulieren:

Aus A wird B (in der Zeit, d. h. realgenetisch), resp. jetzt ist etwas da, was vorher nicht da war.

Zur Aufklärung des Vorganges besteht gemeinhin der erste Schritt in der Lokalisierung des Zeitpunktes dieses Werdens, die nur insofern Erklärungswert hat, als aus ihm die Untersuchung der „zeitgenössischen" Bedingungen des Auftretens folgt; die Erklärung ist abgeschlossen mit der Angabe des Mechanismus und Naturgesetzes, nach welchem das Auftreten zustandekam (beides gemäß dem Hempel-Oppenheim-Schema der wissenschaftlichen Erklärung[9]).

---

[7] R. Dawkins: *The Selfish Gene.* Dt. Das egoistische Gen. Berlin 1978.

[8] Darstellungen des „großen Evolutionsprogrammes" vom Urknall bis zur Gegenwart finden sich bei K. Lorenz, R. Riedl, H. v. Ditfurth, G. Vollmer, C. Bresch, H. Fritzsch u.v.a.

[9] Nach diesem Schema besteht die Erklärung eines Ereignisses darin, die Antecedensbedingungen und ein Naturgesetz anzugeben, nach welchen das Ereignis mit diesen Bedingungen verknüpft ist. Zur Kritik vgl. Spaemann/Löw (Anm. 6), 243—249.

Ganz so einfach kann es aber doch nicht sein, denn über die Interpretation des „Aus A wird B" gibt es auch erhebliche Uneinigkeiten in den Reihen derer, die den Darwinismus als gültig akzeptiert haben. Daß „aus A B wird", ist nur der Befund, aber was es *bedeutet*, daß das A vorher da war und jetzt B anstelle von A da ist, und wie das eine in einem „Augenblick" das andere wurde, das stürzt den Nachdenklichen in immer mehr Zweifel.

Drei Erklärungstypen sind möglich, und sie sind seit Menschengedenken auch wirklich:

1. Reduktionismus

B ist „in Wirklichkeit" gar nicht neu, insofern es nur ein uns neu *erscheinendes* A ist. B ist ein verkapptes A, also
$B = x_1 \cdot A$ und daher „Aus A wird $x_1 \cdot A$".

2. Präformationismus

B ist „in Wirklichkeit" gar nicht neu, insofern es in A bereits („unsichtbar") enthalten war. A ist also ein verkapptes B, somit
$A = x_2 \cdot B$ und daher „Aus $x_2 \cdot B$ wird B".

3. Fulgurationismus/Creationismus

B ist *wirklich* neu und bedarf zu seiner Erklärung eines Schöpferaktes (Creatio) oder einer Fulguration (s. u.).
A und B sind inkommensurabel, es handelt sich um „sichtlich" verschiedene Substanzen, Qualitäten, Systemeigenschaften.
Dies ist näher zu untersuchen.

1 Reduktionismus

Der Begriff des Reduktionismus wird hier in seinem wörtlichen Sinn gebraucht und ist nicht als Vorwurf zu verstehen: es handelt sich nur darum, daß das Neue restlos und (naturwissenschaftlich) befriedigend „zurückgeführt" werden kann auf das Alte.

Ich erörtere zwei Beispiele: in der „Ursuppe" (Wasser, Methan, Ammoniak u. a.) bildeten sich unter dem Einfluß elektrischer Entladungen Aminosäuren. Das Entstehen des Neuen — Aminosäuren — läßt sich in diesem Entstehen ohne Zuhilfenahme „metaphysischer" Eingriffe aus den vorher vorhandenen Bestandteilen erklären und auf sie restlos zurückführen. Das Neue ist darum auch insofern nicht neu, als es zu den bekannten Eigenschaften der Ursuppenbestandteile gehört, unter diesen Bedingungen Aminosäuren zu bilden. Neu war es nur im Jahre 1953, als das Experiment zum ersten Mal in dieser Weise gemacht wurde.

Zweites Beispiel: Aus den Aminosäuren der Ursuppe bildet sich nach einer gewissen Zeit (resp. mit einer gewissen Wahrscheinlichkeit) ein autokatalytischer selbstreplikativer Hyperzyklus (M. Eigen[10]): das ist die entscheidende Nahtstelle des Überganges von der organischen Chemie in die physiologische Chemie, also, populär gesprochen, vom Unbelebten zum Lebendigen. Bei diesem Übergang gelten vorher wie nachher exakt dieselben Naturgesetze, es laufen dieselben chemischen Prozesse ab, nur die Struktur des Systems Hyperzyklus läßt das vordem Ungeordnete nun in einer gewissen Ordnung erscheinen. Zwar ist dieses System neu, doch nur in dem Sinne, daß es sich zum ersten Mal in der Suppe befindet. Es ist nicht prinzipiell neu, sondern läßt sich aus seinen Bausteinen — Materie und Spielregeln — restlos in seinem Auftreten erklären. Dieser Hyperzyklus ist bemerkenswerterweise auch nicht in einem Experiment *beobachtet* worden, sondern er entstammt den äußerst diffizilen *Überlegungen* eines Nobelpreisträgers: Aus seiner immensen Kenntnis der Chemie und Biochemie heraus entwarf er ein Modell, welches dem organischen Chemiker als rein chemische Angelegenheit erscheinen konnte, zugleich aber die wesentlichen organischen Merkmale allen Lebens — Stoffwechsel, Reproduktion, Fähigkeit zur Weiterentwicklung durch geringe Fehler bei der autokatalytischen Reduplikation — besaß.

Hier ist somit die Rückführung dieser wesentlichen Lebenseigenschaften auf die organische Chemie restlos gelungen — darum Reduktionismus. Indessen wäre die *Reduktion* als *Vorwurf* unsinnig: es wird ja nichts „verkürzt" (im Deutschen, vor allem in Kochbüchern = „reduziert"). Das war der Fall bei früheren Reduktionisten, wenn ein Naturphilosoph etwa sagte, „Alles ist Wasser" (oder Feuer, Luft, Bewegung usw.), oder auch bei den Materialisten des 19. Jahrhunderts (Blochs „Klotzmaterialisten"): die Rückführung muß nachweislich (experimentell oder logisch unter Berücksichtigung aller Naturgesetze) gelungen sein, nicht nur postuliert. Es scheint nur die Sorge vor dem Vorwurf des verkürzenden „Reduktionismus" zu sein, daß sich so wenige seiner Vertreter zu ihm bekennen.

Wesentlich ist dem Typus des Reduktionismus, daß er sein Hauptaugenmerk dem **A**, den Ausgangsbedingungen vor der Entstehung des scheinbar Neuen, widmet und aus ihnen das B *konstruiert*. Daher argumentiert der Reduktionismus im Grunde synthetisch[11]: die Reduktion der Komplexität des scheinbar Neuen auf das einfachere Alte ist erst damit gelungen, daß aus dem einfacheren Alten das Neue ohne Verlust zusammengesetzt worden ist. Es ist nicht einzusehen, warum nicht auch ein lebendes Wesen aus seinen Einzelbestandteilen *prinzipiell* synthetisiert werden könnte, gemäß der Forderung aus den 60er Jahren: „Baut nur das richtige Eiweiß zusammen, dann krabbelt es auch."

---

[10] Vgl. M. Eigen/R. Winkler: *Das Spiel.* München 1975, 245—265.
[11] So auch der Name der bisher größtangelegten Reduktionistischen Philosophie, Herbert Spencers „Synthetische Philosophie".

2. *Präformationismus*

Der zweite Erklärungstypus der Entstehung des Neuen wird hier ebenfalls mit einem vorbelasteten Begriff gekennzeichnet. Ich kontrastiere hier zuerst seine Wesensmerkmale gegen die zuletzt gegebenen Bestimmungen des Reduktionismus, bevor ich mich wieder zwei Beispielen zuwende. Das Hauptaugenmerk des Präformationisten liegt nicht bei den Ausgangsbedingungen, den Bausteinen, sondern beim Neuen, dem B und der Durchdringung *aller* seiner Eigenschaften. Der Präformationist konstruiert nicht das B aus den Ausgangsbedingungen, sondern er *rekonstruiert* die Ausgangsbedingungen aus der Analyse des vorhandenen Endproduktes: was also dagewesen sein *muß*, damit B entstehen konnte. Daher argumentiert der Präformationist im Grunde *analytisch*. Zwar gehört auch hier die Synthese zum Gelingen der Präformationsargumentation, aber dafür muß erst die Analyse vollständig sein, und hier steckt auch schon der Haken im Vergleich zum ersten Typus: der Präformationismus gibt sich nicht mit den „wesentlichen" Eigenschaften zufrieden, die aus den Ausgangsbedingungen konstruiert werden können, sondern er will alle Eigenschaften von B konstruiert sehen, andernfalls — und daher stammt der „Vorwurf" gegen den Reduktionismus — es sich nur um ein verkürztes B gehandelt habe, eben ein $x_1 \cdot A$. Zur Erläuterung zwei Beispiele.

Die Entstehung des Lebens aus dem Unbelebten. Der Präformationist würde sich *nicht* mit dem Hyperzyklus zufriedengeben, weil seine „Diagnose" resp. Definition dessen, was Leben ist, nicht bei den „wesentlichen" Eigenschaften (s. o.) stehenbleibt. Er sagt z. B., es gehöre die Fähigkeit der Wahrnehmung, Perzeptivität, oder die „Innendimension", Subjektivität, Schmerzempfindung dazu, und die müßte vom Reduktionisten auch konstruiert werden. Hier führt die Reduktion etwa beim Subjektsgefühl dazu, daß es eliminiert wird (Dawkins), weil sich diese Dimension physikalisch-chemisch nicht darstellen läßt. Daraus folgert der konsequente Reduktionist, daß sie Illusion ist.

Der Präformationist hingegen nimmt sie als gewiß, als mindestens ebenso gewiß wie die Naturgesetze, und nun ist seine Aufgabe, die Ausgangsbedingungen so zu entwerfen, daß das Neue aus ihnen, und zwar erneut ohne hyperphysische Veranstaltungen, entstehen kann.

So argumentiert Schelling gegen Kant, der die Erklärung der Entstehung des Lebens als unsere Vernunft übersteigend ansah: „Es ist ein alter Wahn, daß Organisation und Leben aus Naturprincipien unerklärbar seyen"[12]. Das Problem entspringe dem falschen Ansinnen, Leben aus Materie erklären zu wollen. Richtig gestellt muß die Frage lauten: wie muß die voraufliegende Materie *gedacht* werden, damit die Entstehung des Nebeneinander von Lebendigem und Nicht-Lebendigem heute begreiflich wird? Schellings Antwort, die uns zum zweiten Beispiel führt, ist die, daß der Materie selber ein

---

[12] Schellings Werke (Hrsg. Schröter): Erster Hauptband München 1927, 416.

Prinzip der Subjektivität zugestanden werden muß, denn sonst werde der Hiatus unüberwindlich. Die reduktionistische Elimination der Innendimension (als Illusion) gilt ihm dadurch widerlegt, daß die Dimension ja jetzt da und erfahrbar ist.

Das zweite Beispiel liegt dem Tagungsthema noch näher: die Freiheit des Menschen. Wenn der Mensch in vollem Sinne als ein Wesen der Verantwortlichkeit und der Freiheit aufgefaßt werden soll und er zugleich als natürliches Wesen vollständig in die Evolution des Lebens (mit der Rückführung bis zum Urknall) eingebunden sein soll, dann bleiben für die Vereinigung beider Forderungen nur die zwei Möglichkeiten Fulguration (s. u.) oder das Zuschreiben der Vorformen von Freiheit auch an nicht-menschlichen Organismen, selbst an die Materie. Solche Versuche sind natürlich vom materiellen Präformationismus des 17. Jahrhunderts mit seinen (im Mikroskop „nachgewiesenen") Einschachtelungen der Generationenreihen im Ei (Ovulisten) oder Spermium (Animalkulisten) weit entfernt[13]. Es ist ein *logischer* Präformationismus, wie ihn, auch im 17. Jahrhundert, Leibniz vortrug, vom 18. zum 19. Jahrhundert Schelling, im 20. Jahrhundert e.g. Rensch[14]. Ich erwähne wohlgemerkt *nicht* den Vitalismus: Eine eigene Lebenskraft o. ä. anzunehmen, ist eine pure ad-hoc-Hypothese, ein terminus ignorantiae, gegen die sich schon Schelling mit derben Worten verwehrt hat — die Naturgesetze müssen für die ganze Natur gelten, nicht manche nur für manches.

Allerdings wird auch hier schon eine Schwierigkeit sichtbar, die einem Umfallen der Argumentation zum Reduktionismus entspricht. Wenn Pascual Jordan etwa den Untergrund menschlicher Freiheit im indeterministischen Zerfall radioaktiver Atome sieht und diesen real ins menschliche Hirn verlegt, so *identifiziert* er Freiheit mit nicht-vorhersagbarer Indeterminiertheit und reduziert alles übrige an Freiheit darauf. Das ist aber eine philosophische These, und eine reduktionistische dazu[15].

Diese Vermischung von Sphären und das grenzenlose Umschlagen von reduktionistischer und präformationistischer Argumentation kennzeichnet manchen philosophierenden Naturforscher, vor allem aber Ernst Haeckel. Bei ihm ist der Panmaterialismus zugleich eine Art Panpsychismus, und das Unvereinbare wird geeint durch einen Namen: Monismus[16]. Der Reduktionismus wird als das allein wissenschaftliche Prinzip angenommen, zugleich

---

[13] Vgl. Löw (Anm. 3), 101 ff.

[14] B. Rensch: *Biophilosophie.* Stuttgart 1968; G. Vollmer: *Evolutionäre Erkenntnistheorie.* Stuttgart 1975, 82 wirft Rensch vor, er könne nicht erklären, was unter protopsychischen Eigenschaften zu verstehen sei. Ich würde umgekehrt von Vollmer gerne einmal wissen, was er unter „Eigenschaften", „Qualitäten" versteht.

[15] Die Unvorhersagbarkeit ist gar kein Element, das mit Freiheit etwas zu tun hat, und schon gleich nicht das naturwissenschaftliche Verständnis von prinzipieller Unvorhersagbarkeit. Die gute Tat eines Menschen ist genauso frei, wenn sie vorsehbar war, wie sie es ist, wenn nicht.

[16] Vgl. dazu Spaemann/Löw (Anm. 6), 222—224.

sollen Seele, Freiheit, Ethik sowohl erklärt als auch in Geltung erhalten bleiben [17]. Und so sehr ich zugebe, daß mir diese Form der Inkonsequenz sym-
pathischer ist als ein Reduktionismus, der Freiheit, Religion, Liebe, Kunst
usf. als Illusionen entlarvt, um sie behavioristisch (Skinner) oder dialektisch-
materialistisch in den Griff zu bekommen, so ist diese Inkonsequenz doch
philosophisch höchst unnötig[18]. Davon wird noch die Rede sein. Sie
kommt im übrigen nicht von ungefähr, denn den Erklärungstypen bisher ist
gemeinsam, daß das Neue eben nicht wirklich neu ist, sondern entweder alt
oder schon früher neu war. Je nachdem, worauf man gerade Wert legt, das
erklärt man oder erklärt es weg: ein Naturwissenschaftler und Familienvater
kann zum Problem der Kinderliebe einmal diesen und einmal jenen Standpunkt einnehmen, und vielleicht liegt er mit seiner Einschätzung: die Entstehung des Neuen sei für ihn kein Problem, das Neue entsteht schon selber
und auch ohne ihn — ohnedies der Wahrheit nicht allzu fern. Wem die tatsächliche *Entstehung* des Neuen aber das Problem ist, das mit Reduktion
oder Präformation nur unzureichend gelöst ist, also gar nicht, der wird sich
dem dritten Erklärungstypus zuwenden müssen, welcher in zwei Varianten
auftritt.

3. Creationismus — Fulgurationismus

Beiden Varianten ist gegenüber den ersten Typen Reduktionismus und Präformationismus eigen, daß B „wirklich" neu ist, also nicht nur quantitativ
komplexer. Mit der ersten Variante beschäftigte ich mich nur kurz[19]; sie ist
vom Typ her die älteste Erklärungsart. Die mythologischen Antworten auf
die Entstehung der Welt, des Lebens, des Menschen und seiner Künste erklären mit Hilfe der Götter oder des Gottes. Nicht auf die natürlich (auch philosophisch) gewaltigen Differenzen zwischen der Mythologie, dem
platonischen Timaios oder der christlichen Schöpfungslehre kommt es hier
an, sondern auf ihr Gemeinsames, den übernatürlichen Eingriff. Für den soll
vorläufig allerdings Nietzsches Diktum gelten: „Gott" ist eine faustgrobe

---

[17] So neuerdings auch W. Winkler: Gott ist zwar nur eine gruppenselektionspositive
Vorstellung (d. h. ein Informationsmuster im Gehirn), aber er glaube trotzdem
daran (— der Umkehrschluß des „es hilft auch, wenn man nicht dran glaubt").
Dem entspricht der atemberaubende Haken am Ende der meisten Abhandlungen
der unter Anm. 8 genannten Autoren, wenn nach der evolutionistischen „Erklärung", nach Verabschiedung aller Ethik und allen Sinnes plötzlich wieder etwas ge-
tan oder geglaubt (und sei es die Evolutionsethik) werden *soll.*
[18] Der Mischtypus „Panspermie-Lehre" in der Zeit der Stoa, von Buffon, Arrhenius
oder neuerdings F. Crick vertreten — wurde nicht eigens erwähnt, weil seine
Zugehörigkeit zu einem der drei Typen bestenfalls verschleiert; wenn Crick z. B.
das Leben aus dem All stammen läßt, so doch nur, um die Wahrscheinlichkeit der
Lebensentstehung gemäß dem reduktionistischen Erklärungstypus um den Faktor
10^6 zu erhöhen.
[19] Eine ausführliche Erörterung findet sich in Spaemann/Löw (Anm. 6), 289—299.

Antwort für einen wissenschaftlichen Denker. Und der wissenschaftliche Denker, der die *creatio* säkularisiert, hat für das anstehende Problem der Entstehung des Neuen den *Fulgurationismus* parat. Konrad Lorenz schreibt: „Wenn z. B. zwei voneinander unabhängige Systeme zusammengeschaltet werden (wie ein Stromkreis mit Kondensator und ein Stromkreis mit Induktionsspule), so entstehen damit schlagartig *völlig neue Systemeigenschaften,* die vorher nicht, und zwar *auch nicht in Andeutungen,* vorhanden gewesen waren" — nämlich ein Schwingkreis[20].

Die Quintessenz weiterer Beispiele bei Lorenz ist die *Ursachenkette,* die sich zu einem Kreis schließt, so daß die letzte Ursache als erste Wirkung des Ursachenkreises interpretiert werden kann (z. B. der obengenannte Hyperzyklus). Von besonderer Bedeutung für Lebewesen sind Kreisprozesse mit negativer Rückkopplung. Somit haben „Kybernetik und Systemtheorie die plötzliche Entstehung neuer Systemeigenschaften und neuer Funktionen von dem Odium befreit, Wunder zu sein. Es ist durchaus nichts Übernatürliches, wenn eine lineare Ursachenkette sich in einem Kreis schließt und wenn damit ein System in Existenz tritt, das sich in seinen Funktionseigenschaften keineswegs nur graduell, sondern grundsätzlich von allen vorherigen unterscheidet" (Lorenz[21]).

Ernst Mayr formuliert den Sachverhalt dogmenartig: „Wenn zwei Entitäten auf einem höheren Integrationsniveau kombiniert werden, so sind nicht alle Eigenschaften der neuen Entität zwangsläufig eine logische und vorhersehbare Folge der Eigenschaften der Komponenten." Die zugehörige „Unbestimmtheit (bedeutet) nicht das Fehlen von Ursachen, sondern lediglich ... Unvorhersehbarkeit"[22].

Weitere Beispiele für Fulgurationen hat G. Vollmer zusammengetragen.
— Die geladenen Elementarteilchen Elektron und Proton ergeben zusammen das neutrale Atom Wasserstoff
— Die Gase Sauerstoff und Wasserstoff verbinden sich zur Flüssigkeit Wasser
— Die harmlosen Stoffe Kohlenstoff und Stickstoff verbinden sich zum hochgiftigen Stoff C_2N_2
— „Auch die Regeln eines Fußballspiels lassen sich nicht auf einen einzelnen Menschen, sondern nur auf mehrere Spieler anwenden (B. Russell)."

Dieses „Auftreten völlig neuer Systemeigenschaften durch die Vereinigung von Untersystemen" ist „für Physiker, Chemiker, Kybernetiker, Systemtheoretiker und Gestaltpsychologen etwas ganz Natürliches" — „auch bei der Entwicklung am Menschen (ist es) nicht nötig, echte Entwicklungssprünge oder gar außernatürliche Einflüsse zu postulieren"[23].

[20]   Das ursprünglich von B. Hassenstein stammende Beispiel ist genauer dargestellt in K. Lorenz: *Die Rückseite des Spiegels.* München 1973, 48.

[21]   A. a. O., 50.

[22]   E. Mayr: *Evolution und die Vielfalt des Lebens.* Berlin, Heidelberg, New York 1979, 196.

[23]   Alle Stellen Vollmer (Anm. 1), 82.

Um die Übertragung des Fulgurationismus auf die gesamte Evolutionssphäre als allgemein anerkannte Erkenntnis zu belegen, führe ich noch einige Beispiele an:

Zur Sprachentstehung kommt es bei Affenmenschen „durch glückliche Mutation" in die Richtung einer „zum Sprechen günstigeren Anatomie" (C. Bresch[24]).

Für R. Riedl entstand die „Qualität des spezifisch Menschlichen durch eine Synthese zwischen Raumvorstellung, Greifhand, Aufrichtung, Neugierverhalten und Sprachentwicklung. ... Leben selbst ist eine spezifische Systemgesetzlichkeit, die in keiner seiner chemisch-physikalischen Eigenschaften allein enthalten ist"[25] — F. Wuketits führt als Beispiel die Gesetzlichkeiten eines vielzelligen Organismus an, die komplizierter sind als jene seiner einzelnen Zellen[26].

Diese Beispiele mögen für die Demonstration der Leistungsfähigkeit des Fulgurationismus genügen. Philosophisch entspricht ihm die auch von den zitierten Autoren fast immer hochgelobten Schichtenmetaphysik von Nicolai Hartmann[27], der die vier Schichten unorganisch — organisch — seelisch — geistig unterscheidet. Dafür postuliert Hartmann unmittelbare Evidenz. Die höhere Schicht ruht auf jeder tieferen und setzt deren Verhältnisse und Gesetzlichkeiten voraus: *Übergänge* sind bei Hartmann allerdings nicht vorgesehen, der Grund, warum Vollmer ihm vorwirft, die Schichtenlehre sei, wie Whiteheads, Ganzheitsphilosophie, nur eine „in ein philosophisches Gewand" gekleidete Theorie von *qualitativ* neuen Phänomenen[28].

Auch Lorenz wendet sich gegen Hartmann in der Frage der Übergänge, aber mit dem umgekehrten Argument. Zwar sind die Übergänge vom Anorganischen zum Organischen und vom Tier zum Menschen die „beiden größten Fulgurationen . . ., die sich in der Geschichte unseres Planeten je ereignet haben", und diese Übergänge sind „nicht nur grundsätzlich, durch ein denkbares Kontinuum von Zwischenformen überbrückbar, sondern wir wissen, daß solche Zwischenformen zu bestimmten Zeitpunkten wirklich existiert haben"[29], aber für Lorenz bedeutet „ganz selbstverständlich *jede* neuauftre-

---

[23] Alle Stellen Vollmer (Anm. 1), 82.
[24] C. Bresch: *Zwischenstufe Leben.* München 1977, 202.
[25] R. Riedl: *Biologie und Erkenntnis.* Berlin-Hamburg 1980, 211.
[26] F. M. Wuketits: *Biologie und Kausalität.* Berlin-Hamburg 1981, 156.
[27] N. Hartmann: *Der Aufbau der realen Welt.* Berlin ³1964, vor allem das 20. Kapitel „Die Lehre von den Schichten des Realen".
[28] Vollmer (Anm. 14), 82.
[29] Lorenz (Anm. 20), 227.

tende Systemeigenschaft . . . keine graduelle, sondern eine wesentliche Änderung"[30]. Während Vollmer also den Fulgurationismus offensichtlich als Fortifikation seines Reduktionismus versteht, interpretiert Lorenz die Großfulgurationen als ein Kontinuum von Kleinfulgurationen[31]. Wie ist das zu entscheiden?

2. Zur Konsistenz des Fulgurationismus

Unsere Einwände gegen den Fulgurationismus gruppieren sich um drei Fragenkomplexe:
— Was heißt „völlig neu"?
— Was ist eine „Systemeigenschaft"?
— Wie ist das Verhältnis von Fulguration und Erklärung zu denken?

Zum ersten: Es fällt auf, daß bei der Rede von Fulguration das Attribut „neu" nicht ausreicht: fast immer wird es verstärkt durch ein „völlig", „absolut", „ohne alle Vorankündigungen" usf. Warum eigentlich? Der persuasive Charakter erweckt die Neugier und damit die Frage, *für wen* die fulgurativ aufgetretene Systemeigenschaft eigentlich *völlig neu* ist. Mit dieser Frage führen wir den Beobachterstandpunkt in den Fulgurationismus ein und werden sehen, daß schon allein *er* die Theorie schwer beeinträchtigt.

Nehmen wir das Schwingkreis-Beispiel. *Völlig* neu ist die neue Eigenschaft offensichtlich nur für jemanden, der mit der Elektrizitätslehre nicht vertraut ist, denn sonst kann man das Ergebnis, die Entstehung von Schwingungen, ohne weiteres durch Nachdenken im vorhinein ausmitteln —, so wie es beim Hyperzyklus ja auch geschah, Übrigens muß man nicht einmal so weit gehen, „Subsysteme zusammenzuschließen": Schon ein einzelnes stromdurchflossenes Stück Draht sendet elektromagnetische Schwingungen aus, wobei seine beiden Enden die Kondensatorflächen und der (gerade) Draht selbst eine Spule mit einer Viertelwindung ist.

Sehen wir uns die anderen Beispiele an. $2\,H_2+O_2 \rightarrow 2\,H_2O$; das dürfte dem Chemiker wohlvertraut sein, ebenso die Giftigkeit des Dicyans (C_2N_2)[32]. Und so gilt überhaupt für alle jene Beispiele, daß sie suggerieren

---

[30] A. a. O., 64f.

[31] Das ist genau jene Immunisierungsstrategie, die für jeden scheinbaren Sprung Zwischenschritte postuliert und interpoliert und anstelle empirischer Zwischenformen *logische* Zwischenformen setzt. Vgl. J. Illies: *Schöpfung oder Evolution.* Zürich 1979, 33—59.

[32] Für einen Wilden dagegen wäre die *ganze* Chemie Fulgurationswissenschaft par excellence, jede chemische Reaktion hätte etwas Magisches an sich. Wenn die Frage „Fulguration oder nicht?" aber nicht vom Kenntnisstand des jeweiligen Subjekts abhängig gemacht werden soll, dann darf der Begriff Fulguration nicht eingegrenzt werden durch irgendein „nochnicht-Wissen" von Kausalzusammenhängen.

sollen, es handle sich „für das System selbst" um eine völlig neue Eigenschaft, nicht nur *für uns*. Für das „System selbst" aus den Beispiele gibt es aber gar keine Eigenschaften *an sich: wir* sind es, die „Systeme" ausgrenzen und ihnen Eigenschaften zuschreiben[33]. Dies wird durch unsere zweite Frage noch deutlicher: was ist denn eine *Systemeigenschaft?*

Für diese Frage orientieren sich Fulgurationisten (vermutlich ohne etwas damit zu verbinden) am megarischen Begriff der Möglichkeit: nur das gilt als „möglich", zu dessen Realisierung alle notwendigen Bedingungen eingetreten sind[34]. Daher kann z. B. das Flüssigsein des Wassers als *neue* Systemeigenschaft angesehen werden. Aber mit welchem Recht sagt man, daß es *nicht* zu den Eigenschaften des Gases H_2 gehört, in Zusammentritt mit dem Gas O_2 bei 20° C Wasser zu ergeben? Offensichtlich mit dem selben Recht, mit dem man einem Hund die Eigenschaft Bellen-können nicht zugesteht, wenn er gerade nicht bellt! Daß es bei der Ausgrenzung von Systemeigenschaften höchst anthropomorph zugeht, ist im Dicyan-Beispiel noch deutlicher; denn Dicyan ist zunächst einmal für Menschen sehr giftig, für Steine oder Kohlensäure nicht. Und es ist auch nicht an sich giftig, sondern erst, wenn es raumzeitlich mit Menschen zusammenkommt. Und wiederum ist auch zu fragen: warum gehört es *nicht* zur Definition des Kohlenstoff und des Stickstoff, daß ihre Verbindung C_2N_2 giftig ist? Es scheint so, als stelle man sich als Fulgurationalist dümmer als man ist, um sich dann nicht genug über ein „schlagartig neues Auftreten von Systemeigenschaften" wundern zu können. Wenn nun aber, wie Konrad Lorenz andeutet (s. o.), *„jede* neu auftretende Systemeigenschaft . . . eine *wesentliche* Änderung", also eine Fulguration ist, dann gerät man entweder in die nominalisitische Peinlichkeit, Qualitäten von individuellen Eigenschaften unterscheiden zu können, oder jedes individuelle Wiebeschaffen, jede beliebige und akzidentelle Eigenschaft wird zur Fulguration, daß es überhaupt nur noch blitzt und kracht.

Die Aporie des Fulgurationismus, und damit kommen wir zum dritten Einwand, wird am deutlichsten in seinem Verhältnis zum Erklärungsbegriff.

---

[33] Dies ist eingehend diskutiert in Spaemann/Löw (Anm. 6), 249—252. Bei einem weiteren Schritt des Fulgurationismus, den Menschen nämlich als „System" naturalistisch ins Geschehen einzubeziehen (ein „naturalistischer" Beobachterstandpunkt, „möglichst wenig anthropomorph" [K. Lorenz]) und dann zu folgern: aber für uns, die wir Systeme sind, gibt es Eigenschaften an sich (an uns), also auch für andere Systeme — das ist ein logischer Salto mortale; vgl. op. cit., 252—260. Es gilt — semi-mortale — auch für die These, Lebewesen seien „Systeme" und hätten unabhängig von uns Eigenschaften. Als *Lebewesen* haben sie die, nicht aber als „Systeme"; denn auch für ein System gilt wieder, daß sein „Innen" nur ein Innen *für uns* ist, nicht für es selbst, während ein Lebewesen sein Selbst und sein Innen unabhängig von uns hat. Und schließlich: was ist dann mit der These „Leben ist eine fulgurativ aufgetretene Systemeigenschaft" schon gewonnen? Wenn wir uns das obige Beispiel mit dem Hyperzyklus imaginieren, kann man auf das Prädikat „lebendig" dabei genauso gut verzichten.

[34] Vgl. a. a. O., 55ff.

— Entweder die Fulguration ist nur der Name für *noch nicht* aufgedeckte Kausalzusammenhänge, die der Kausal-Aufklärung fähig sind (schließlich ist der „Zusammenschluß von Systemen" selbst ein Kausalvorgang und der kausalen Erklärung zugänglich!). Dann kann das „Neue" nicht *völlig neu* genannt werden, sondern ist entweder reduktionistisch oder präformationistisch zu erklären[35].

— Oder das Neue ist *wirklich* neu. Dann ist das Fulgurationsprinzip

1. unwissenschaftlich, d. h. ein reines ad-hoc-Prinzip, das nur zur Erklärung (und zwar nicht nach Hempel-Oppenheim!) bestimmter Phänomene eingeführt und sonst nicht testbar resp. falsifizierbar ist; nach Karl Popper gehört es in die Metaphysik und ist aus der Naturwissenschaft auszuschließen;

2. unverträglich mit der Evolutionstheorie, denn nach ihr geht alles in der Welt mit natürlichen Dingen zu, und da gibt es keine *creatio ex nihilo*, weder von Wesen noch von Qualitäten.

Das Prinzip der Fulguration ist aus der Not geboren, die Tatsache erklären zu müssen, daß es in der gegenwärtigen Wirklichkeit Phänomene gibt, die es nach allen Befunden, vor allem der Paläontologie, in früheren Evolutionsabschnitten nicht gab. Bei näherem Besehen erweist sich jedoch das Fulgurationsprinzip entweder als verkappter Reduktionismus oder als ein metaphysisches Prinzip, welches die Grenzen der Erklärbarkeit des Neuen gemäß der Evolutionstheorie schonungslos aufzeigt. Der Fulgurationalismus mündet logisch also entweder zurück in den Reduktionismus oder in den Präformationismus. Nach dem Abweis des Fulgurationalismus als „dritten Weg" (und eingedenk des zitierten Nietzsche-Wortes) wenden wir uns daher erneut diesen beiden Typen zu, nunmehr aber in kritischer Absicht.

3. Genealogie und Wirklichkeit

Wie bereits hervorgehoben wurde, besteht die wesentliche Differenz der beiden ersten Erklärungstypen des Neuen in der Wahl der Ausgangsbedingungen für den Beginn der Erklärung. Es erscheint zunächst eine Frage der Willkür zu sein, ob man sich für diese oder jene entscheidet, und aus naturwissenschaftlicher Sicht sprechen die besseren Gründe für den Reduktionis-

---

[35] Man kann die Alternative auch so formulieren: Entweder verdankt sich der Blitzschein der Fulgurationen nur der Grobheit unserer Organe incl. des Gehirns — so daß, analog dem Verhältnis Evolution — Revolution, die Konstatierung der Fulguration mit Geschwindigkeiten oder Auflösungsvermögen von Mikroskopen o. ä. zusammenhängt. Oder jeder Übergang an einer jeden Raumzeitstelle zur nächsten Raumzeitstelle ist eine Fulguration, a fortiori jeder Schritt von einer Ursache zur Wirkung (vgl. dazu Spaemann/Löw [Anm. 6], 243—249).

mus, der, ohne metaphysische oder anthropomorphe Ingredienzien, von Zufall und Notwendigkeit, Materie und Spielregeln oder einfach vom Urknall und der universellen Evolution ausgeht.

Nun ist es zwar in der Tat *auch* eine Frage der Willkür, besser: des *freien Willens*, sich für diese oder jene Erklärungstypen zu entscheiden, denn eine solche Entscheidung ist verantwortliche *Handlung:* aber die besseren Gründe hat der Präformationismus für sich. Dies ergibt sich aus einer Untersuchung der „Ausgangsbedingungen" für die Erklärung. Wie steht es nämlich um die Ausgangslage? Der Reduktionist sagt nicht: Am Anfang war der logos, sondern: der Urknall, oder: am Anfang waren Materie und Spielregeln. Aber das ist ein Irrtum. Ausgangspunkt für jede Genealogisierung der jetzigen Wirklichkeit ist diese Wirklichkeit selbst. Die verschiedenen theoretischen Entwürfe über die Entstehung des gegenwärtigen Kosmos sind gegenüber der Diagnose dieses Kosmos logisch das zweite. Man muß sich erst darüber verständigt haben, was alles zur jetzigen Wirklichkeit gehört, bevor man mit dem Genetisieren beginnen kann. Und nun gehören Materie und Spielregeln zwar auch zu den Phänomenen dieses gegenwärtigen Kosmos, so daß man auch sie als die wesentlichen Ausgangsbedingungen auszeichnen und daraus dann die Welt zu konstruieren versuchen kann. Wenn wir aber fragen, ob die Schönheit einer Koralle oder eines Gedichtes, die Erfahrung der Liebe zu einem anderen Menschen oder zu Gott, schließlich die Heiligkeit eines Menschen auch zu den Phänomenen des Kosmos gehören, dann steht der Reduktionismus am Scheideweg. Entweder er konstruiert sie. Aber dann wird aus dem Phänomen eine Illusion, er eliminiert es. Anstelle von Schönheit ist von grellen Signalfarben, abstrus langen Schwanzfedern und ähnlichen Selektionsvorteilen bei der geschlechtlichen Zuchtwahl die Rede, oder anstelle der Liebe zu Gott vom Gruppenselektionsvorteil des Gott-Mems[36]. Oder er behält sie als Phänomene bei. Dann aber ist die Kleinigkeit, die Konrad Lorenz beim fulgurativen Schichtwechsel den „nicht rationalisierbaren Rest" nannte[37], das Zentrum eines jeden solchen Übergangs.

Das ist besonders deutlich bei der darwinistischen Erklärung der Entstehung von Ethik. Im 19. Jahrhundert mußten Haeckel und Büchner das Problem des Verhältnisses von Determinismus (den sie für bewiesen ansahen) und Ethik noch ausstehen; aber indem sie auch noch eine naturalistische Ethik entwarfen, glaubten sie, eine freiwillige Mehrleistung zu erbringen, denn weil die Evolutionstheorie wahr ist, so „muß sie anerkannt werden, einerlei, welche Folgen daraus entstehen"[38]. Grundlage all dieser Ethiken

---

[36] Ein Mem ist ein immaterielles Informationsmuster, das sich in Gehirnen fortpflanzt wie ein Parasit (Dawkins [Anm. 7], 227 ff.). Das Gott-Mem wirkt wie die Placebo-Pille des Arztes, und insofern „existiert" Gott auch (l.c.).

[37] Lorenz (Anm. 20), 54.

[38] L. Büchner: *Kraft und Stoff.* Frankfurt 1894, 281.

seit über 100 Jahren[39] ist die Goldene Regel („Was du nicht willst, daß man dir tu etc.") und die Forderung, *mit* der Evolution zu sein. Das sei der einzige absolute Maßstab. Aber zur Evolution gehören auch Schmarotzertum (hochspezialisiert und hochkomplex!), Krankheitserreger, Auffressen des Gatten nach der Kopulation — und auch menschliche Verbrecher sind natürlich „herausgekommen" bei der Evolution, weil *alles* herausgekommen ist, das Natürliche und das Widernatürliche, das Abscheuliche und das Edle, und deswegen stellt „die Evolution" auch schlechthin *keinen Maßstab dar für irgendeine Ethik*. Wieder ist es so, daß bei der Diagnose des gegenwärtigen Kosmos das Phänomen Sittlichkeit identifiziert wird mit dem Verrechnungsschema „Kratzt du mir den Rücken, kratz ich dir den Rücken", und alle höheren Formen bis zum freiwilligen Opfertod sollen daraus konstruiert werden[40]. Wenn aber philosophische Reflexion entdeckt, daß das Wesen der Sittlichkeit in der Erfahrung und Anerkennung der Präsenz von Pflicht besteht[41], logisch völlig unabhängig von Belohnung und Evolution (warum *sollte* man denn der auch folgen?), dann ist die reduktionistische Konstruktion ausgeschlossen. Wieder ist die Reichweite der Konstruierbarkeit abhängig von der Diagnose des gegenwärtigen Kosmos. Was aber ist zu antworten, wenn der Reduktionist zugibt, daß er diesen gegenwärtigen Kosmos reduziere — aber er sei wenigstens ehrlich, während wir uns mit anthropomorphen Illusionen belügen? Der Einwand muß bedacht werden.

Gewiß. Die Redeweise von Schönheit, Liebe, Heiligkeit ist anthropomorph. Aber die Rede von „Materie" und „Spielregeln" (!) oder „Naturgesetzen" ist genauso anthropomorph, und, wie Nietzsche schreibt, erheblich gefährlicher für echte Wissenschaft, weil bei diesen Anthropomorphismen vergessen wurde, daß es sich um solche handelt! Deshalb hüte er, Nietzsche, sich, von Natur*gesetzen* zu sprechen: das habe einen moralischen „Sollens"-Beigeschmack. Und Druck und Stoß, Materie und Ursache — alles unsäglich späte, abgeleitete, farblose Begriffe, mit denen man alles mögliche „erklärt" — nur sie selber kann man nicht erklären[42]. Es ist derselbe Nietzsche, der

---

[39] Vgl. die Autoren der Anm. 8, e. g. Bresch (Anm. 24), 297 „*Sinnvoll* ist jedes Tun, das *mit* der Entwicklung ist"; oder H. Krieg: Menschen *sollten* sich „in gesunder Triebhaftigkeit in das Gesetz einfügen, nach welchem der Mensch im Laufe seiner Stammesentwicklung angetreten ist"; vgl. dazu Spaemann/Löw (Anm. 6), 258 ff.

[40] Es ist erneut nur ein blinder Definitionszusammenhang, wenn E. O. Wilson z. B. die Werke der Mutter Teresa durch ihre (allerdings in seinen Augen absurden) Berechnungen des himmlischen Lohns zurückführt. Gegen die hedonistische „Grundlegung" der (illusionären) Ethik durch diesen trivialen Definitionszusammenhang vgl. R. Spaemann: Philosophie als Lehre vom glücklichen Leben". In G. Bien (Hrsg.): *Die Frage nach dem Glück*. Stuttgart 1978, 1—20.

[41] Das und nicht ein Katalog von „Dogmen" ist das Wesen des kantischen Sittengesetzes.

[42] Vgl. R. Löw: Die Aktualität von Nietzschen Wissenschaftskritik. In: Merkur. 426 (1984) S. 399—409, sowie R. Löw: *Nietzsche — Sophist und Erzieher*. Weinheim 1984. Zur logischen Struktur vgl. auch H. M. Baumgartner: Über die Widerspenstigkeit der Vernunft, sich aus der Geschichte erklären zu lassen. In: H. Poser (Hrsg.) *Wandel des Vernunftbegriffs*. Freiburg, München 1981, 39—64; „Die Vernunft kann alles erklären, nur sich selber kann sie nicht erklären".

immer wieder betont hat, daß alle menschliche Rede mit ihrer Differenz zwischen Wort und Gegenstand anthropomorph ist, ja das Anthropomorpheste, was wir besitzen. Der Unterschied besteht darin, ob man das weiß oder nicht. Deswegen ist die immer wieder propagierte „Ent-Anthropomorphisierung" (G. Vollmer[43] u. a.) der Wissenschaften theoretisch nur möglich durch Sprachlosigkeit und praktisch durch die Selbstausrottung der Menschheit.

Somit: auch Begriffe wie Materie und Naturgesetze stammen aus unserer Diagnose der Wirklichkeit, näherhin aus der Erfahrung der Menschen im Umgang mit sich, seinesgleichen und der übrigen Wirklichkeit. Auch die Begriffe Ursache, System und Erklärung[44] stammen daher (hier löst sich übrigens das Leib-Seele-Problem ganz überraschend[45]), und auch Schönheit und Liebe. Was also zur Ausgangslage der Wirklichkeit derart gehört, daß es bei seiner Genealogisierung nicht durch die definitorischen Raster durchfallen darf, ist erstens eine Frage der Erfahrung und zweitens der *Anerkennung,* der Anerkennung der Authentizität dieser Erfahrung sowohl wie des Seins des Gegenstandes der Erfahrung. Alle drei Momente führen wesentlich bei sich die Freiheit der Erfahrenden und Anerkennenden. Das erklärt, warum wir jemand, der die Schönheit einer Blume oder eines Gedichtes nicht sieht, zu deren Anerkennung nicht bringen können, wenn er nicht will. Aber: damit ist ihm nicht der Beweis *gegen* die Schönheit gelungen![46] Auch derjenige,

---

[43] Vollmer (Anm. 14), 165 ff. In der älteren Schrift „Kants Lehre vom Apriorischen im Lichte gegenwärtiger Biologie" *Blätter für dt. Philosophie 15* (1941), 94—125, wiederabgedruckt in K. Lorenz/Wuketits (Hrsg.): *Evolution des Denkens,* München 1983, 95—124 schreibt K. Lorenz vorsichtiger, man müsse *„möglichst* wenig anthropomorph" schreiben — aber was heißt das?

[44] Ausführlich dargelegt bei Spaemann/Löw (Anm. 6), 243—260. Stegmüllers (Anm. 6) Aufnahme dieser Kritik immunisiert nun ihrerseits den analytischen Ansatz durch 1. die Abkoppelung von Kausalität und Erklärung, 2. die Abkoppelung von Kausalität und Determinismus und 3. den Abschied vom Hempel-Oppenheim-Schema der Erklärung (745).

[45] Der Duktus der Argumentation, anderwärts ausführlich vorgestellt (Löw Anm. 3, 4. Kap.) geht von einer Analyse des Ursache-Begriffs aus und zeigt, daß die „Unlöslichkeit des Leib-Seele-Problems" (K. Lorenz) einer falschen Fragestellung entspringt: da das „Einen-Leib-Haben" und „Selbst-Ursache-Sein-Können" Ausgangspunkt für alle abstrakteren Übertragungen und Anwendungen des Begriffs „Ursache" ist, kann von dieser abstrakteren Warte aus die erste zugrundeliegende Erfahrung nicht wieder rekonstruiert, zurückbegriffen werden. Es wäre der Versuch, die bekanntere Sache durch die weniger bekannte zu „erklären". Wenn Leib und Seele als Entitäten voneinander isoliert werden, ist die Ur-Sache ihrer Einheit (deren zwei abstrakte Momente sie sind), nicht mehr in einer kausalen Wiedervereinigung einholbar.

[46] Ästhetische Urteile haben bei Kant den Status der *Zumutbarkeit;* das ist weniger als Bestimmtheit (worauf die Skeptiker gern verweisen), aber natürlich mehr als Beliebigkeit. Der späte Kant hat die Kluft zwischen Bestimmtheit und Zumutbarkeit, zwischen der bestimmenden und der reflektierenden Urteilskraft verringert,

der sich selbst als einen natürlich determinierten Computer zu betrachten
wünscht, kann von uns nicht „widerlegt" werden. Aber wir können ihn mit
seiner selbstverschuldeten Unmündigkeit allein lassen, wenn wir lieber mit
solchen umgehen, die sich als verantwortlich und frei wissen.

Fazit: Die Ausgangslage, das Sein der gegenwärtigen Wirklichkeit, stellt die
Vorentscheidung über die Reichweite aller reduktionistischen Genealogisie-
rungen dar. Wenn „Sein" von Robert Spaemann[47] nicht als Begriff, sondern
als Name für eine *Anerkennungshandlung* gefaßt wird, Sein als Setzung, bei
der das Gesetzte zugleich unabhängig von dieser Setzung als seiend gedacht
wird, dann gilt für die Extension dieser Ausgangslage zweierlei. Einmal ist
sie eine Frage der (prinzipiell uneingeschränkten) Erfahrung — und der naturwissenschaftliche Erfahrungsbegriff (der es zu tun hat mit dem, was „in
der Regel" geschieht), mit seinen Kennzeichen Reproduzierbarkeit, Mathe-
matisierbarkeit, Gesetzmäßigkeit hat hier weder Alleingültigkeit noch auch
nur einen Vorrang. Die Erfahrung von Einmaligkeit, zwischenmenschliche,
ästhetische, religiöse Erfahrung, kurz: die Erfahrung von *Sinn* entzieht sich
dem eingeschränkten Erfahrungsbegriff der Naturwissenschaft, und doch ist
sie nicht weniger real als diese, ja sie vermittelt erst der spezialisierten Hand-
lungsweise „Naturwissenschaft" einen Sinn im Lebenszusammenhang, den
sie von sich selber her nicht hat.

Zum zweiten ist die Extension der Ausgangslage ein Akt der Freiheit. Davon handelt der letzte Abschnitt.

4. Evolution und Freiheit

Mit der Erklärungsbedürftigkeit des Evolutionsbefundes „Aus A wird B" haben unsere Überlegungen begonnen. Im Rückblick auf die Argumentation
bisher läßt sich festhalten: Die Ausgangslage ist die diagnostische Durchdringung von B als dem Neuen. Das A soll demgegenüber zwar zeitlich das Prius
sein, ist aber zugleich logisch das Posterius: das A entspringt dem schöpferischen Entwurf des Menschen, der sich eine Herkunftsgeschichte, eine Genealogie begreiflich machen will[48].

und dies scheint insofern in die richtige Richtung zu weisen, als die *praktische* Dimension allen „Beweisens" als Handlung erinnert wird. Vgl. dazu R. Löw: Wissenschaftliche Entwicklung und gesunder Menschenverstand. Zur Aktualität der
Wissenschaftstheorie von Pierre Duhem. *Zeitschrift für phil. Forsch.* 37 (1983),
275—281.

[47] R. Spaemann, Vorlesung über „Die Bedeutung der Worte ‚Sein', ‚Existieren', ‚es
gibt'"; im Winter 1982/83 an der Universität München.

[48] Das gilt auch für gerade erst Gewordenes, dessen A wir sehen konnten oder sogar
selber gemacht haben. Denn wieder sind wir es, die Ausgangsbedingungen von anderen abgrenzen, auch faktisch herstellen und damit zu Ursachen werden lassen.
Daß A dann die Ursache von B ist, heißt nichts anderes als: daß, wenn ich die Ursache von A bin, ich auch verdiene, die Ursache von B genannt zu werden.

Nach dem Ausscheiden des logisch inkonsistenten Fulgurationismus bleiben für die Erklärung des Befundes die konsistent formulierbaren Typen
Creationismus, Präformationismus, Reduktionismus. Schon daraus erhellt,
daß Konsistenz nicht alles ist, denn es müssen für sie verschiedene Preise ge-
zahlt werden. Der Reduktionist eliminiert allen Sinn und entlarvt die Welt,
den Eukosmos als Illusion „des Zigeuners am Rande des Weltalls" (J. Monod); der Präformationist wird bei Detailfragen zu abenteuerlichen und ungeheuer komplizierten Potentialitätserwägungen gezwungen, ganz in die
Richtung einer Monadenlehre; der „Preis" des Creationisten besteht darin,
daß er mit seiner „faustgroben" Antwort jede detaillierte Forschung jederzeit
abschneiden kann[49].

Zur Lösung dieses Trilemmas ziehe ich eine analoge Situation heran, auf
die Robert Spaemann aufmerksam gemacht hat[50]. Spaemann unterscheidet
drei umfassende philosophische Entwürfe, die Welt als Ganzes zu verstehen:
die Ontologie, die Transzendentalphilosophie, die Sprachphilosophie. Die
Quintessenz seiner These, die ich hier nur kurz wiedergeben kann, besteht
darin, daß keiner der drei Entwürfe *allein* zu seinem Ziel kommen kann, im
Gegenteil: eine sich selbst absolut setzende Ontologie wird zur Physik, eine
absolute Transzendentalphilosophie zur Psychologie, eine absolute Sprachphilosophie zur Linguistik. Nur die Berücksichtigung und gegenseitige
Durchdringung aller drei Entwürfe kommt dem Ziel philosophischen Welt-
verständnisses näher, denn sie sind schon in diesem *Anliegen* präsent: die
transzendentale Seite im Subjekt, das die Welt verstehen will, die ontologische im Objekt, das verstanden werden soll, die sprachliche im Mittel, *wie*
das vor sich gehen kann.

Eben dieses Verhältnis sehe ich auch in den drei Erklärungstypen des
Neuen. Der Präformationismus ist offensichtlich der transzendentallogische
Zugriff auf die Entstehung des Neuen, denn er betont die Notwendigkeit des
logischen Entwurfs der Ausgangsbedingungen aus der Diagnose des Gegenwärtigen. Für diesen Entwurf hat Hermann Krings den einleuchtenden Terminus „Logogenese" geprägt[51].

Der Reduktionismus scheint mir die sprachanalytische Erklärungsvariante
zu sein. Sie handelt weder von den Dingen selbst noch von den Subjekten,
die etwas erklären wollen, sondern von dem, worauf sich die Dinge zurückführen lassen, was sie eigentlich präzise „bedeuten", und das heißt aus meiner
Sicht, von den realen Bedingungen, unter welchen das Neue auftritt. Das ist
auch meine Interpretation der darwinistischen Evolutionstheorie in weitem
Sinne: Sie ist eine Theorie über die realen Bedingungen des Auftretens von

---

[49] *Kann*, nicht muß. Dennoch läßt sich gegen die Rettungsversuche des Hl. Augustinus (wir sollen die Natur studieren, um die Bibel besser zu verstehen), wiederholt
in der Frühneuzeit (Harvey, Newton): Naturforschung sei Gottesdienst, immer
einwenden (Tertullian), daß man mit der Naturforschung aber allzuleicht von der
Sorge um das eigene Seelenheil abgelenkt würde.

[50] Spaemann: *Einführung in die Philosophie*. In Vorbereitung.

[51] Hermann Krings: *Transzendentale Logik*. München 1964.

Neuem. Aber die Bedingung treibt das Bedingte nicht hervor, und andersherum: insofern das Neue neu ist, macht es sich selbst. Der Creationismus ist die ontologische Variante der Erklärung des Neuen. Sie ist, wie anderswo ausgeführt, notwendig ontotheologisch[52]. Für sie ist das Neue wirklich neu, und sie entlastet die philosophische Reflexion davon, etwas begreifen zu müssen, was ihre Fähigkeiten übersteigt. Umgekehrt befreit der Creationismus den Menschen dazu, selbst schöpferisch zu werden. Denn nur in der Natur, in welcher der Mensch Bewegungsursache ist, nicht mehr und nicht weniger als andere Wesen, schafft der Mensch nichts Neues, sondern die Bedingungen, unter welchen sich Neues selber macht. Als Schaffensursache aber tritt er auf, wo er derlei Bedingungen entwirft, wo er sich der Wissenschaft und Kunst, dem Recht und der Politik widmet, generell: in seinen freien Handlungen. Erst aus diesem praktischen Horizont heraus lassen sich die verschiedenen Entwürfe zur Erklärung des Neuen ganz verständlich machen: der Mensch will sich eine Genese begreiflich machen, aber er will es nicht von ungefähr. Die Kenntnis der Bedingungen des Auftretens von Neuem führt genau dann das größte Interesse bei sich, wenn wir es selbst bewerkstelligen wollen. Dies ist nicht nur Grundlage der modernen Naturwissenschaften, sondern ebensosehr ein Akt der Befreiung. Es ist die Kenntnis des Zusammenhanges zwischen dem Menschen als Naturwesen und der Natur, die ihm Zwänge auferlegt, und hier hat auch die These ihren legitimen Ort, daß die Kenntnisse der biologischen Natur des Menschen auch in der Stammesgeschichte und Verhaltensforschung wesentliche Beiträge zur Ethik leisten können (eingeschränkt freilich auf deren naturhafte Voraussetzungen). Dies ist die zugleich erste Ebene des Verhältnisses von Evolution und Freiheit.

Die zweite findet sich beim Präformationismus. Seine Berechtigung bezieht er daraus, daß zum Finden der Identität des Menschen die Vertrautheit mit der eigenen Geschichte gehört, und diese Geschichte ist nicht nur Naturgeschichte. Die Natur des Menschen besteht paradoxerweise gerade darin, nicht nur Natur zu sein. Wenn der (über seine logischen Verhältnisse lebende) Reduktionist feststellt: die Geisteswissenschaften seien im Grunde auch nur Naturwissenschaften, so wird der Präformationist das Gegenteil behaupten: die Naturwissenschaft ist schließlich keine Wissenschaft der Natur von sich selbst, sondern qua Wissenschaft ist sie wesentlich Entwurf des menschlichen Geistes. Während der synthetische Charakter, die schöpferische Leistung bei der menschlichen Geschichtsschreibung aber fast allgemein zugestanden ist, ist die Rolle der Vernunft in der Natur-Geschichtsschreibung eher verdeckt — ein Grund, warum der Reduktionist glaubt, sie käme nur auf der Seite der Naturgegenstände vor. Die zweite Ebene des Verhältnisses von Evolution und Freiheit ist die der Evolutions*theorie* selbst als eines freien, schöpferischen Entwurfs, im freien Spiel der (Geistes-)Kräfte als der

---

[52] Für diese Gedankengänge kann ich hier nur verweisen auf Spaemann/Löw (Anm. 6), 101—105, 277—299; eine genauere Darstellung sprengt den Rahmen dieses Beitrages.

höchsten Dokumentation menschlicher Freiheit (F. Schiller), einer Theorie, die die Identität des Menschen als Natur- und Geisteswesen nicht mehr abstrakt auseinanderhält.

Die dritte Ebene des Verhältnisses von Evolution und Freiheit hat die Entdeckung zur Voraussetzung, daß wir diese Freiheit nicht uns selber verdanken, und daß sie nicht formal, sondern material ist:

„Freiheit! Ein schönes Wort, wers recht verstünde ...
Was ist des Freiesten Freiheit? — Recht zu tun!" (Goethe)

In diese Ebene kann nur noch eine teleologisch interpretierte Evolutionstheorie integriert werden, wie ausführlich an anderer Stelle dargetan[53]. Ihre beiden, aus anderer Interpretation entspringenden Interventionen — Entlastung *von* Ethik oder Begründung einer „naturalistischen Ethik" sind amoralisch. Und leidenschaftlich muß darum die Kritik am Darwinismus und seiner Lehre vom Auftreten des Neuen nur dort sein, wo er glaubt, mit seiner Theorie die Wahrheit eines materialistischen Weltbildes bewiesen zu haben.

---

[53] Spaemann/Löw (Anm. 6), 289—299.

II. Evolution und Freiheit in den Gesellschafts- und Geisteswissenschaften

5. Evolution, spontane Ordnung und Marktwirtschaft

Jack Hirshleifer, Los Angeles

Spontane Ordnung
Soziale Instinkte
Über die Geschichte und Aussichten der Marktwirtschaft

Übersetzung aus dem Amerikanischen von Christian Topp

Was lehrt uns die Evolutionstheorie darüber, wie individuelle Freiheit, die selbstverständlich die Verfolgung von Eigennutz impliziert, mit sozialer Eintracht in Einklang zu bringen ist? Ich werde mich zunächst diesem Fragenkomplex zuwenden, den man auch als die Problematik spontaner Ordnung bezeichnen könnte. Ich werde dabei die Gedanken Charles Darwins mit denen von Adam Smith vergleichen; die einen führen zur Theorie einer „Naturökonomie", die anderen zur Theorie einer „Politischen Ökonomie"[1]. Dann werde ich den Fragenkomplex sozialer Instinkte im Menschen diskutieren, mit besonderer Betonung der Frage, was im Menschen eigentlich diese einzigartige evolutionäre Errungenschaft der Spezies Mensch — die Marktwirtschaft — möglich macht. In einem dritten Schritt werde ich mich mit dem Ursprung, dem gegenwärtigen Status und den Zukunftsaussichten der Marktwirtschaft als einem Prinzip menschlicher Sozialorganisation beschäftigen.

1. Spontane Ordnung

Es gibt eine alte Debatte darüber, welcher Ökonom, entweder T. R. Malthus oder Adam Smith, eigentlich den größeren Einfluß auf das Denken Darwins ausgeübt habe[2]. Von Malthus her wurde Darwin bekanntlich[3] zu folgender

---

[1] Ich habe diese Unterscheidung detailliert in meiner Arbeit „Natural economy versus political economy" 1978 entwickelt. Diese Terminologie basiert auf einer Anregung von Michael T. Ghiselin 1978.

[2] Für einen ausgezeichneten Überblick siehe Schweber 1978.

[3] Vgl. z. B. Himmelfarb 1959, Kap. 7.

Gedankenführung veranlaßt: Vermehrung der Populationen → Knappheit → Kampf ums Dasein. Der Schlüsselgedanke, zu dem Darwin über Adam Smith gelangte, war von subtilerer Art: Kampf und Ringen um das Dasein müssen nicht unbedingt Chaos implizieren, sondern können sich vielmehr auch in eine *spontane Ordnung* oder (streitbarer formuliert) sogar in eine Art *Harmonie* verwandeln. Um die Bedeutung des letzteren für Darwins Denken richtig einschätzen zu können, sollte man sich ins Gedächtnis rufen, daß das „Argument des zweckmäßigen Planes" noch immer eine überzeugende Stütze aller Schöpfungstheorien darstellt. Läßt nicht eine erstklassig durchkonstruierte Uhr auf einen Uhrmacher schließen? Und ist nicht das Reich des Lebens unendlich viel komplexer und verwickelter organisiert als jede Uhr? Adam Smith zeigte jedoch auf, daß etwas so überaus Kompliziertes wie die Wirtschaft des 18. Jahrhunderts — und auch so erstaunlich *Erfolgreiches* (diesen Punkt sollte man nicht übersehen) — sich ganz von selbst entwickeln kann, aus eigennützigem Konkurrenzkampf heraus. Das war genau das, was Darwin brauchte. Ordnung, Anpassung der Organismen an ihre Umwelt, setzen nicht unbedingt den Schöpfer mit einer universalen Planung voraus.

Man betrachte die Schlußpassagen der *Entstehung der Arten:*

„Und da die natürliche Selektion einzig und allein durch und für den Vorteil der Geschöpfe wirkt, werden alle körperlichen Fähigkeiten und geistigen Gaben mehr und mehr nach Vervollkommnung streben.

Es ist wunderbar, ein verwunschenes Stückchen Land zu betrachten, das mit vielen Pflanzen der verschiedensten Art übersät ist, mit singenden Vögeln in den Büschen, mit zahlreichen Insekten, die durch die Luft schwirren, mit Würmern, die über den feuchten Erdboden kriechen, und sich dabei zu überlegen, daß alle diese so kunstvoll gebauten, so sehr verschiedenen und doch in so verzwickter Weise voneinander abhängigen Geschöpfe durch Gesetze hervorgebracht worden sind, die rings um uns her wirken ... Aus dem Kampf der Natur, aus Hunger und Tod, geht somit unmittelbar das Höchste hervor, das wir zu denken vermögen, nämlich die Erzeugung der höheren Tiere".

Darwins Ansicht von einer fortschreitenden Veränderung vermittels natürlicher Selektion wurde von nun an ein Bestandteil des Ideenguts eines jeden Gebildeten. Ihr Smithscher Vorläufer, der auf die sich von selbst ins Werk setzende Evolution der menschlichen Gesellschaftsordnung Anwendung findet, ist immer noch weitestgehend unverstanden. Ich möchte Hayek zitieren:

„Es kommt vielen Menschen noch immer merkwürdig und unglaubhaft vor, daß Ordnung weder gänzlich unabhängig von menschlichen Handlungen noch einzig als das beabsichtigte Resultat derselben, sondern vielmehr als der unvorhergesehene Effekt einer Verhaltensweise entstehen kann, die die Menschen sich zugeeignet haben, ohne schon immer mit dem Gedanken an einen solchen Ausgang zu spielen. Jedoch gerade vieles von dem, was wir Kultur nennen, beruht auf einer solchen spontan erwachsenen Ordnung, entstanden vermittels eines Prozesses, der irgendwo zwischen diesen beiden Möglichkeiten angesiedelt ist" (Hayek, 1964).

Ein solches komplex geordnetes ökonomisches System, oder in diesem Falle: die umfassendere Kultur, in die dieses eingebettet ist, läßt nicht schon immer notwendig auf eine rationale Planung schließen, die Alternative heißt nicht einfach: entweder wohlwollender Entwurf von seiten eines weisen Gesetzgebers, oder die üblen Absichten von Diktatoren oder Kapitalisten.

Kann eine nicht geplante Gesellschaftsordnung, die Freiheit, aus eigennützigen Motiven heraus in Wettbewerb und Kampf zu treten, beinhaltet, jemals eine harmonische Aussöhnung individueller Interessen zuwege bringen? Natürlich kennen wir alle das berühmte Zitat:

„Jedes Individuum müht sich zwangsläufig dafür ab, das jährliche Einkommen der Gesellschaft so hoch wie möglich ausfallen zu lassen. Freilich ist es keinesfalls seine Absicht, dem öffentlichen Interesse förderlich zu sein, noch weiß es darüber Bescheid, inwieweit es ihm überhaupt förderlich ist ... Es hat nur seinen eigenen Gewinn im Auge und wird dabei, wie auch in vielen anderen Fällen, von einer unsichtbaren Hand geleitet, um einem Ziel zu dienen, das nicht unmittelbar Teil seiner Absicht war" (Wealth of Nations; Buch 4, Kapitel 2).

Was jedoch im ganzen Umfang seiner Bedeutung weniger bekannt ist, ist die Tatsache, daß Adam Smith auch einräumt, daß alles das — wo immer die Laisser-faire-Ökonomie den Anspruch auf eine harmonische Ordnung geltend macht — von einem effektiven System von Gesetz und Eigentum abhängt:

„Handel und Produktion können nur selten in einem Staat lange florieren, der sich keiner geregelten Rechtspflege erfreut, in dem die Menschen sich im Besitz ihre Eigentums nicht sicher fühlen, in dem das Vertrauen auf Verträge nicht durch Gesetze untermauert ist ..." (Wealth of Nations; Buch 5, Kapitel 3).

Es ist die Einrichtung des Eigentums, der Kern eines jeden Gesetzes- und Rechtssystems, die die Erklärung liefert, wie Freiheit und soziale Eintracht miteinander auszusöhnen sind. Nur auf diesem Wege waren die menschlichen Gesellschaften imstande, Gipfel gesellschaftlicher Organisationsformen zu erklimmen, die — sowohl was die Bevölkerungszahl, als auch was das Ausmaß an gegenseitiger Abhängigkeit und Arbeitsteilung betrifft — sogar über das weit hinausgehen, was von den einzig vom blinden Instinkt getriebenen sozialen Insekten zuwege gebracht worden ist[4]. Zwischen verschiedenen menschlichen Gesellschaften hingegen, in Abwesenheit jeglichen wirkungsvollen internationalen Rechts, nimmt sich die Grausamkeit des Konkurrenzkampfs unter den Menschen ganz so aus wie in „der Natur: blutig an Zähnen und Krallen"[5].

---

[4] Vgl. E. O. Wilson 1975, Kap. 18.
[5] Der vielgelehrte Stephen J. Gould hat dies in einer sonst mit viel Sachverstand geführten Diskussion über die Parallelen bei Smith und Darwin merkwürdig umgedreht. Er vertritt die Ansicht, daß die unsichtbare Hand in der Natur harmonischer als innerhalb der kapitalistischen politischen Ökonomie operiert! (Gould 1980, 68).

Wir können in der Natur aber trotzdem — Seite an Seite mit dieser blutigen Auseinandersetzung — auch bedeutende Beispiele von Kooperation beobachten, darunter etwa elterliche Fürsorge, Loyalität gegenüber dem Rudel oder der Kolonie, oder sogar Symbiosen zwischen verschiedenen Arten von Organismen. Die Soziobiologen schreiben solche Errungenschaften, bei Tieren wie beim Menschen, zwei Hauptkräften zu: 1. der arterhaltenenden Selektion: die Evolution habe zur Fortpflanzung jene Organismen erkoren, die zur Kooperation mit ihresgleichen fähig sind, d. h. fähig dazu, dem Überleben ihrer eigenen Gene förderlich zu sein, wobei sie mit ihrem Anteil an genetischer Ausstattung zugleich dem Überleben ihrer Art helfen[6]; 2. der sozialen Reziprozität: bestimmte Organismen hätten vermittels wechselseitiger Unterstützung, die sie sich selbst dort gewährten, wo Artverwandtschaft nicht mit im Spiel sei, eine evolutionäre Führungsrolle erworben[7]. Die Bedeutung, die letzteres für die gesellschaftliche Entwicklung des Menschen hat, wird von E. O. Wilson beschrieben:

„‚Harter (hard-core)‘ Altruismus ist eine Ausstattung an Feedback, die von gesellschaftlichem Verdienst oder gesellschaftlicher Mißbilligung relativ unberührt bleibt … ‚Weicher (soft-core)‘ Altruismus hingegen ist letztlich selbstsüchtig. Der ‚Altruist‘ erwartet Erwiderung … Reziprozität unter entfernt verwandten oder nicht verwandten Individuen ist der Schlüssel zur menschlichen Gesellschaft … Purer, harter Altruismus, der nur auf arterhaltender Selektion beruht, ist der Feind der Zivilisation. Wenn die Menschen zum Großteil von programmierten Lernregeln und kanalisierten Gefühlsentfaltungen geleitet werden, nämlich einzig und allein ihren eigenen Verwandten und ihrem Stamm gegenüber günstig gesinnt zu sein, dann ist nur ein begrenztes Maß an Gesamtharmonie möglich … Meine eigene Einschätzung des Proportionsverhältnisses von hartem und weichen Altruismus im menschlichen Verhalten ist optimistisch. Mir scheinen die Menschen hinreichend selbstsüchtig und berechnend, um zu unendlich großer Harmonie und sozialer Homöostasie tauglich zu sein" (E. O. Wilson, 1978, S. 25).

Strittiger als die beiden angeführten Hauptkräfte ist die Rolle, die einer dritten Kraft zugeschrieben wird: der Gruppenselektion. Diese nimmt Bezug auf den gesteigerten evolutionären Erfolg gesellschaftlicher Gruppen, bei denen die Mitglieder eben auch dann, wenn keine verwandtschaftlichen Bindungen bestehen, gegenseitige Opferbereitschaft ohne genau festgelegte (Zug-um-Zug) Reziprozität zeigen. Auf der Ebene des Menschen kann dieser Prozeß mit Darwins Worten beschrieben werden:

„Wenn zwei Stämme der Urmenschen, die im selben Landstrich leben, in Konkurrenzkampf träten, und wenn (die sonstigen Umstände seien diesel-

---

[6]   Der klassische Bezugspunkt für diese Auffassung ist Hamilton 1964. Das Ausmaß gerechtfertigter Opfer, das die Evolution bestimmt, ist eine Funktion des Verwandtschaftsgrades, mit anderen Worten: Vollgeschwister werden kooperativer sein als Halbgeschwister.

[7]   Vgl. insbesondere Trivers 1971.

ben) der eine Stamm über eine größere Anzahl tapferer, mitfühlender und treuergebener Mitglieder verfügte . . ., so würde dieser Stamm weit eher die Oberhand gewinnen und den anderen besiegen" (*Descent of Man*, Kapitel 5).

Die Soziobiologen sind überwiegend der Ansicht, daß die Gruppenselektion keine besonders große Rolle für die soziale Evolution spielt. Auch Darwin vermerkte schon, bei ihr sei vor allem problematisch, daß diejenigen innerhalb der Gruppe, die sich grundsätzlich vor der Aufopferung drücken oder ein Aufopferungsverhalten nur fingieren, um den Preis ihrer treuer ergebenen Kameraden vermutlich den Profit davontragen[9]. Es gibt jedoch einige wenige Soziobiologen, die der Gruppenselektion dennoch eine sozialevolutionäre Rolle beimessen möchten, obgleich die größere Anzahl Darwin in der Rolle und Funktion Folge leistet, die er der Gruppenselektion — zumindest bei der Menschheit — zuerkannt wissen wollte[10]. Ein sehr wichtiger Punkt ist jedoch anzumerken, nämlich der, daß Gruppenselektion immerhin — sofern sie wirklich funktioniert — kooperatives Verhalten, das sich entweder kulturell oder genetisch entwickelt[11], untermauern kann.

2. Soziale Instinkte

Ist bei den Menschen die Bereitschaft zur Kooperation, abgesehen von verwandtschaftlichen Beziehungen, einzig und allein der sozialen Reziprozität zuzuschreiben (so wie es das obige Zitat von E. O. Wilson nahelegt), oder spielt auch ein „sozialer Instinkt" mit? In diesem Punkt läuft die Streitfrage zum Teil parallel mit der Kontroverse, die in der politischen Philosophie zwischen dem Sozialvertragsgedanken und den Naturrechtsansätzen ausgefochten wird.

Rein egoistische Menschen („ökonomische Menschen" homines oeconomici, könnten wir sagen) können durchaus eine organisierte Gesellschaft ins Leben rufen, aber nur auf einer Quid-pro-quo-Basis, wie es in dem Sozialvertragsgedanken zum Ausdruck kommt. Insbesondere die Sophisten vertraten die Ansicht, daß die Natur des Menschen gänzlich selbstsüchtig und die gesellschaftliche Kooperation nur ein Resultat der Kalkulation persönlicher

---

[9] Vgl. hierzu vor allem G. C. Williams 1966, M. T. Ghiselin 1974 und J. Maynard Smith 1964.

[10] Die hinsichtlich dessen vielkritisierten Behauptungen V. C. Wynne-Edwards 1962 sind kürzlich von D. S. Wilson 1980 wieder rehabilitiert worden. Für die Ansicht, daß gerade die Gruppenselektion für die Menschheit besonders wirkungsvoll gewesen sei, siehe Alexander und Borgia 1978.

[11] Einige Biologen haben ein Modell kultureller Evolution in Anregung gebracht, unter ihnen W. H. Durham 1979, R. Dawkins (1976, Kap. 11) und P. J. Richerson und R. Boyd 1978.

Vorteile seien[12]. Die Sophisten der Klassik haben jedoch ebenso wenig wie der moderne Soziobiologe E. O. Wilson jenem Problem, wie im Falle des Fehlens einer sozialen Ethik einem Sozialvertrag überhaupt Geltung zu verschaffen und ein solcher zu vollstrecken sei, genügend Gewicht beigemessen. Durchsetzungsdienste sind zu einem großen Teil das, was Ökonomen ein „öffentliches Gut" nennen: der Nutzen, der aus der Bestrafung von Sündern fließt, kommt der Gemeinschaft im ganzen zugute und wird nicht allein von dem eingestrichen, der das Risiko und die Mühe auf sich nimmt, die Bestrafung anzusetzen. Insofern bestünde bei ökonomischen Menschen in bezug auf die Durchsetzungsdienstleistungen, der „sittlichen Aggression"[13], Unterversorgung. Es scheint niemand zu bezweifeln, daß sich von den höchst primitiven Gesellschaften angefangen bis hin zu den höchst entwickelten Gesellschaften ein höherer Grad an kooperativer Interaktion etabliert hat, als durch die Erklärung noch plausibel ist, es handele sich bei alledem einzig um eine bloß pragmatische Strategie egoistischer Menschen[14]. Und vor allem, Adam Smith wie Charles Darwin, wiesen beide auf die Bedeutung hin, die der Instinkt der „Sympathie" für das menschliche Verhalten und die gesellschaftlichen Institutionen hat[15].

Aber der Begriff eines allgemeinen sozialen Instinkts ist zu wenig präzise. Obwohl das Folgende die Sachlage noch arg simplifiziert belassen muß, insofern vermutlich niemals auch nur einer dieser sozialen Instinkte in Reinform zu beobachten sein wird, bietet es sich für eine erste Annäherung dennoch an, die Hauptstrukturen der Sozialität bei Tier und Mensch danach zu klassifizieren, inwieweit sie auf folgenden Prinzipien beruhen: 1. Teilen mit der Gemeinschaft, 2. private Rechte, oder 3. Vorherrschaft (Dominanz). Wenn das Teilen die Goldene Regel der sozialen Interaktion darstellt, dann ist die gegenseitige Anerkennung privater Rechte als die Silberne Regel zu bezeichnen, während der Kampf um die Vorherrschaft die Eiserne Regel verkörpert. (Wenn man so will, kann man sagen, daß reine Egoisten nach der Messingregel verfahren.) Diese Strukturen und die jeweils mit ihnen verbundene Ethik haben sich weiterentwickelt, eine jede entsprechend besonderer ökologischer Zusammenhänge, weil es sich erwies, daß auf diese Art und Weise organisierte Individuen einen Überlebensvorteil jenen gegenüber hatten, die andere Verhaltensmuster ausprägten.

Vorherrschaft, die Eiserne Regel gesellschaftlichen Verhaltens, bedarf keiner weitschweifigen Erklärung. Im evolutionären Kampf ums Überleben und um die Fortpflanzung hat es nichts mit besonderer Spitzfindigkeit zu tun, wenn selbstsüchtige Gene[16] ihre Träger instruieren, danach zu streben,

---

[12] Vgl. Masters 1978.
[13] Trivers 1971.
[14] Für ein modernes Beispiel der Unfähigkeit, Verhalten zu erklären, ohne auf „sozialen Altruismus" zurückzugreifen, vgl. Stigler 1980.
[15] „Theory of Moral Sentiments", Teil 1, Abschnitt 1, Kap. 1; „Descent of Man", Kap. 4.
[16] Dawkins 1976.

als Muster der Gesellung sich andere Organismen Untertan zu machen. Das einzige Problem ist nur, warum die beherrschten Individuen, die den Kampf um Platz 1 verloren haben, sich lieber fügen, als sich vom Ganzen lossagen. Und in der Tat werden ja manchmal besiegte Kämpfer oder unzufriedene Gruppenmitglieder wirklich abtrünnig. Die Gruppenzugehörigkeit muß jedoch gewisse Vorteile bieten, selbst für Inhaber zweitrangiger Positionen; Hobbes hat ja verfochten, daß die Isolation durchaus noch schlimmer ist. Es gibt hin und wieder sich isolierende Paviane, aber diese überleben den Leoparden nicht lange. Außerdem bleibt in einer unsicheren Welt noch immer die Möglichkeit einer Beförderung offen; der Zweitrangige von heute kann die Nummer 1 von morgen sein.

Gibt es im Zusammenhang mit der Eisernen Regel der Vorherrschaft eine in Fleisch und Blut übergegangene Ethik? Ja, und zwar kann man das an verschiedenen Dingen ablesen. Die Tiere streiten im Kampf um die Spitzenposition bezeichnenderweise mit begrenzten konventionellen Mitteln, wobei sie oftmals gerade ihre tödlichsten Waffen nicht zur Anwendung bringen[17]. Das besiegte Tier kämpft somit nicht bis zu seinem Tod, seine Unterwerfung wird akzeptiert. Allgemeiner gefaßt schränkt ein gewisses Maß an *noblesse oblige* den Anführer ein; zum Beispiel — muß er möglicherweise schwächere Gruppenmitglieder vor Räubern schützen. Und die dem Anführer Folgeleistenden müssen mehr tun als nur klug zu wissen, wo ihr Platz ist. Wenn die Gruppe den unerbittlichen Daseinskampf überleben will, müssen sie mit einem gehörigen Maß an loyalem Enthusiasmus agieren[18]. Daß das Herrschaftsmodell in der Tat zweiseitig ausgerichtet ist, offenbart auch das Faktum, daß das Leittier auf die männliche Fortpflanzungsrolle nicht immer ein Monopol erhebt.

Was gibt es über die Goldene Regel des Teilens mit der Gemeinschaft zu sagen? Wie weit sich bei der Menschheit vermittels Gruppenselektion das selbstlose Teilen unter *nicht miteinander verwandten* Individuen entwickelt haben mag, ist eine vielumstrittene Angelegenheit unter Biologen; dennoch ist es bis zu einem gewissen Grad offensichtlich wirksam[19]. Die dem Teilen unterliegende Ethik beruht keinesfalls auf der Einstellung „ein Herz und eine Seele". Zumindest beim Menschen sind die weniger attraktiven Gefühle von Neid und Angst vor Neidern (letzteres mag vielleicht als Gewissen oder Schuld verinnerlicht sein) als die treibende Kraft der noblen Goldenen Regel anzusehen[20]. Bekanntlich hat auch schon Adam Smith mit Nachdruck die Selbstachtung als einen Hauptantrieb selbstlosen Handelns unterstrichen[21].

---

[17] Lorenz 1966.
[18] Ein instruktiver Beleg für eine zweiseitige Herrschafts-/Gefolgschaftsethik, die über viele Generationen hinweg sich nicht durch natürliche sondern willkürliche Selektion eingeprägt hat, ist die Beziehung zwischen Herr und Hund.
[19] W. D. Hamilton 1975.
[20] Vgl. Schoeck 1970 und F. H. Willhoite, Jr. 1980.
[21] R. H. Coase 1976.

Der für unser Vorhaben wirklich interessante Fragenkomplex berührt die Silberne Regel. Kann die Natur tatsächlich ein soziales System mit privaten Rechten — die Grundvoraussetzung einer Marktwirtschaft —, einschließlich der es untermauernden Ethik entwickeln? Sie hat das in der Tat zuwege gebracht, und zwar mit der sozialen Struktur, die man als Territorialität kennt. Angehörige vieler Tierarten, darunter auch die Menschen, umgeben sich mit der Blase eines persönlichen Raumes, den sie gegen Eindringlinge verteidigen. Wie beim Menschen die unterschiedlichsten Kulturen die Ausprägungen dieser Art eines „Hanges zum Privaten" im einzelnen modifizieren, wird auf sehr unterhaltsame Weise von Hall beschrieben[22]. Viele Tiere verteidigen auch geographisch festgelegte Territorien, deren Grenzen über Richtlinien der Familienzugehörigkeit oder eines größeren Verbandes oder einer größeren Truppe bestimmt werden.

Der Trieb, Besitz zu haben, reicht jedoch bei weitem nicht aus. Es verlangt noch nach einer ihn stützenden Ethik, i. e. eine zusätzliche Abneigung gegen das Eindringen in fremden Besitz. Man kann in der Natur feststellen, daß „Eigentümer", die ihre Territorien verteidigen, fast immer imstande sind, feindliche Einfälle abzuwehren. Solche Übergriffe, die durchaus stattfinden, neigen eben dazu, eher einen Versuchs- als einen entscheidenden Angriffscharakter zu haben[23].

Dieses Verhaltensschema muß man nicht gänzlich durch Gruppenselektion begründen wollen. Wenn alles andere sonst gleich ist, besitzt ein Territorium doch für seinen Inhaber mehr Wert als für den Eindringling. Der Inhaber wird eine genauere Kenntnis seiner Ressourcen haben und wird diese in der Tat bis zu einem gewissen Grad seinen persönlichen Erfordernissen angepaßt haben (oder sich selbst an diese). Es zahlt sich deshalb für den Inhaber aus, wenn er härter und länger kämpft. Da das der Fall ist, könnte die Evolution die Art der verteidigenden Kriegsführung bei den Besitzern aufs engste mit dem Wesenszug der Abneigung gegen das Eindringen selbst und der Bereitschaft zum Rückzug auf seiten potentieller Herausforderer verknüpft haben. Und Maynard Smith hat gezeigt, daß eine solche „bourgeoise" Strategie auch in evolutionären Perioden durchaus lebensfähig ist, sogar dann, wenn der Besitzanspruch sich auf nichts weiter als die Übereinkunft gründet: „Wer zuerst kommt, mahlt zuerst"[24].

Ich will zusammenfassen: die drei sozialen Hauptprinzipien — Vorherrschaft, Teilen mit der Gemeinschaft und private Rechte — haben sich innerhalb der Natur entwickelt, ein jedes als eine Anpassung an einen besonderen Typ einer sozialen Nische. Ferner hat ein jedes dieser Prinzipien die Tendenz, sich mit einer in Fleisch und Blut übergegangenen und es jeweils unterstützenden Ethik zu verbinden, da ein bloßer „Sozialvertrag", den rein egoistische Individuen einzugehen bereit sind, nur geringe Chancen hat, das

---

[22] T. Hall 1966.
[23] Vgl. Ardrey 1966.
[24] J. Maynard Smith 1978, 176.

Freifahrerproblem zu überleben. Es können bezeichnenderweise einzelne Stränge aller drei Prinzipien in dem Verhaltensschema einer jeden Art miteinander verwoben sein. Und natürlich verschwindet das bloß egoistische Element vermutlich nie gänzlich. Was äußerlich den Anschein eines organisierten Sozialgefüges macht, mag manchmal nur ein „selbstsüchtiger Haufen" sein, dem jegliches wirklich kooperative Element fehlt[25].

3. Über die Geschichte und Aussichten der Marktwirtschaft

Hayek hat behauptet, daß der Übergang von der kleinen losen Schar von Menschen zu siedelnden Gemeinschaften und einer Form zivilisierten Lebens daraus resultiere, daß die Menschen lernten, sich von den abstrakten Regeln einer allmählich aufstehenden Marktordnung leiten zu lassen[26]. Er war der Meinung, daß sich für den Menschen die Alternative zu diesem kulturellen Druck in der Weise stelle, sonst unter der Leitung „angeborener Instinkte" zu verbleiben und gemeinschaftlich perzipierte Ziele zu verfolgen (unsere Goldene Regel). Die Art und Weise des Teilens mit der Gemeinschaft von Angesicht zu Angesicht, die vermutlich der primitiven Jäger-Sammler-Ökonomie angepaßt war, mit der die Menschen über 50 000 Generationen hinweg gelebt haben mögen, mußte angeblich überwunden werden, wenn Fortschritte gemacht werden sollten.

Es gibt da einige Parallelen und Divergenzen zwischen Hayeks Vorstellungen und jenen des marxistischen Anthropologen Sahlins[27]. Auch für Sahlins erfordert die menschlich-soziale Aufwärtsentwicklung die Überwindung angeborener Instinkte. Aber seiner Ansicht nach sind die angeborenen Instinkte jene der „Animalität": Selbstsucht, ungezwungene Sexualität, Vorherrschaft und brutaler Wettkampf. Sahlins stimmt wiederum mit Hayek hinsichtlich der Annahme einer Ethik des Teilens bei primitiven menschlichen Kleingemeinschaften überein[28]. In dem Wandel zur Ethik der Silbernen Regel, der Hand in Hand mit dem Übergang vom Jägerdasein zur Agrikultur stattfand, sah er jedoch eher ein degeneratives denn ein fortschrittliches Moment.

Hayek und Sahlins folgend werde ich zu den Ursprüngen dieser sozialen Ethiken zurückgehen. Teils scheinen diese beim Menschen genetisch verwurzelt zu sein, teils in jeder menschlichen Generation erneuert zu werden. (Der

---

[25] W. D. Hamilton 1971.
[26] Hayek 1978.
[27] D. Sahlins 1970, 1972.
[28] Hier sticht einem ein Widerspruch ins Auge. Die Unterdrückung „ungezwungener Sexualität" klingt eher nach einem Schritt vom Teilen mit der Gruppe hin zu privaten Rechten, den Sahlins (um konsistent zu bleiben) eher beklagen als befürworten müßte.

Unterschied muß uns nicht übermäßig beschäftigen, ganz in Entsprechung zu Darwins Ansicht, daß die Gruppenselektion, die unvoreingenommen beide Prozesse verstärkt, in der Naturgeschichte der menschlichen Sozialität besonders wirksam gewesen ist.) Die genetische Anpassung ist natürlich viel beharrlicher.

Insofern ist es durchaus sinnvoll zu glauben, daß die unzähligen Äonen unseres Primatenerbgutes ein Muster verhaltensmäßiger ebenso wie morphologischer Merkmale, die wir auch heute noch aufweisen, geprägt hat; daß die 50000 Generationen von Jägern und Sammlern auch ihre Spuren hinterlassen haben; daß der Mensch sich teilweise, aber wahrscheinlich doch nur unvollkommen an ein Leben geregelter Arbeit angepaßt hat, das mit der Agrikultur einsetzte, und endlich: daß moderne Muster urbanen Lebens in einigen Punkten ernstlich mit unseren eingeborenen Einstellungen kollidieren[29].

Im Einklang mit Sahlins bin ich geneigt zu glauben, daß der ursprünglichste, damit „am stärksten animalische" Sproß menschlicher Sozialität in der Eisernen Regel zu suchen ist: Vorherrschaft[30]. Der Mensch scheint sich von Primaten, die den Dschungel verließen, um in der Steppe zu leben, entwickelt zu haben. In dieser höchst gefährlichen Umgebung konnten unsere Vorläufer angesichts der Mängel ihrer biologischen Waffen nur überleben, indem sie sich in Gruppen verbanden. Das Teilen mit der Gemeinschaft ist für das Erbgut unserer Vorläufer nicht charakteristisch[31], und Territorialität stellte kein notwendiges Prinzip für das Leben in der Steppe dar. Also mußte Vorherrschaft die ausschlaggebende Regel sein, nach der die Kleingemeinschaft zusammengehalten werden mußte. (Pavianarten, die sich in der Steppe behaupten, stehen noch heute auf dieser Entwicklungsstufe.) Daß die gesamte Menschheitsgeschichte die Bedeutsamkeit des Kampfes um Status und Macht bezeugt, ist zu offensichtlich, um weiter unterstrichen werden zu müssen. Ich werde nur noch zwei Punkte hinzufügen: 1. der instinktive Trieb zur Führerschaft erfordert die komplementäre Qualität des Willens zur Gefolgschaft, und 2. Vorherrschaft muß nicht bloß das Ergebnis schierer physischer Kraft sein, sondern kann auch Wesenszüge wie Intelligenz und die Gemeinschaft betreffenden Sachverstand einbeziehen.

Der entscheidende Schritt in Richtung auf eine Abschwächung der Eisernen Regel, so ist behauptet worden, sei die Umstellung auf eine größtenteils fleischliche Ernährungsweise gewesen. Das Jagen von Großwild versprach wahrscheinlich größere Aussicht auf Erfolg bei einer mehr egalitären Form von Teamarbeit. Die Konsequenz war eine Verminderung des Herrschaftsgefälles. So etwas Ähnliches wie monogame Sexualpraktiken — private Rechte

---

[29]   Was diese Punkte betrifft vgl. insbesondere Tiger und Fox 1971. E. O. Wilson 1975 ist irgendwie eine Ausnahme unter den Soziobiologen hinsichtlich des Maßes an Labilität, das er genetischen Wesenszügen zuspricht; aufgrund dessen wäre er geneigt, ihr gegenwärtig möglicherweise schlechtes Angepaßtsein auch entsprechend herunterzuspielen, 569.

[30]   Vgl. auch Tiger und Fox 1971 und Willhoite 1976.

[31]   E. O. Wilson (1975), S. 551.

auf Paarung — könnten das Resultat geschlechtsspezifischer Arbeitsteilung bei der jagdlichen Lebensweise gewesen sein[32]. Die Entwicklung von Werkzeugen und Waffen eröffnete vielleicht eine andere Möglichkeit zur Arbeitsteilung, nunmehr zwischen Jägern und Handwerkern. Es ist wahrscheinlich, daß der erste planmäßige Handel mit materiellen Gütern der Handel mit Waffen und Werkzeugen zur Fleischverarbeitung gewesen ist[33]. Der Austausch interpersonaler und kooperativer Dienstleistungen (i. e. Sex, Pflege, gegenseitige Hilfe) fand natürlich viel früher statt. Es ist der Austausch materieller Güter, der ein abstraktes Konzept privater Rechte erforderlich macht, und zwar ungeachtet persönlicher Qualitäten und sozialer Beziehungen bei den betroffenen Parteien.

Was gibt es über die Goldene Regel des freiwilligen Teilens mit der Gemeinschaft zu sagen? Beide, Hayek sowohl wie Sahlins, scheinen Opfer der machtvollen Legende von einem paradiesähnlichen Ausgangspunkt der menschlich-sozialen Evolution zu sein, welche sich in den Versionen, die Rousseau und Engels propagierten[34], nicht weniger mythisch ausmacht als in der Urfassung der Genesis. Man hat im wesentlichen bei allen bekannten Gemeinschaften relativ ausgeprägte Strukturen von Eigentumsrechten vorgefunden. Obwohl diese privaten Rechte von Gesellschaft zu Gesellschaft verschieden definiert sind, wird Übergriffen auf sie grundsätzlich immer starker Widerstand entgegengesetzt[35]. Die Mühen, denen wir uns unterziehen müssen, um unseren Kindern die Ethik des „Teilens" beizubringen, belegen den schwachen Halt, dessen sich dieses Prinzip in der menschlichen Natur erfreut. Motivationen zum Befolgen der Goldenen Regel waren vermutlich beim Frühmenschen vorhanden und sind es wohl auch heute noch, jedoch nur als ein und nahezu sicher als das schwächste Element der beim Menschen anzutreffenden Mischung an Motivationen: schierer Egoismus im Kampf mit sich zum Teil widerstreitenden, zum Teil sich bekräftigenden Elementen von Vorherrschaft, Privatrecht und der Ethik des Teilens.

Die Ethik der Silbernen Regel ist eine Grundvoraussetzung für den Tauschhandel, von dem ich im folgenden sprechen möchte. Adam Smith war bei der folgenden Feststellung (über „die Neigung zu Handel und Tausch") möglicherweise in seinem Urteil im Irrtum:

---

[32] D. Morris 1967, 1969, Johanson und Edey 1981. (Für eine gegenteilige Ansicht vgl. Hardy und Bennett 1981.) Über sexuelle Rechte unter Pavianen vgl. Willhoite 1976.

[33] Die Anfänge der Anerkennung privater Rechte auf materielle Güter konnten bei Primaten beobachtet werden. Eine ökonomische Analyse bei Schimpansen in bezug auf die Anerkennung des Rechts auf Nahrungsmittel, sogar aufrechterhalten gegen sonst dominante Tiere, erscheint bei Fredlund 1976.

[34] J. J. Rousseau, „Abhandlung über den Ursprung und die Grundlagen der Ungleichheit unter den Menschen"; F. Engels, „Der Ursprung der Familie, des Privateigentums und des Staats".

[35] Vgl. Beaglehole 1968.

„Sie ist allen Menschen gemein und läßt sich bei keiner anderen Tierart finden, die weder diese noch irgendwelche anderen Formen von Verträgen zu kennen scheinen" (*Wealth of Nations*, Buch 1, Kap. 2). Ob diese „Neigung" nun instinktiv, d. h. eher genetisch als kulturell übertragen ist, oder ob nicht, betrifft uns nicht. Aber: ist sie wirklich allen Menschen gemein? Daß der Tauschhandel in seiner modernen unpersönlichen Form keinesfalls universal ist, ist von Anthropologen immer wieder bestätigt worden. Vergleichende ethnologische Studien legen in der Tat die Vermutung nahe, daß sich der Tauschhandel von der primitiveren Interaktion des Schenkens her entwickelt habe[36]. Dieser Unterschied wird aber leicht überschätzt. Das „Schenken" unter Primitiven (und sogar unter modernen Menschen?) ist keine einseitige Transaktion; ohne Reziprozität wird das „Geschenk" vermutlich annulliert. Die moderne kulturelle Entwicklung führt zum unpersönlichen Austausch von Wert für Wert, unabhängig von sozialen oder statusbedingten Beziehungen. Mit anderen Worten: der primitive Handel löst den reinen Tauschvorgang nicht gänzlich von gewissen symbolischen Bedeutungen ab, die der Transfer von Gütern in einzelnen Gesellschaften haben kann, z. B. um eine Herrschafts-/Gefolgschaftsbeziehung, oder eine wirkliche oder vorgespiegelte Verwandtschaft zwischen den Parteien anzudeuten.

Die Erfindung des „reinen" Tauschhandels, unabhängig von statusbedingten Implikationen, war sowohl sozial befreiend als auch ökonomisch produktiv. Aus dem Blickwinkel ökonomischer Effizienz heraus konnten nunmehr die Umschichtung von Warenbeständen dem verspürten Mangel und den Wünschen entsprechend und die weitere Ausbildung der Arbeitsteilung nach dem komparativen Vorteil stattfinden, ohne unter den betroffenen Parteien irgendwelche status oder andere sozialbedingten Verwicklungen hervorzurufen. Und die völlig neuen Möglichkeiten, produktive Beiträge zum eigenen oder des anderen Wohlergehen leisten zu können, lösten die Ketten allein am Status orientierter Beziehungen.

Trotzdem ist diese Erfindung größtenteils von den Anthropologen übel quittiert worden. Insbesondere Karl Polanyi beklagte die enthumanisierenden oder entsozialisierenden Konsequenzen, wenn:

„Anstatt daß die Ökonomie in soziale Beziehungen eingebettet ist, die sozialen Beziehungen in das ökonomische System eingebettet sind" (Polanyi, 1944, 57).

Dieser Gedanke wurde schon früher noch machtvoller ausgedrückt, in der berühmten Passage:

„Die Bourgeoisie, wo sie zur Herrschaft gekommen, hat alle feudalen, patriarchalischen, idyllischen Verhältnisse zerstört. Sie hat kein anderes Band zwischen Mensch und Mensch übriggelassen als das nackte Interesse, als die gefühllose „bare Zahlung". Sie hat die heiligen Schauer der frommen Schwärmerei, der ritterlichen Begeisterung, der spießbürgerlichen Wehmut in dem

---

[36] Vgl. vor allem Mauss 1954 und Hoyt 1926.

eiskalten Wasser egoistischer Berechnung ertränkt. Sie hat die persönliche Würde in den Tauschwert aufgelöst ...

Die Bourgeoisie hat alle bisher ehrwürdigen und mit frommer Scheu betrachteten Tätigkeiten ihres Heiligenscheins entkleidet. Sie hat den Arzt, den Juristen, den Pfaffen, den Poeten, den Mann der Wissenschaft in ihre bezahlten Lohnarbeiter verwandelt.

Die Bourgeoisie hat dem Familienverhältnis seinen rührend-sentimentalen Schleier abgerissen und es auf ein reines Geldverhältnis zurückgeführt" (Marx und Engels, *Manifest der Kommunistischen Partei,* 1848).

Daß radikale Denker in ihrem marktfeindlichen Enthusiasmus dafür sorgen möchten, daß man statusgebundene Gesellschaftsordnungen bewundert (oder, daß man sich ihrer wenigstens mit nostalgischer Sympathie erinnert), verwirrt mich noch immer. (Noch einmal ein Zeichen für die Kraft des Mythos vom Paradies?) Die einzelnen Beschuldigungen sind hier ganz sicherlich falsch. Der freie Markt eröffnet den Zugang zur Statusleiter, zerstört jedoch nicht marktfremde soziale Beziehungen. Weigern wir uns heute denn tatsächlich, unseren Führern Gehorsam zu leisten, Freundschaften zu pflegen, oder unsere Kinder zu lieben, es sei denn, wir würden dafür bezahlt? Auf jeden Fall ist soviel sicher: in der marktorientierten Gesellschaft sind diese sozialen Beziehungen ein Gegenstand freierer Wahl als je zuvor.

Da Raum und Zeit es nicht zulassen, diesen Punkt erschöpfend zu behandeln, werde ich als allgemein anerkannt voraussetzen, daß die Marktwirtschaft schon immer zweierlei war und auch weiterhin ist: unübertroffen produktiv und beispiellos befreiend, gesetzt der Fall, wir halten den Vergleich im Rahmen faktischer, der Menschheit bekannter Gesellschaften und weichen nicht auf bloß vorstellbare aus. Trotz alledem sind Aussichten für das langfristige Überleben der Marktgesellschaft angesichts ihrer internen und externen Bedrohungen nicht gerade sehr hoch anzusetzen.

Was die interne Bedrohung betrifft, liefert die Analyse von Schumpeter (1942, Kap. 12—14) noch immer die klassischen Aussagen. Es stimmt, daß einige ihrer Spezifika nicht völlig ausgegoren sind. Schumpeter dachte, die Rationalisierung des industriellen Fortschritts und seine Gestaltung zur Routine würden die Rolle des schöpferischen Unternehmers untergraben. Aber die jüngsten Entwicklungen auf dem privaten Sektor, wie etwa die Computerindustrie mit ihrem Heer neuer Self-made-Millionäre, legen die Vermutung nahe, daß das Unternehmertum durchaus noch lebendig ist und auf festem Boden steht. Er dachte ferner, die großen Gesellschaften würden unvermeidlich die mittleren und kleinen Unternehmer ersticken und somit die einzige massenpolitische Stütze der bürgerlichen Ordnung zernagen. Auch hier: wenn auch die allgemeine Geschäftslage dank der Überreglementierung und Überbesteuerung nicht gerade rosig aussieht, so scheint es den mittleren und kleinen Unternehmen doch nicht schlechter zu gehen als den großen. Aber die Hauptpfeiler von Schumpeters Argumentation, noch eher die soziologischen als die wirtschaftlichen, bleiben weiterhin bestehen. Der industrielle und der finanzielle Fortschritt haben den Mythos einer natürlichen Führerschaft unterhöhlt, den Sinn für Eigentum dadurch geschwächt, daß umfassendes individuelles Eigentum auf Anteilseigentum reduziert wurde und damit die Anreize der Familie zu sparen und zu investieren gemindert wurden. Am wichtigsten von allem ist jedoch, daß der Kapitalismus eine geistige Haltung begünstigt, die kritisch und rationalistisch ist und Innovationen begrüßt. Und bei seinen enormen Erfolgen, was die Erzeugung und die Verbreitung von Wohlstand betrifft, hat er einer großen Zahl von Menschen die Ressourcen, die Erziehung und die freie Zeit für politische und ideologische Aktivitäten gegeben, wobei letzteres sogar gegen die kapitalistische Ordnung selbst gerichtet ist:

„Anders als jeder andere Gesellschaftstyp schafft, zieht heran und unterstützt der Kapitalismus unvermeidlich und durch die Logik seiner Zivilisierung ein berufsmäßiges Interesse an sozialer Unruhe" (Capitalism, Socialism, and Democracy, S. 146).

Schumpeter sprach hier freilich von der Soziologie der Intellektuellen. Vielleicht spürte er nicht, was noch zu einer fast ebenso destruktiven Entwicklung werden kann und zumindest in Amerika zu beobachten ist: die Hypertrophie der Juristerei, die zur Konsequenz hat, daß juristische Verfahren in Industrie, Regierung, Erziehung und sogar familiäre Verhältnisse eindringen und deren wirkungsvolles Funktionieren oft lähmen.

Die externe Bedrohung ist natürlich kein Geheimnis, wenngleich sie auch nicht oft als ein militärischer Konkurrenzkampf zwischen Gesellschaftsordnungen interpretiert wird. Die Rolle des Krieges bei der Selektion von Menschentypen und sozialer Strukturen ist im Verlauf der Geschichte freilich beachtlich. Die auf den Krieg vorbereiteten sozialistischen Diktatoren unserer Tage sind, wenngleich ineffektiv bei der Produktion und Distribution von Wohlstand, trotzdem hartnäckige Streiter im dem Spiel um Konflikte und deren Zwangslösungen, wohingegen der komparative Vorteil bei Marktgesellschaften eher in friedlichen als in kriegerischen Bestrebungen liegt. Adam Smith[37] ist nur einer von vielen Philosophen, die den Verlust heroischer Qualitäten, der mit dem Anwachsen kommerziellen Reichtums einhergeht, beklagten. Andererseits, bis jetzt haben sich die Marktgesellschaften im Kriegsfall nicht immer schlecht geschlagen. (Immerhin war es eine „nation of shopkeepers", die Napoleon geschlagen hat.)

Die technologischen Entwicklungen in der modernen Kriegsführung scheinen für die Überlebensaussichten freier Nationen besonders widrig zu sein. Jene militärische Streitmacht, die kommerzielle Gesellschaften unterhalten, ist für die Defensive geeigneter als für die Offensive, ist aufgrund einer latent einsatzfähigen industriellen Stärke von größerer Ausdauer als sofort einsatzbereite Truppen, und ist stärker geeicht auf vielseitige Bürger-Soldaten als auf hoch spezialisierte Militärs. Aber die jüngsten phänomenalen Fortschritte in der Entwicklung destruktiver Kräfte und der Fähigkeit, über weite Strecken hinweg loszuschlagen, haben der Offensive einen in der

---

[37] „Wealth of Nations", Buch 5, Kap. 1.

Geschichte bis dato beispiellosen militärischen Vorteil an die Hand gegeben. Eine einsatzfähige industrielle Stärke bedeutet nichts angesichts ihrer Verwundbarkeit durch atomare Zerstörung. Man hat tatsächlich heutzutage von einer strategischen Verteidigung Abstand genommen. Wir haben uns auf das zu verlassen, worauf wir uns nicht gut verstehen: ständige Überwachung des Friedens durch Militärs sowie die Verhinderung eines Angriffs durch die Androhung einer Vergeltungsoffensive. Es zeigt sich natürlich auf der anderen Seite, daß der beängstigende Aufwand an modernen Waffensystemen für die wohlhabenderen kommerziellen Gesellschaften eigentlich erträglicher sein müßte; dieser Vorteil wird jedoch durch ihre weiter gefächerten Prioritäten aufgewogen. Eine neue Revolution in der militärischen Technologie, oder politische Entwicklungen, die eine Schwächung oder Spaltung ihrer Feinde herbeiführen, mögen das Bild schon morgen ändern; heute jedenfalls sieht es nicht danach aus, als ob die Marktgesellschaften imstande sein werden, das Spiel noch viel länger zu überleben.

Literatur

Alexander, R. D., and G. Borgia, „Group Selection, Altruism, and the Levels of Organization of Life", Annual Review of Ecology and Systematics, vol. 9 (1978), 449—475.

Ardrey, R., The Territorial Imperative (New York: Atheneum, 1966).

Beaglehole, E., „Property", in International Encyclopedia of the Social Sciences (1968).

Coase, R. H., „Adam Smith's View of Man", Journal of Law & Economics, v. 19 (1976).

Dawkins, R., The Selfish Gene (1976).

Durham, W. H., „Toward a Coevolutionary Theory of Human Biology and Culture", in N. A. Chagnon and William Irons (eds.), Evolutionary Biology and Human Social Behavior: An Anthropological Perspective (Duxbury Press, 1979).

Fredlund, M. C., „Wolves, Chimps and Demsetz", Economic Inquiry, v. 14 (June 1976), 279—291.

Ghiselin, M. T., „The Economy of the Body", American Economic Review, v. 68 (May 1978).

Ghiselin, M. T., The Economy of Nature and the Evolution of Sex (University of California Press, 1974).

Gould, S. J., The Panda's Thumb (1980).

Hall, E. T., The Hidden Dimension (1966).

Hamilton, W. D., „The Genetical Evolution of Social Behavior, I", Journal of Theoretical Biology, v. 7 (1964).

Hamilton, W. D., „Geometry for the Selfish Herd", Journal of Theoretical Biology, v. 31 (1971), 295—313.

Hamilton, W. D., „Innate Social Aptitudes of Man: An Approach From Evolutionary Genetics", in R. Fox, ed., Biosocial Anthropology (New York: Wiley, 1975).

Hardy, S. B. and William Bennett, „Lucy's Husband: What Did He Stand For?" Harvard Magazine (July-Aug. 1981).

Hayek, F. A., The Three Sources of Human Values (1978).

Hayek, F. A., „Kinds of Order in Society", The New Individualist Review, v. 3 (1964).

Himmelfarb, G., Darwin and the Darwinian Revolution (W. W. Norton, 1959).

Hirshleifer, J., „Natural Economy Versus Political Economy", Journal of Social & Biological Structures, v. 1 (1978).

Hoyt, E. E., Primitive Trade (London: Kegan Paul, 1926).

Johanson, D. and M. A. Edey, Lucy: The Beginnings of Humankind (Simon & Shuster, 1981).

Lorenz, K., On Aggression (New York: Harcourt, Brace & World, 1966; original German publication 1963).

Masters, R. D., „Of Marmots and Men: Animal Behavior and Human Altruism", in Lauren Wispe (ed.), Altruism, Sympathy, and Helping: Psychological and Sociological Principles (1978).

Mauss, M., The Gift: Forms and Functions of Exchange in Archaic Societies (Free Press, 1954); original French publication, 1925).

Maynard Smith, J., „Group Selection and Kin Selection", Nature, v. 201 (March 14, 1964), 1145–1147.

Maynard Smith, J., „The Evolution of Behavior", Scientific American, v. 239 (September 1978), 176–192.

Morris, D., The Naked Ape (1967).

Morris, D., The Human Zoo (1969).

Polanyi, K., The Great Transformation (Rinehart, 1944).

Richerson, P. J. and R. Boyd, "A Dual Inheritance Model of the Human Evolutionary Process, I", Journal of Social & Biological Structures, v. 1 (1978).

Sahlins, M. D., „The Origin of Society", Scientific American (September 1970).

Sahlins, M. D., Stone Age Economics (1972).

Schoeck, H., Envy: A Theory of Social Behavior (1970).

Schumpeter, J. A., Capitalism, Socialism and Democracy (Harper, 1942).

Schweber, S. S., „The Genesis of Natural Selection — 1838: Some Further Insights", Bio Science, v. 28 (May 1978).

Stigler, G. J., „An Introduction to Privacy in Economics and Politics", Journal of Legal Studies, v. 9 (1980).

Tiger, L. and R. Fox, The Imperial Animal (1971).

Trivers, R. L., „The Evolution of Reciprocal Altruism", Quarterly Review of Biology, v. 46 (1971).

Willhoite, F. H. Jr., „Rank and Reciprocity: Speculations on Human Emotions and Political Life", in E. White (ed.), Human Sociobiology and Politics (1980).

Willhoite, F. H. Jr., „Primates and Political Authority: A Biobehavioral Perspective", American Political Science Review, v. 70 (December 1976), 1110–1126.

Williams, G. C., Adaptation and Natural Selection (Princeton, NJ: Princeton University Press, 1966).

Wilson, D. S., The Natural Selection of Populations and Communities (Benjamin/ Cummings, 1980).

Wilson, E. O., „Altruism", Harvard Magazine, v. 81 (Nov.-Dec. 1978).

Wilson, E. D., Sociobiology (1975).

Wynne-Edwards, V. C., Animal Dispersion in Relation to Social Behavior (1962).

6. Menschengeschichte als Naturgeschichte? Soziobiologie und Bioökonomie in sozialphilosophischer Perspektive*

Peter Koslowski, München

Das ökonomisierende Gen als Verbindungsglied zwischen Soziobiologie und Bioökonomie
Zur Ontologie der Soziobiologie
Naturökonomie versus Sozialökonomie
Soziobiologie und Naturrecht
Die Sphäre des Geistes, oder: Ungelöste Probleme der Soziobiologie
Der Wahrheitsanspruch der Soziobiologie als Problem theoretischer und praktischer Gewißheit

---

Die Soziobiologie soll nach dem Programm ihres systematischen Begründers, E. O. Wilson, eine neue Synthese zwischen der Biologie und den Sozialwissenschaften leisten. So wie die Physik der Chemie und diese der Biologie als vorgelagerte Grundwissenschaften dienen, soll die naturwissenschaftliche, evolutionstheoretische Biologie den Sozialwissenschaften als Grundlagenwissenschaft dienen, die ihnen in der Genetik und Verhaltensforschung die Erklärungsschemata und Grundlagentheoreme sozialen Verhaltens liefert. Aus den einfachen, beobachtbaren Verhaltensphänomenen der Tierwelt, die als durch natürliche Selektion entstandene, überlebensmaximierende Strategien angesehen werden, sollen die komplizierteren Formen menschlichen Sozialverhaltens erklärbar und auf Grundfunktionen der Überlebensmaximierung zurückzuführen sein.

Die Soziobiologie als Synthese zwischen Biologie und Soziologie sieht die biologische und die sozio-kulturelle Entwicklung des Menschen als einheitlichen Prozeß einer Koevolution an, in welchem die soziokulturelle Evolution nicht nur die Fortsetzung der biologischen, sondern auch in ihrem grundlegenden Mechanismus mit ihr identisch ist. Das Programm einer Synthese aus Biologie und Soziologie ist sozialphilosophisch von höchster Relevanz, weil es sich nicht nur auf eine Theorie des Sozialen beschränkt, sondern auf eine einheitliche Theorie des Lebendigen zielt, die in ihrem Totalitätsanspruch

---

* Die Überlegungen dieses Aufsatzes sind inzwischen weiter ausgeführt worden in meinem Buch *Evolution und Gesellschaft. Eine Auseinandersetzung mit der Soziobiologie,* Tübingen (J. C. B. Mohr) 1984.

und Weltbildcharakter ursprünglich philosophische Fragestellungen auf-
nimmt. Dies gilt insbesondere für die Soziobiologie Wilsons, deren Programm ein Monismus und wissenschaftlicher Materialismus ist, der in
ausdrücklicher Gegnerschaft und Konkurrenz zu religiösen und philosophischen Weltbildern entfaltet wird. Die Philosophie kann diese Neuentwürfe
nicht links liegen lassen. Weil die Philosophie nach dem Ende der Metaphysik in der analytischen Philosophie und Wissenschaftstheorie ihre weltbild-
konstituierende Rolle aufgegeben hat, ist diese von den Naturwissenschaften
und von der Sozialbiologie übernommen worden — mit einem Elan, der die
Erfahrungen philosophischer Metaphysik- und Weltbildkritik beiseite läßt.
Im folgenden soll die Soziobiologie als Theorie der Gesellschaft und Wirtschaft und als materialistisches Weltbild untersucht werden.

1. Das ökonomisierende Gen als Verbindungsglied zwischen Soziobiologie und Bioökonomie

Die Tendenzen der Biologie, ihr Paradigma der evolutionären Maximierung
des Überlebens der Gene des Individuums, das Kriterium der genetischen
Tüchtigkeit (genetic fitness), zum Grundprinzip des Lebendigen und damit
zu einer allgemeinen Meta-Theorie des Sozialen zu machen und alle Phänomene der Kultur und Sozialität funktional auf Steigerung von genetischer
Tüchtigkeit zu beziehen, treffen sich heute mit einem verwandten Theorie-
Imperialismus[1] der ökonomischen Theorie. Die Ökonomie hat in den letzten Jahrzehnten ebenfalls eine Expansionstendenz gezeigt, die alle Bereiche
des Sozialen durch die Theoreme der Nutzenmaximierung und wirtschaftlichen Interaktion zu erklären sucht (economics of the family, of marriage,
ökonomische Theorie der Politik). Die Ökonomie sah sich hierbei aufgrund
ihrer ausgeprägten Formalisierung, Mathematisierung und Axiomatisierung
als die Physik der Sozialwissenschaften, die diesen ein methodisches Fundament geben könne. Obgleich Ökonomie auf Erfolge in der Erklärung
menschlichen Verhaltens verweisen kann, ist es ihr nicht gelungen, eine einheitliche und durchgängige Erklärung menschlichen Verhaltens zu leisten,
weil das Paradigma der Nutzenmaximierung zu offen und formal ist. Es muß
immer in seinen Anwendungsbereichen erst geklärt werden, was Nutzen heißen und welcher Nutzen maximiert werden soll. Die Argumente $x_1 \ldots x_n$
der Nutzenfunktion $U = U(x_1, x_2 \ldots x_n)$ sind nicht anthropologische
Konstanten oder vorgegeben. Es können nicht alle menschlichen Handlungen einheitlich als Maximierung bestimmter Variablen begriffen werden,
weil Bedürfnisse und Nutzendefinitionen eine zu große soziale und kulturel-

---

[1] Vgl. Boulding 1969.

le Varianz zeigen. Das pragmatische Problem der Nutzenmaximierung konnte bisher nicht in ein technisches Problem der Optimierung von festgelegten Variablen transformiert werden.

In dieser für eine einheitlich ökonomische Handlungserklärung unbefriedigenden Situation muß die Soziobiologie der Ökonomie als willkommener Bundesgenosse erscheinen, weil sie es erlaubt, den Subjektivismus der ökonomischen Nutzenmaximierung in einen bio-ökonomischen und soziobiologischen Objektivismus der Maximierung genetischer Tüchtigkeit zu überführen. Der Theorie-Imperialismus bestimmter Ansätze der Ökonomie findet seine Entsprechung in demjenigen der Biologie. Beide Wissenschaften greifen methodisch auf Optimierungs- und spieltheoretische Modelle zurück, um das Verhalten von eigennützigen Lebewesen in einer Welt, in der infra- und transspezifische Konkurrenz um knappe Ressourcen stattfindet, zu erklären.

Eine einheitliche Theorie des Verhaltens von Lebewesen, sozusagen eine „einheitliche Feldtheorie" des Verhaltens scheint möglich, seitdem der gemeinsame Nenner aller Optimierungsstrategien von Lebewesen und der „Endzweck" aller Nutzenmaximierung gefunden wurde: genetische Tüchtigkeit. Der Zweck der genetischen Tüchtigkeit erlaubt es, alle anderen Zwecke der Lebewesen von den Pantoffeltierchen bis zu den Menschen der Hochkultur als mittelbare, zweckdienliche Etappen dieses Endzwecks anzusehen, als Mittel für die Beförderung des Zwecks genetischer Tüchtigkeit. In diesem Zweck vereinigen sich Soziobiologie und Bioökonomie zu einem einzigen Wissen von den Optimierungsstrategien, welche alle Formen der Lebewesen nur als Mittel für den Endzweck ihres Überlebens benutzen.

Lebewesen sind nach Dawkins Überlebensmaschinen egoistischer Gene, von diesen ausgestattet mit einem Optimierungsprogramm für die Bewältigung komplexer Außenweltsituationen zur Sicherstellung eines für den Endzweck des Überlebens der Gene optimalen inneren wie äußeren Milieus und einem Programm, das darüber hinaus die Selbstreplikation dieser Gene über mehrere Generationen optimal reguliert. Die Argumente der Nutzenmaximierungsfunktion $U = U (x_1 \ldots x_n)$ werden nun eindeutig festlegbar. Die Maxime Max! U, die uneindeutig ist, weil jedes Individuum erst selbst ausmachen muß, was sein Nutzen ist, wird überführbar in die Maxime „Maximiere deine genetische Tüchtigkeit einschließlich der deiner Nachfahren" (Max! W_E^*). Die Nutzenfunktion $U = U (x_1 \ldots x_n)$ wird ersetzbar durch die „inclusive fitness function" Max! $U (W_E^*)$, wobei $W_E^* = W_E + r_{EN} W_N$. In dieser Funktion steht W_E für die genetische Tüchtigkeit des Elter, r_{EN} ist der Koeffizient des Verwandtschaftsgrades zwischen Elter und Nachfahren und W_N die genetische Tüchtigkeit der Nachfahren[2]. In der Optimierung des Lebensplanes in bio-ökonomischer und genetischer Sicht, d. h. Max! W^*, wächst die Berücksichtigung der genetischen Tüchtigkeit der Nachfahren in den Entscheidungen eines Individuums mit deren genetischen Nähe r zum

---

[2] Vgl. Hirshleifer 1978 a, 241.

Elter. Der Lebenszweck jedes Lebewesens ist die Maximierung einschließender genetischer Fitness. Dadurch wird auch vermeintlich „altruistisches" Verhalten zur Sicherung des eigenen Nachwuchses als eigentlich eigensüchtiges, das Überleben der eigenen Gene maximierendes Verhalten erklärbar. Ein solches Modell besticht durch seine Einfachheit (Monokausalität), Reichweite und Eleganz. Es ist eine Theorie des Verhaltens von geradezu kosmischen Ausmaßen, weil es die Natur- und Menschengeschichte unter einem einzigen Zweck, dem Zweck des Überlebens der Gene, zusammenfaßt. Menschengeschichte ist nicht Fortsetzung der Naturgeschichte, sondern mit ihr identisch, weil der Zweck beider gar nicht mehr unterscheidbar ist. In beiden geht es allein um die Erhaltung genetischer Information.

2. Zur Ontologie der Soziobiologie

2.1 Gestalt- oder Programmerhaltung als Telos?

Nach Dawkins[3] zielen weder Arten noch Individuen, sondern das „etwas egoistische große Stückchen Chromosom und das sogar noch egoistischere kleine Stückchen Chromosom" auf ihre Erhaltung. Nicht nur der Artenbegriff wird — wie im Darwinismus und Neodarwinismus — nominalistisch aufgelöst, auch der Individuenbegriff verfällt einem genetischen Super-Nominalismus. Die Identität dessen, das seine genetische Tüchtigkeit sichert, ist nicht mehr sprachlich oder empirisch festmachbar. Es hat keinen Sinn mehr, von Menschengeschichte zu sprechen, sondern nur noch von der Geschichte von Genpools, die sich solcher Maschinen bedienen, die erstaunlicherweise eine hohe Gestalttreue aufweisen und von diesen Maschinen selbst mit einem Kunstwort „Mensch", das keine wirkliche Referenz hat, bezeichnet werden. „Mensch" ist nur noch eine Zusammenfassung für eine Symbiose von Maschinen, die der Erhaltung der Information kleiner Stückchen Chromosomen dienen.

Dawkins führt diesen Super-Nominalismus der Auflösung des Individuums bis zur absurden Konsequenz: vielleicht sind wir gar keine Individuen, sondern multiple Organismen, die sich unseres Identitätsbewußtsein bedienen, um in einer Symbiose ihre Erhaltung in uns zu sichern[4]. Der genetische Supernominalismus bei Dawkins, nach welchem weder Arten noch Individuen, sondern kleine Einheiten genetischer Information die letzten ontologischen Bestimmungen des Wirklichen und Lebendigen sind, schlägt dialektisch in einen abstrakten Essentialismus oder Super-Idealismus pseudoplatonischer Art um. Das Sein und Überleben kleiner Informationseinheiten, die sich ihre leiblichen Träger suchen und diese „ausbeuten", macht nach

---

³ Dawkins 1978, 39.
⁴ Ebd. 213.

Dawkins das Wesen des Lebendigen aus. Das körperliche, gestalthafte Sein der Arten und Individuen wird dagegen zu einem Epiphänomen des eigentlichen Seins der Gene.

Gegen einen solchen genetischen Idealismus drängt sich das Argument auf, warum überhaupt etwas gestalthaft wird und Sein annimmt, wenn sein teleologischer Zweck nur das Überleben von etwas ganz anderem Unsichtbaren und Nicht-Gestalthaften ist[5]. Wenn das Überleben der Gene Zweck ist und dieses Überlebensprogramm die Wirklichkeit des Lebendigen steuert, dann ist die von uns wahrnehmbare Wirklichkeit in hohem Maße nichtfunktional oder luxurierend, weil sie ja gestalthaft ist und wir Menschen auf Gestaltverwirklichung und nicht auf abstrakte Idealismen aus sind. Es wäre für die Gene sehr viel einfacher, ewig in einer Ursuppe zu schwimmen und ihren Informationsgehalt im Zustand der Möglichkeit zu bewahren, ohne diese Information je in gestalthafte Wirklichkeit umzusetzen. Die *Verwirklichung* der Information der DNS in der Gestalt des Individuums ist überflüssig, wenn nur die Erhaltung dieser Information Zweck ist. Wenn nur der Bauplan erhalten bleiben soll, ist es überflüssig und unzweckmäßig, die Kathedrale tatsächlich zu bauen. Leben kann nicht als Replikation von genetischer Information verstanden werden, weil die Replikation von Information viel zweckmäßiger und ökonomischer ohne lebendige Wesen vollzogen werden kann. Warum zeugt der Mensch — oder zeugen die Gene durch ihn — einen Menschen und nicht die kleinen Stücke Chromosomen ebensolche? Der Zeugungsbegriff ist seit Aristoteles gestalthaft und artbezogen gedacht und darum auf Gene schwer anwendbar. Unsere Erfahrung unterscheidet ihn darum auch von den Weisen des Machens und des Kopierens oder Replizierens. Dawkins müßte so übersetzt werden: Der Mensch zeugt einen Menschen, damit ein Gen sich repliziert. Das Gen repliziert sich, indem es einen Menschen veranlaßt, einen anderen Menschen zu zeugen, der zur Hälfte dieselben Gene aufweist. Es ist dies kein wirtschaftliches Verfahren. Es entspricht einer Kopieranstalt, die zur Anfertigung von Kopien den Kopierapparat immer gleich mitkopiert und dabei Kopien erhält, die nur zur Hälfte mit dem Original übereinstimmen.

Hier stellt sich die Frage, was genetische Information heißen soll, wenn nicht ihre gestalthafte Verwirklichung oder ihre bewußtseinsmäßige Vergegenwärtigung für uns, ihr Sein-für-anderes als ihr eigentliches Worumwillen angesehen werden. Information und ideativer Gehalt sind, wie Spaemann/Löw dargestellt haben[6], immer nur für ein Bewußtsein, nicht jedoch sich selbst schon geistiger Gehalt. Die Gene haben Hegelisch gesprochen nur ein „Ansichsein" und kein „Fürsichsein". Sie sind von sich aus gleichgültig gegen ihre Verwirklichung oder Nicht-Verwirklichung. Nur für uns macht ihre Verwirklichung oder Nicht-Verwirklichung einen Unterschied.

---

[5] Vgl. Ghiselin 1974, 38.
[6] Spaemann/Löw, 1981.

2.2 Die Gene als Kapitalanleger

Billigen wir dagegen den Genen Wahrnehmung der Differenz von Sein und Nichtsein zu, so fallen wir in einen genetischen Animismus, der Genen so etwas wie Intentionalität oder Bewußtsein zubilligt. Ein solcher Animismus schlägt bei Dawkins immer wieder im Gebrauch ökonomischer Analogien durch. Die Gene werden als „Kapitalanleger an einer Börse" gesehen, deren Aktien bzw. Unternehmen die Überlebensmaschinen sind, in die diese Gene investieren[7]. Die Gene verhalten sich wie Gewinnmaximierer bei der Programmierung des Baus ihrer Überlebensmaschinen, sie ökonomisieren wie Unternehmer in ihren Strategien, messen ihre „Anlagepolitik" am „Goldstandard der Evolution, dem Genüberleben"[8]. Entsprechend verfügen die Gene bei Dawkins auch über eine Lernfähigkeit, die derjenigen von nutzenmaximierenden Individuen entspricht. Die Differenz der Zeithorizonte von genetischem und geistigem Lernen wird von Dawkins in animistischer Weise verwischt und aufgehoben.

So z. B. bei der Erklärung der Menopause der Frauen als Resultat einer Selektion zugunsten der Enkelkinder. Nach Dawkins ist es für die Gene einer alten Frau vorteilhafter, in Enkel- als in eigene Kinder zu investieren, also habe sich evolutionär das Gen für „Altruismus gegenüber Enkelkindern" im Genpool durchgesetzt[9]. Denn eine Frau könne nicht maximal in ihre Enkel investieren, wenn sie weiter eigene Kinder bekomme. Dies ist eine ökonomisch-rationale Erklärung für das Fortpflanzungsverhalten, aber keine evolutionär-genetische. Da die Lebenserwartung der Frauen erst in den letzten 100 Jahren von 35 auf etwa 70 Jahre angestiegen ist, ist kaum zu erwarten, daß sich die Menopause um das 49. Lebensjahr auf dem Wege einer genetischen Selektion innerhalb dieser 100 Jahre durchgesetzt hat. Das Beispiel zeigt das animistisch-anthropomorphe Element in der Übertragung ökonomischer Modelle auf die genetische Evolution bei Dawkins: genetisches und soziales Lernen werden nicht unterschieden, sondern den Genen Subjekt- und Vernunftcharakter zugeschrieben. Das ökonomisierende Gen wird zum Täter hinter dem Täter.

Wie bei allen Verschwörungstheorien ist auch hier Vorsicht geboten. Warum sichern die egoistischen Gene ihr Überleben durch etwas, was nicht sie selbst sind, nämlich durch ihre leibliche und gestalthafte Verwirklichung, die immer vergänglich ist. Das Gen als Idee und reiner Informationsgehalt könnte ewig in potentia ohne den Leib sein, und ohne sich in der Gestaltwerdung in actu dem Untergang auszusetzen. Faßt man dagegen das Gen als entelechialen Gehalt, der wirklich werden muß, dann ist die Gestalt und ihre Verwirklichung, nicht aber das Überleben der potentiellen Information der Zweck des Lebendigen. Die Inversion der Entelechie von der Gestalt auf das Überleben der genetischen Information dieser Gestalt ist ontologisch nicht

---

[7] Dawkins 1978, 67.
[8] Ebd. 147/47.
[9] Ebd. 149.

plausibel und logisch widersprüchlich. Es soll sich etwas Ewiges und Mögliches, das Gen, in einem Endlichen und Wirklichen, der Gestalt, realisieren, aber nicht das Endliche ist als endliches und verwirklichtes der Zweck, sondern das Überleben des Möglichen als Möglichen bleibt Endzweck. Im ökonomisierenden und egoistischen Gen liegt die äußerste Umkehrung der Teleologie der Gestalt zur Teleologie der Erhaltung des Möglichen als Möglichen vor. Das Mögliche und Realisierbare soll sich als Mögliches und nicht als Wirkliches erhalten.

Nach den von Freud so genannten drei Kränkungen der naiven Eigenliebe der Menschheit, der kopernikanischen Wende, der Darwinschen Deszendenztheorie und der psychoanalytischen Depotenzierung des Ichs, wäre die Dawkinssche die vierte und die letzte. Sie würde den Menschen nicht nur aus der Mitte des Kosmos vertreiben, ihn seiner Einzigkeit unter den lebenden Arten und seines Ich-Bewußtseins berauben, sondern auch noch seinen leiblichen Individuumscharakter und seine Selbsterhaltung als falschen Schein entblößen. Dawkins' Theorie ist die letzte Form des ontologischen Nihilismus — Nihilismus, weil das Sein des Menschen nicht einmal mehr als es selbst erhaltenswert ist. Es dient nur mehr der Erhaltung von etwas, das selbst nicht wirklich, sondern nur möglich ist. Es dient nur noch der Erhaltung eines Programms. Nicht mehr ist das Leben selbst als Verwirklichung dieses Programms Zweck, sondern nur noch das Überleben des Programms.

2.3 Kritik optimierungstheoretischer Rekonstruktionen der Evolution

Das Modell des egoistischen Gens scheint die Lücke zwischen Biologie und Ökonomie zu schließen, indem es alle Handlungen von Lebewesen funktional auf die Maximierung einschließender genetischer Tüchtigkeit bezieht. Mit Hilfe des Maximierungsmodells werden populationsbiologische Interaktionen und soziale Strukturen wie Arbeitsteilung in der Tierwelt, z. B. bei den sozialen Insekten, rekonstruiert. Die Rekonstruktion nach dem Optimierungs- oder Maximierungsmodell erleichtert die Untersuchung komplexer Zusammenhänge, weil sie den Aufwand für induktive Beobachtungen und experimentelle Simulation erheblich senkt. Die „Erklärung" nach Maximierungsmodellen senkt Denk- und Forschungskosten. Sie bleibt aber eine Als-ob-Erklärung und eine Übertragung menschlicher Rationalität auf einen ontologisch verschiedenen Bereich. Wir versuchen die sozialen Insekten so zu verstehen, *als ob* sie rational ihre einschließende genetische Tüchtigkeit maximierten.

Zunächst erhebt sich die bislang ungeklärte Frage, welchen ontologischen Status das Ökonomie-Prinzip hat — ob es ein physikalisch-energetisches oder ein geistig-rationales Prinzip ist, das nicht auf das Instinktverhalten übertragbar ist. Diese Frage soll hier ausgeblendet bleiben. Bedeutsamer ist der Einwand, daß eine solche Rekonstruktion oder Als-ob-Erklärung durchaus den Charakter einer Ad-hoc-Erklärung hat. Sie ähnelt insofern einer Ad-hoc-Erklärung, als der Erklärungszusammenhang mehr oder weniger „ad hoc" und willkürlich definiert wird. Die Komplexität der Situation, der sich ein ökonomisches Gen gegenübersieht, muß notwendig in der optimierungstheoretischen Rekonstruktion so stark vereinfacht werden, daß die Beschreibung der Situation als Antecedensbedingungen der Erklärung mit der Wirklichkeit nur noch entfernte Ähnlichkeit besitzt. „Eine einfache Theorie über Phänomene, die ihrer Natur nach komplex sind, ist wahrscheinlich notwendigerweise falsch, jedenfalls ohne eine spezifizierte ceteris paribus-Klausel, nach deren vollständiger Formulierung die Theorie nicht mehr einfach wäre"[10]. Für die Rekonstruktion der genetischen Selektion als eines Prozesses, der Genüberleben optimiert, gelten dieselben Kritikpunkte wie für ökonomische Maximierungsmodelle. Diese Modelle erfordern, wenn sie die Wirklichkeit abbilden sollen, ein Wissen, das nicht verfügbar ist.

Damit ein Optimierungsmodell die Wirklichkeit zutreffend beschreibt, müssen folgende Bedingungen erfüllt sein:
1. die Ausgangssituation muß zutreffend beschrieben werden,
2. das Set der nötigen Strategien muß bekannt sein,
3. das Optimierungskriterium, d. h. die Größe, die maximiert werden soll, muß wohldefiniert sein,
4. die einschränkenden Nebenbedingungen müssen genau beschrieben sein[11].

Diese Bedingungen sind nur für „wohlstrukturierte", klar abgrenzbare Entscheidungsprobleme, etwa der technischen Optimierung in den Ingenieurwissenschaften erfüllt. Schon für komplexe wirtschaftliche Zusammenhänge wie die der Unternehmensführung kann das Maximierungsmodell aufgrund von Unsicherheit über die Strategien anderer und aufgrund der Komplexität der Umweltbedingungen und Nebenwirkungen in der Zukunft keine eindeutige Lösung oder Handlungsanleitung mehr geben[12]. Optimierungsmodelle sind daher in der Ökonomie auch durch satisficing-Modelle ersetzt worden[13].

Für die Rekonstruktion von biologischen Populationen nach Regeln der Gen-Optimierung ist der entscheidungstheoretische Einwand bezüglich der Abgrenzung von Ausgangssituation und Handlungswirkungen noch bedeutsamer, weil in Selektionsmodellen rationale Voraussicht nicht gegeben ist, die Entscheidungssituation des Gens von außen vom Beobachter abgegrenzt und Nebenbedingungen und Strategien nicht gegeben oder festgelegt, sondern ebenfalls vom Beobachter rekonstruiert werden. Zu diesen ökonomischen Einwänden treten im engeren Sinne biologische. Optimierungsargumente in der Biologie gehen nach Lewontin[14] davon aus, daß, wenn ein bestimmter

[10] So Hayek 1972.
[11] Vgl. Oster/Wilson 1978, 297, sowie Lewontin 1979.
[12] Vgl. Alchian 1950.
[13] Vgl. Simon 1978.
[14] Lewontin 1979.

Phänotyp optimal angepaßt ist, auch der geeignete und ihm entsprechende Genotyp entsteht, was nicht erwiesen ist. Denn einige Optimallösungen sind Mischungen von Phänotypen, die dynamisch nur unter extrem restriktiven genetischen Bedingungen möglich sind. Lewontin faßt das Problem überzeugend zusammen: die Dynamik der natürlichen Selektion schließt rationale Voraussicht nicht ein, und es gibt kein theoretisches Prinzip, das Optimierung als Folge von Selektion sicherstellt. Optimierungsargumente sollten in der Biologie, wenn sie nicht eine unzulässige Übertragung anthropomorpher Argumente in die Selektionstheorie sein sollen, mit größter Vorsicht verwendet werden. Selektions- und Optimierungsargumente können nicht gleichzeitig Geltung haben. Entweder gilt das Selektionsmodell — dann kann nicht von Optimalität bei vollständiger Voraussicht ausgegangen werden —, oder es gilt das Optimierungsmodell — dann muß das Gen als intentional und voraussehend und die Natur als teleologisch zu Optima führend gedacht werden. Die Selektion sicherte dann in dieser Sicht nur, daß ein Gleichgewicht zwischen den Optimierungsstrategien der Arten in der Weise eines allgemeinen Marktgleichgewichts, wie es die ökonomische Theorie für menschliche Optimierungsstrategien annimmt, zustande kommt.

Optimierungsmodelle sind nur auf begrenzte Problembereiche anwendbar. Wenn der Ausgangszustand, die Nebenbedingungen, die möglichen Strategien und die Zielfunktion definierbar sind, läßt sich eine optimale Strategie vorhersagen. Es ist jedoch nicht möglich, optimale Lösungen für einen Universalzusammenhang der Natur anzugeben. Als Totaltheorie der transspezifischen Evolution ist daher die Theorie des egoistischen Gens, welche der Soziobiologie zugrunde liegt, nicht anwendbar. Ob die Wirklichkeit der Natur Resultat eines Optimierungsverhaltens von Genen ist, ist eine erfahrungstranszendente Frage und gegen jede mögliche Falsifikation immunisiert. Das Optimierungskriterium ist unklar. Wird der Bestand von Chromosomenteilen wie bei Dawkins oder von ganzen DNS-Ketten optimiert? Wird der Gegenwartsbestand oder ein intertemporaler Bestand von Genen optimiert? usw. Wenn wir nur für regionale Zusammenhänge Optima angeben können, so bleibt die Evolution einer Art optimierungstheoretisch unbestimmbar. Gesagt werden kann nur: wenn eine Population oder ein Individuum bei gegebener Umwelt und gegebenen Nebenbedingungen das Überleben ihrer Gene zu sichern suchen, müssen sie sich so und so verhalten. Wie es dazu kommt, daß sich das Individuum phänotypisch und genotypisch in einer solchen Entscheidungssituation befindet, kann nicht als Resultat vorangegangener Optimierungen beschrieben oder rekonstruiert werden, ohne daß man in einen unendlichen Regreß der Rekonstruktionen geführt wird.

Für das Optimierungsargument gilt daher dasselbe wie für die Darwinsche Selektionstheorie: beide beziehen sich in erste Linie auf die Relation des Organismus zu seiner Umgebung. Sie betonen beide den Außenaspekt der Anpassung des Organismus an gegebene Bedingungen — ceteris paribus —, können aber nicht seine Genese und die Genese des „setting", in dem er sich befindet, im ganzen rekonstruieren, sondern nur voraussetzen[15]. Rekonstruktionen sind kausal- wie optimierungstheoretisch nur als Teil-Rekonstruktionen, nicht aber als Total-Rekonstruktionen der Geschichte möglich.

2.4 Die beste aller möglichen Welten und die Unmöglichkeit ihrer Totalrekonstruktion

Wilson und Lumsden/Wilson[16] sehen die Leistungsfähigkeit einer wissenschaftlichen Theorie darin, daß sie die größtmögliche Anzahl von Phänomenen auf einfache Zusammenhänge in einer ästhetisch befriedigenden Weise zurückführt. Die Erfahrung der Naturwissenschaft habe gezeigt, daß dies am besten in der Weise geschieht, daß die reale Welt in einer Matrix möglicher Welten gesehen wird[17]. Dawkins macht sich dieses Programm möglicher Welten zu eigen, indem er seine evolutionär stabilen Strategien am Modell der besten aller möglichen Verhaltensweisen rekonstruiert.

Als heuristisches Prinzip für die Rekonstruktion von Partialmodellen kann dieses Vorgehen sinnvoll sein, wenn es sich seines Modell-Charakters bewußt bleibt. „Economics of surviving, placed along with the economics of acting and of thinking, means . . . an interpretation of the process of selection as a continuing betting on those features that have comparatively great probability to survive in a given environment. A tautology seems to have provided guidance to most fruitful descriptive research. ,What has a high probability to survive will survive, with high probability', is a tautology. But it has directed creative attention to the question: why in terms of known physics and chemistry . . ., has such-and-such feature of an organism a higher probability to survive in such-and-such environment than this-and-this other feature"[18].

Als probabilistisch-heuristisches Prinzip kann das Optimierungsmodell jedoch aus zwei Gründen nicht auf Totalzusammenhänge übertragen werden:
1. macht es keinen Sinn, von möglichen Welten zu sprechen, wenn die Erklärung eines per definitionem einmaligen Prozesses, der Evolution, als Geschichte des Universums gefragt ist. Für die Antwort auf die Frage, wie dieser einmalige Prozeß rekonstruiert werden könnte, kann nicht auf mögliche Welten und Simulationen von Entwicklungspfaden bzw. Teilentwicklungen verwiesen werden, weil diese gerade nicht mit dem Gegenstand unseres Interesses identisch sind. Eigen/Winkler[19] räumen ein, daß „nur ausgewählte Ursprungsereignisse experimentell überprüft werden können, nicht aber die historische Ereigniskette" der Evolution. Die Ge-

---

[15] Vgl. Peters 1972, 349.
[16] Wilson 1980, 18; Lumsden/Wilson 1981, 346.
[17] Ebd. 2.
[18] So Marshak 1974, 380.
[19] Eigen/Winkler 1975, 195.

samtentwicklung der wirklichen Welt bleibt in allen kausalistischen, optimierungs- und spieltheoretischen Erklärungen letztlich unerklärlich, weil die Bestimmung von Antecedenzbedingungen für Modelle, die Irrelevantes ausgrenzen oder Bedingungen vorläufig voraussetzen, für die Untersuchung des Ganzen und der Totalität des Prozesses nicht statthaft ist. Andererseits führt aber der Versuch, die Antecedenzbedingungen einzuholen, in einen unendlichen Regreß.

2. macht es nur für Teilwelten bezogen auf andere mögliche Teilwelten, nicht aber für die Gesamtevolution Sinn, von möglichen oder gar der besten aller möglichen Welten als heuristischem Modell auszugehen. Nur für ein göttliches Bewußtsein können Welt und Evolution kontingent und möglich sein, für ein endliches Bewußtsein sind sie als Ganze so wie sie sind. Nur für Teilwelten können wir sagen, daß sie bezogen auf die und die Zwecke optimal sind. Nur ein unendliches Bewußtsein könnte sagen, daß die Welt die beste von anderen denkbaren oder möglichen Welten ist.

Das Optimierungsargument auf die Evolution als Resultat optimierender Gene im ganzen anzuwenden, führt entweder in einen Superteleologismus der Gene als ewige Finalursachen oder in eine Theodizee, welche die Evolution als Entwicklung der besten aller möglichen Welten nach einem göttlichen Optimierungsprogramm interpretiert. Beide Positionen sind mit einer kausalmechanischen Evolutionstheorie unvereinbar. Das Problem der Rekonstruktion von soziobiologischem Verhalten im Rahmen von möglichen optimalen Strategien zeigt hier die Unvereinbarkeit von selektions- und optimierungstheoretischen Argumenten, solange nicht ein Theorem bewiesen ist, das zeigt, daß Selektion zu Optimalität führt oder daß Optimalität selektiert wird. Als-ob-Erklärungen und Rekonstruktionen nach Optimierungsargumenten wie bei Dawkins sind keine Erklärungen im strengen Sinn, sondern plausible Geschichten darüber, was Gene tun sollten, wenn sie ihr Überleben sichern wollen. Als plausible Geschichten haben sie heuristischen Wert.

3. Naturökonomie versus Sozialökonomie

Die Theorie des ökonomischen Gens kommt dem Bestreben der Ökonomie[20] entgegen, sich als umfassende Theorie menschlichen Handelns zu etablieren. Wenn Knight[21] am Utilitarismus kritisiert, daß er mit seinem Kriterium „Nutzen" Ethik in Ökonomie überführe und das ethische Problem der Wahl zwischen Zwecken und Werten in ein ökonomisches Problem

---

[20] Vgl. Becker 1976 sowie Hirshleifer 1978 a.
[21] Knight 1935, 34.

der Wahl zwischen Mitteln für den gegebenen Zweck „Nutzen" transformiere, dann trifft diese Überführung des Wahlproblems in Totalökonomie noch mehr für die Bio-Ökonomie des egoistischen Gens zu. Das ethische Problem des richtigen Lebens wird zu einem optimalen Ökonomisieren zugunsten des Genüberlebens. Vor diesem kategorischen Imperativ des Genüberlebens werden alle anderen ethischen Imperative zu hypothetischen Imperativen, die nur bedingt Gültigkeit haben. Konsequenterweise würde dies bis zur Rechtfertigung des Kannibalismus führen, wie es schon Jünger befürchtete: „Vorstufen, Übergänge zum intelligenten Kannibalismus deuten sich an, oft sogar unverhüllt. Jede rein ökonomische Anschauung muß notwendig darauf zuschreiten"[22]. Die optimale Nutzung von Nahrungsquellen erfordert, daß Tiermütter den Teil ihrer Jungen, der nicht dem Überleben ihrer Gene dient, weil er das Überleben der Geschwister hindert, zugunsten der durchsetzungsfähigeren Geschwister auffressen[23]. Die Übertragung auf den Menschen scheut Dawkins verständlicherweise, und auch Wilson will diese Konsequenz nicht ziehen. Dennoch müßte sie von der Soziobiologie gezogen werden, wenn Kannibalismus in Familien das Überleben von Genen fördert. Wilson[24] hält an Menschenrechten fest, aber seine Begründung dafür geht über sein eigenes soziobiologisches Konzept hinaus.

3.1 Sein und Sollen, Erklären und Rechtfertigen

Diese Einschränkungen in der Akzeptanz der genmaximierenden Strategien zeigen, daß selbst in der Soziobiologie die Differenz zwischen dem Erklärungszusammenhang und dessen Rechtfertigung auftritt[25]. Die Erklärung des Evolutionsprozesses ist nicht identisch mit dem Prozeß seiner Rechtfertigung. Wir können aus dem Verstehen der Evolution nicht schließen, daß sie auch gesollt ist, wenn ein anderer Verlauf evolutionärer Entwicklungen möglich ist. Daß wir den evolutionären Prozeß, wenn wir ihn erkannt haben, umlenken können, ist jedoch die Überzeugung aller soziobiologischen Autoren, weil anders soziobiologische Forschung ja auch geringen sozialen Wert hätte. Die Möglichkeit der Reflexion über und der Umlenkung von Evolution setzt jedoch eine Art von Freiheit der Theorie voraus, die in einem streng deterministischen Modell nicht erwiesen ist. Wenn die menschliche Species ihre eigene Natur verändern kann[26] und sprachliche Kommunikation den Menschen von den durch Darwinsche Prinzipien gesetzten Zwängen befreit[27], dann kann Ethik nicht auf Biologie vollständig zurückgeführt werden. Die Prinzipien der Steuerung der kulturell-sozialen Evolution kön-

---

[22] Jünger 1973, 160.
[23] Vgl. Ghiselin 1974, 231; Dawkins 1978, 158 ff.
[24] Wilson 1980, 187.
[25] Vgl. Singer 1982, Vossenkuhl 1983 sowie Wickler 1983.
[26] So Wilson 1980, 196.
[27] So Eigen/Winkler 1975, 288.

nen nicht mit den Prinzipien der Evolution gleichgesetzt werden. Der Sachverhalt kann mit Blick auf die ökonomisch-soziale Evolution auch so dargestellt werden: Die sozialen Strategien und Institutionen, die durch soziale und biologische Evolution und Selektion entstanden sind, müssen nicht notwendig diejenigen sein, die ein soziales Optimum herbeiführen und das Potential des Menschen zur größten Entfaltung bringen. Evolutionäre Entwicklungen können ebenso zu sozial nicht erwünschten Zuständen und in soziale Dilemmata führen[28].

3.2 Prisoners' Dilemma und rationale Voraussicht

Ein typisches solches Dilemma ist die Situation des Prisoners' Dilemma. Das Ergebnis bei sozialer Kooperation und unter Antizipation von allgemeinem Wohl ist für alle besser, als wenn jeder Handelnde seinem engen, ihm zunächst als „Eigeninteresse" erscheinenden Interesse folgt. Das Prisoners' Dilemma ist eine Form von Zusammensetzungsfehlschlüssen in individualistisch orientierten, sich evolutionär entwickelnden Interaktionszusammenhängen[29]. Solche Zusammensetzungsfehlschlüsse und Situationen von Prisoners' Dilemma können durch Antizipation von Verhalten unter Verallgemeinerungsbedingungen vermieden oder gemildert werden. Das Vermögen des Menschen, komplexe Wirkungen und Interaktionen zu antizipieren und das allgemeine Interesse in seinen Entscheidungen vorwegzunehmen, unterscheidet menschliches Handeln von tierischem Verhalten. Antizipation, Verallgemeinerung und Rollentausch bestimmen menschliches Handeln neben der unmittelbaren Verfolgung des Eigeninteresses. Diese Eigenschaften machen zugleich das Wesen des Moralischen aus und bewirken, daß keine soziobiologische Synthese zutreffend sein kann, die die Existenz des moralischen Vermögens des Menschen leugnet.

Tullock[30] hat gezeigt, daß spieltheoretische Situationen wie die des Prisoners' Dilemma auch in der außermenschlichen Natur auftreten können. Weil sie von Tieren oder Pflanzen nicht durch Antizipation, sondern nur durch genetische Selektion aufgelöst werden können, führen sie zu suboptimalen Lösungen in den Interaktionen von verschiedenen Spezies in der Periode, in der sie auftreten. Tullock weist nach, daß dieses „Selektionsversagen" — weil die genetische Selektion sehr viel langsamer arbeitet als Selektion durch rationale Wahl — in Situationen von Prisoners' Dilemma durch Übernutzung und nicht-kooperative Konkurrenz zu einer ökonomischsuboptimalen Nutzung der Ressourcen führt. Es tritt z. B. in der Nutzung eines Territoriums durch verschiedene Arten ein Problem der Allmende-Übernutzung auf. Deshalb können auch Züchter, Bauern und Hirten durch „rationale Selektion" den natürlichen Ertrag aus Naturkapital erhöhen: sie

---

[28] Vgl. Buchanan 1975, 167 sowie Vanberg 1983.
[29] Vgl. Koslowski 1983 a.
[30] Tullock 1971.

können biologische Externalitäten zwischen Arten in wirtschaftlich wechselseitige Vorteile für sich und diese Arten selbst transformieren. „Nature unai-
ded does not reach an optimum"[31].

Rationale Voraussicht ist auch die Ursache, warum alle Gleichsetzungen
von Konkurrenz auf Märkten und Selektion in der Natur[32] schlechte Analogien sind. Die Selektion von Anbietern nach Markterfolg in der Sozioöko-
nomie ist von derjenigen von Individuen oder Arten in der Naturökonomie
grundsätzlich verschieden, weil die Anbieter und Nachfrager nicht nur agieren und reagieren, sondern in ihren Aktionen bereits die Erwartungen und
Reaktionen ihrer Interaktionspartner antizipieren. Es werden Erwartungen
oder Antizipationen von Antizipationen gebildet. Die Antizipationen der
Individuen gehen in ihr erkanntes „Bild" der Umweltsituation und damit in
ihre Strategien ein[33]. Unternehmerischer Erfolg im Markt ist wesentlich
durch diese Fähigkeit zur Antizipation von Erwartungen und zur richtigen
Vorhersage bei genuiner Unsicherheit über die Zukunft bestimmt. Alchi-
ans[34] Gleichsetzung von biologischer und ökonomischer Selektion als Verfahren der Zufallsauswahl ist insofern irreführend, als sie den zweifellos
bedeutsamen Zufallsfaktor in der Bestätigung erfolgreicher Wirtschaftsstrate-
gien durch Gewinn überzeichnet. Unternehmerische Entscheidung über
Strategien nach einem Zufallsverfahren zu fällen, wäre sicherlich keine ge-
winnmaximierende Strategie.

3.3 Genoptimierung unter wesentlichen Nebenbedingungen

Die Beispiele von rationaler Voraussicht und Prisoners' Dilemma zeigen die
Grenzen zwischen natürlicher und politischer Ökonomie[35]. Wir lassen
ökonomische Imperative im allgemeinen nur unter ethischen und sozialen
Nebenbedingungen (constraints) gelten, wobei diese constraints gewöhnlich
nicht wiederum zweckrational mit Bezug auf „Gewinn" oder gar Genüberleben begründet werden[36]. Eine solche universal optimierende, universalteleo-
logische Begründung wäre auch gar nicht möglich. Denn eine Begründung
von constraints, die sich soziobiologisch darauf beriefe, daß diese für die Erhaltung des Genpools notwendig sind, ist optimierungstheoretisch in kom-
plexen Situationen sozialer Interaktion, wie oben gezeigt, nicht
durchführbar. Wir können nicht beweisen, daß das Verbot von Kannibalismus eine Strategie der Genoptimierung ist.

---

[31] Ebd. 391.
[32] So bei Alchian 1950 sowie Friedman 1976.
[33] Vgl. Koslowski 1983 b.
[34] Alchian 1950.
[35] Vgl. auch Hirshleifer 1978 b.
[36] Vgl. McCain 1980, 127: „Economists' models are models of *contrained* optimization. The sociobiologists' models are not . . . This does not mean that the sociobiologists' models are simpler but that the sociobiologists often overlook
constraints on maximization. Constraints are commonly important. Constraints
may well be more important than maximization itself."

Der Grund dafür, daß solche constraints nicht nur als Einschränkung unseres eigentlich gewollten Handelns Geltung haben, und daß sie überhaupt Geltung haben, liegt darin, daß wir unser Leben und das Leben anderer nicht funktional auf das Genüberleben beziehen, sondern diese Einschränkungen selbst als Qualitäten menschlicher Existenz wollen. Wir wollen konkrete Gestalten des Lebens und nicht das Überleben von Programmen. Nach der Soziobiologie leben wir hinter einem Schleier des Nicht-Wissens über unsere eigentlichen Zwecke. Was wir wollen, nämlich ein gelungenes Leben, ist Schein eines dahinterliegenden Zwecks: der Genoptimierung. Nun könnte man fragen, welches Argument uns über den eigentlichen Inhalt unseres Wollens und über unser falsches Bewußtsein und seinen Idealismus aufklären könnte. Beobachtbar sind ökonomisierende Gene bei ihrer Arbeit nicht, und der cartesische Zweifel, der alles in Zweifel zieht, läßt uns nur eine Gewißheit, daß nämlich *ich* denke und nicht ein Gen. Das Argument der Soziobiologie über die eigentliche Ursache unseres Wollens ist weder empirisch noch durch Introspektion begründbar. Es ist in jeder Hinsicht transzendent und metaphysisch. Auch die Bevölkerungsstatistik bestätigt es nicht: reiche Gesellschaften dehnen ihr reproduktives Verhalten nicht bis zu ihrer Produktionsmöglichkeitengrenze von Genen aus. Ihre Bevölkerungen wachsen langsamer als diejenigen armer Gesellschaften. Sie maximieren nicht Genüberleben, sondern eine Nutzenfunktion, deren Argumente mehr als nur das Genüberleben umfassen. Die Behauptung der Genmaximierung ist daher für Populationen von fortgeschrittenen Gesellschaften, die nicht mehr an der Nahrungsgrenze leben, ein Anachronismus.

Die Antwort der Bioökonomie ist denn auch, daß die Menschen fortgeschrittener Gesellschaften nicht Quantität, sondern Qualität von Kindern maximieren. Was heißt aber Qualität von Kindern maximieren? Heißt es, Überlebensmaschinen von Genen maximieren? Eine Maschine, die Genüberleben produzieren soll, wird an der Menge des gewünschten Outputs und nicht an der Qualität der Vorstufe dieses Outputs, hier also der Kinder, gemessen. Qualität statt Quantität von Kindern maximieren heißt, daß gerade mehr Argumente in die Zielfunktion der Produktionsentscheidungen eingehen als nur das bloße Genüberleben. Die Qualität von Kindern, die ein gelungenes Leben führen können, ist mit der Quantität von Überlebensmaschinen inkommensurabel. Da aber Gesellschaften, in denen der wirtschaftliche Überlebensdruck nachläßt, sich gerade entgegen der Voraussage der Soziobiologie verhalten, wird man die Theorie der Genmaximierung als widerlegt ansehen müssen. Alle motivationspsychologischen und nachfragetheoretischen „Gesetze" widersprechen der Soziobiologie. Nach Maslows Bedürfnispyramide nimmt mit wachsender Befriedigung der physiologischen Bedürfnisse der Drang nach höheren, geistigen und sozialen, zu, die sich von der Genmaximierung zunehmend entfernen. Ebenso fragen Menschen mit wachsendem Einkommen superiore, von der Fortpflanzung weiter entfernte Güter nach, während die Ausgaben für Reproduktionsmittel abnehmen (Engelsches Gesetz). Die Bürger der BRD haben 1981 beispielsweise für Hobbies mehr ausgegeben als für Ernährung. Diese Entwicklung von physiologischen zu kulturell bestimmten Bedürfnissen bestätigt, daß die Kultur und ihr Sinnerleben zu den ursprünglichen Bedürfnissen der „condition humaine" gehören. Der Mensch kann sein Leben gar nicht mit der Maximierung von Genüberleben verbringen, weil dies für ihn als „das Tier, das sich langweilt" (W. Sombart), nicht genügend Bedeutung haben würde. Der Mensch verfügt über einen Bedeutungsüberschuß in seinem Bemühen, die Welt zu verstehen und sein Leben zu bewältigen, der durch die biologischen Funktionen nicht befriedigt werden könnte. „Die Welt hat nie genug Bedeutung (. . .), das Denken verfügt immer über zu viele Beziehungen für die Objekte"[37].

Es ist schwierig, diese soziologisch beobachtbaren Phänomene und Entwicklungen mit einer gegen jedes empirische Argument immunisierten Hypothese in Einklang zu bringen. Es gehört ein erstaunlicher „materialistischer Idealismus" dazu, an den materialistischen Hypothesen angesichts der Evidenz lebensweltlicher unmittelbarer Erfahrung und soziologischer Beobachtung festzuhalten und den ontologischen Primat der Genmaximierung vor der praktischen Selbsterfahrung, die den Wunsch nach Fortpflanzung, nicht aber nach maximaler Fortpflanzung kennt, zu behaupten. Nun könnte man behaupten, der Unterschied zwischen Fortpflanzungstrieb und Genmaximierung sei nicht so erheblich. Gerade aber die Maximierungshypothese macht die sozio-biologische Synthese als Einheit von Soziologie, Biologie und Ökonomie erst möglich, weil erst sie die große Reichweite der Theorie über viele Lebensbereiche begründen kann und ihre „predictive power" ausmachen würde. Sobald Fortpflanzung nur *ein* Argument in der Nutzenmaximierung der einzelnen über den Lebenszeitraum ist, wird die *Einheit* von Ökonomie und Biologie hinfällig. Biologische Zwecke werden dann zu Zwecken unter anderen Zwecken, die in jeder sozialen Ordnung selbstverständlich erfüllt werden müssen. Sie sind aber nicht mehr der gemeinsame Nenner aller anderen Zwecke.

Die angeführten Unterschiede zwischen Sozial- und Naturökonomie zeigen, daß eine unmittelbare Übertragung biologisch-darwinistischer Kategorien auf das Soziale unzulässig ist. Sie zeigen, daß die Soziobiologie, wenn sie ihre Synthese als neo-darwinistischen Monismus der Maximierung von Genüberleben begreift, dasselbe Schicksal erleben wird wie der Sozialdarwinismus. Wie er wird sie eine Theorie sein, die nur ideologische Bedeutung hat. Wie der Sozialdarwinismus kann auch die Soziobiologie jedoch nicht als Ideologie einer Marktwirtschaft angesehen werden. Vom Objektivismus und Monismus der Soziobiologie unterscheidet sich eine marktwirtschaftliche Ordnung durch ihren Wertepluralismus und Bedürfnissubjektivismus, die darauf zielen, daß die Wirtschaftsordnung Freiheit ermöglicht, d. h. es zuläßt, daß sich die Individuen ihre subjektiven Zwecke selbst setzen und diese in zwangsfreier Koordination mit den Plänen anderer verfolgen können. Ver-

---

[37] So Lévi-Strauss 1981, 202.

treter des Wirtschaftsliberalismus wie Hayek betonen gegenüber einem sozialdarwinistischen Objektivismus die subjektivistische Wertlehre und die Bedeutung der Freiheit in der sozioökonomischen Evolution. Weil der Wirtschaftsliberalismus die Bedeutung des Marktes als Entdeckungsverfahren und als Verfahren des sozialen und individuellen Lernens heraushebt, hat er seinen Evolutionismus immer als lamarckistischen und nicht als darwinistischen verstanden[38].

4. Soziobiologie und Naturrecht

Wenn die Genmaximierungshypothese zurückgenommen wird auf die vernünftige Hypothese, daß menschliche Wesen sich fortpflanzen wollen und dieses genetisch gesteuert ist, daß aber nicht alle sozialen Zwecke teleologisch auf das Genüberleben bezogen sind, kann die Soziobiologie für die Idee eines philosophischen Naturrechts fruchtbar gemacht werden.

Das Bestreben nach einer Synthese von Biologie und Soziologie entspricht der naturrechtlichen Bemühung, eine natürliche soziale Ordnung zu begründen. Plato und Aristoteles sehen die Natur des Menschen und der menschlichen Gesellschaft in einem Kontinuum von der pflanzlichen und tierischen bis zur menschlichen Seele und die Sozialordnung teleologisch auf die Besorgung der Zwecke dieses Kontinuums bezogen. Auch wenn das Naturrecht nach der Erfahrung menschlicher Subjektivität und Vernunftautonomie nicht mehr dogmatisch als Normenkatalog vertreten werden kann, so hat es doch eine heute bedeutende, kritische Funktion als Erinnerung der Natur des Menschen gegenüber einer allen Schranken entblößten, sich absolut setzenden Freiheit[39]. Das Naturrecht ist, gegen Topitsch[40], keine Ideologie der Hochkulturen, um ihrer kontingenten sozialen Ordnung einen Schein naturgesetzter Notwendigkeit zu geben, sondern ein Versuch, die Freiheits- und Naturzwecke des Menschen zu versöhnen. Das Bestehen darauf, daß eine der Natur des Menschen gemäße Ordnung der Maßstab des positiven Rechts und der sozialen Konventionen und Normen ist, ist nicht nur apologetisch, sondern bisweilen in hohem Maße sozialkritisch.

Soziobiologie kann die Naturbasis menschlichen Soziallebens nach Universalismen wie Fortpflanzung/Sexualität, Elternsorge/Ehe, Territorialität/Verteidigung, Arbeitsteilung/soziale Schichtung erinnern und begründen. Sie wirkt dem Glauben eines überzogenen Historismus und einer hybriden Geschichtsphilosophie entgegen, der Mensch könne sich gesellschaftlich vollständig aus diesen naturhaften Bedingungen emanzipieren. Die Soziobio-

---

[38] Vgl. Hayek 1974 sowie Fellmann 1977, 291 und Peters 1972.
[39] Vgl. Spaemann 1977 a.
[40] Vgl. Topitsch 1962.

logie erinnert an die Einheit des Lebendigen und die Verwandtschaft zwischen menschlichem und außermenschlichem Leben. Sie erinnert auch gegen einen überzogenen Subjektivismus in der ökonomischen Wertlehre daran, daß es wirtschaftliche Zwecke gibt, die durch die Naturbasis des Menschen vorgegeben und nicht nur subjektive Nachfrage und konventionelle Bedürfnisse sind. Soziobiologie als Naturrecht impliziert die Forderung, daß politische und wirtschaftliche Entscheidungsfreiheit sich zu den Naturbedingungen des Menschen und seiner Umwelt in ein Verhältnis des Eingedenkens setzt und sich an diesen mißt. Eine solche Soziobiologie als Theorie der Grundverwandtschaft der Lebewesen fordert ein eingedenkendes Verhältnis von Freiheit nicht nur zur menschlichen, sondern auch zur außermenschlichen Natur und begründet ein Bewußtsein ökologischer Zusammenhänge auf der soziologischen Ebene. Soziobiologie als Erinnerung biologischer Universalismen und genetischer Restriktionen der Plastizität des Menschen kann ein Widerpart gegen abstrakten Historismus und Kulturismus bilden. In diesem Sinne wäre sie eine Theorie von der Menschengeschichte als Fortsetzung und Vollendung der Naturgeschichte, nicht aber eine von der Identität beider. Dazu müßte sie allerdings, um nicht in einen abstrakten Biologismus zu verfallen, anerkennen, daß die „natürlichen" Zwecke nicht die abschließenden Zwecke des Menschen sind und daß die Subjektivität und Freiheit des Menschen in der Gesellschaft anerkannt sein müssen und nicht biologischen Universalismen geopfert werden dürfen. Sie müßte im Anschluß an das aristotelische Naturrecht einsichtig machen, daß das ergon tu anthropu, das Werk des Menschen, nicht mit der Erfüllung notwendiger biologischer Bedingungen oder gar der Maximierung von Genüberleben erfüllt ist, sondern im Tätigsein gemäß der Vernunft besteht, wobei das Verwirklichen des Vernunftwesens des Menschen die Realisierung der biologischen Natur *und* der Subjektivität beinhalten muß. Die Soziobiologie könnte in dieser Sicht, wie das Naturrecht, einer Tendenz des modernen Bewußtseins wehren, auseinanderzufallen in einen geistlosen Materialismus der mechanistischen Weltsicht und in einen leiblosen Idealismus, der keine gesellschaftliche und biologische Basis mehr findet.

5. Die Sphäre des Geistes, oder: Ungelöste Probleme der Soziobiologie

5.1 Intentionalität und theoretische Freiheit

Dieses Tätigsein des Menschen gemäß der Vernunft kann durch Intentionalität als Vermögen des Handelns, durch begriffliches Denken als Vermögen des Erkennens und durch Bewußtsein von dieser Tätigkeit, durch Selbstbewußtsein, beschrieben werden. Nach dem Naturrecht besteht die Selbstverwirklichung des Menschen wesentlich in der Aktualisierung dieser Vermögen in vernünftiger politisch-sozialer Praxis und im freien theoretischen Erkennen. Diese beiden Tätigkeiten des Menschen, Praxis und Theorie, sind uns in der Selbsterfahrung gegeben. Wir erfahren uns selbst als solche, die handeln und nicht nur reagieren, und als solche, die erkennen und nicht nur wahrnehmen können. Eine vollständige Synthese aus Biologie und Soziologie, genetischem und kulturellem Lernen, müßte diese Phänomene der Intentionalität, des begrifflichen Erkennens und des Bewußtseins als Produkte *eines* Evolutionsprozesses erklären.

Wilson[41] räumt ein, daß Intentionalität noch das eigentliche Geheimnis der Neurobiologie sei. Als Lösung schlägt er vor, den Willen als Resultat eines Ringens zwischen verschiedenen Schaltschemata zu sehen, „die darauf programmiert sind, untereinander um die Herrschaft über die Entscheidungszentren zu ringen . . ., ohne daß irgendeine andere äußere Kraft einzugreifen braucht". Damit wäre Spontaneität aus dem Modell verbannt. Er räumt ein, daß das Problem des Willens deterministisch noch nicht gelöst sei, behauptet aber, daß es grundsätzlich lösbar sei. Das begriffliche Denken sehen Lumsden/Wilson[42] als die wesentliche und entscheidende Differenz zum tierischen Leben an. In ihrem Versuch, die Synthese von kultureller und biologischer Koevolution, von sozialem und genetischem Lernen, konkret auszuarbeiten, räumen sie ein, daß die begriffliche Repräsentation von Wirklichkeit und die Symbolisierung von Gehalten — sie nennen sie „reification" oder auch „ideation"[43] — menschliche Sprache von tierischem Kommunikationsverhalten grundlegend unterscheidet. Sie sehen diesen Prozeß in den drei Millionen Jahren vom Australopithecus bis zum späten Paläolithicum abgelaufen. Die Akzeleration dieses Prozesses erklären sie durch eine Gen-Kultur-Transmission, in der die Weitergabe von „Culturgens", von kulturellen Informationsgehalten, durch kulturelles Lernen die natürliche Selektion beschleunigt habe und daher die größere Geschwindigkeit der kulturellen Evolution erkläre. Die Transmission von kulturellem Lernen folge epigenetischen Regeln der Informationsweitergabe in unserem Denkapparat, die wiederum genetisch als zweckmäßig für reproduktiven Erfolg selektiert worden seien. Allein das begriffliche Erkennen einer Sache als sie selbst, die „reification", ist nach Lumsden/Wilson[44] selektionstheoretisch nicht erklärt. Ihre Förderlichkeit für das Überleben ist nicht genetisch rekonstruierbar. Trivers[45] erklärt deshalb auch, daß „die herkömmliche Auffassung, derzufolge die natürliche Auslese Nervensysteme begünstigt, die zunehmend präzisere Bilder der Welt liefern, eine sehr unkritische Anschauung der geistigen Evolution sein muß". Vielmehr müsse die Selektion, weil Täuschung ein Grundzug der Kommunikation unter Tieren ist, zu einem gewissen Ausmaß

---

[41] Wilson 1980, 76.
[42] Vgl. Lumsden/Wilson 1981, 6.
[43] Ebd. 5.
[44] Ebd. 346.
[45] In seiner Einleitung zu Dawkins 1978, VI.

von Selbstbetrug führen, einem Selbstbetrug, der einige Tatsachen und Motive unbewußt läßt, damit sie nicht — durch die fast unmerklichen Zeichen der Selbstkenntnis — die ausgeübte Täuschung verraten. Soziobiologisch ist das begriffliche Erkennen unerklärlich und vor allem überlebensstrategisch dysfunktional. Dies bestätigt die philosophische Tradition, die begriffliches Denken als Ausdruck von theoretischer Freiheit, als „freies Sichaufschließen und -öffnen für einen Gehalt"[46] und als Ergebnis von Handlungsentlastung ansieht. Die Tradition sieht den hohen Wert des Erkennens nicht in seinem Überlebensnutzen für den einzelnen, sondern im selbstzwecklichen Erkennen dessen, was in Wahrheit ist. Nehmen wir den anderen Gedanken hinzu, der von Plato bis Hegel Geltung hatte, daß die höchste Form von Theorie umschlägt in die nützlichste Praxis, weil sie uns das Sein und das Gute eröffnet und daher auch unsere politisch-soziale Realität für uns durchschaubar und gut einrichtbar macht. Ein solches Wissen leistet mehr als das reine Überlebenswissen: es ermöglicht es uns, zu erkennen, was das gute Leben ist — individuell und politisch —, und erlaubt es uns, das Handlungsfeld der Gesellschaft von dem des bloßen Überlebens zu dem eines guten und gelungenen Lebens auszudehnen. Der Zweck des begrifflichen Denkens besteht nicht in der bloßen Sicherung der Reproduktion der Gene, sondern im Eröffnen des Raumes der Selbstrealisierung des Menschen als Vernunftwesen. Diese Ermöglichung der Verwirklichung von Vernunft durch die Vernunft ist bei Plato in der *Politeia* Selbstzweck als Tätigsein des theoretischen *logos* und Bedingung sinnvoller politisch-sozialer Praxis als praktisch-politischer *logos* zugleich[47]. Das Denken ist sich selbst Zweck und Genuß, und es ist zugleich ein Vermögen, die Todesgrenze des Menschen hinauszuschieben. Es hat Eigenwert und sozio-biologischen Funktionswert. Die Erkenntnis der Struktur der Wirklichkeit als Wirklichkeit und des Guten als Guten, und nicht als bloßem für das Überleben Nützlichen, ermöglicht es, individuell durch ein richtiges Leben und politisch durch eine dieser Erkenntnis nachgebildete politische Ordnung den Tod hinauszuzögern.

5.2 Todesbewußtsein, Selbstbewußtsein und die Wahl zwischen todesverzögernden Strategien

Dies führt zum dritten ungelösten Problem der Soziobiologie: Bewußtsein. Bewußtsein ist vor allem Todesbewußtsein. Wheeler[48] zeigt im Anschluß an Husserl und Derrida, in welchem Ausmaß das Bewußtsein von der eigenen Identität mit dem Bewußtsein von der Möglichkeit des Nicht-mehr-Seins, des Todes, verbunden ist und unser Leben im Gegensatz zu dem der Tiere, die kein Bewußtsein ihrer Endlichkeit und Identität haben, prägt. In der Sicht der Genmaximierung sind Selbstbewußtsein und Todesbewußtsein

---

[46] So Krings 1966, 37.
[47] Plato, *Politeia* 473c.
[48] Wheeler 1978.

schädlich. Das Individuum soll sich als Durchgangsstation ewiger Gene verstehen und nicht an seinem eigenen vergänglichen Leben hängen. Auch ist Todesbewußtsein für ein Wesen hinderlich, das sicher sterben muß und dessen Überlebenssicherung immer nur ein Hinauszögern des Todes ist. Insofern sind Todesbewußtsein und Selbsterkenntnis Ausdruck einer evolutionären Vertreibung aus dem Paradies blinder, programmierter Genmaximierung. Schon bei Plato ist das Todesbewußtsein der Anfang der Sorge des Menschen um sich selbst und der Anfang des Denkens. Der Tod steht am Anfang einer Denkbewegung, die das Sein und das Gute zu erkennen sucht, weil die Frage nach dem richtigen Leben erst mit dem Wissen von der Sterblichkeit und Begrenztheit des Lebens und daher mit der Gefahr eines möglichen Verfehlens des Lebenssinnes auftaucht[49].

Intentionalität, theoretisches Erkennen und Bewußtsein verweisen aufeinander. Praktische und theoretische Freiheit im Bewußtsein der Subjektivität sind Antworten auf die Erkenntnis des Todes, weil der Tod den Horizont von Sorge, Verantwortung und Rechtfertigung des eigenen Lebens erst aufreißt. Vor diesem Horizont des Hinauszögerns des eigenen Todes und der Rechtfertigung des eigenen Lebens gewinnt das Vermögen, ein zunehmend präziseres begriffliches Bild der Realität zu gewinnen und ihm zufolge zu handeln — gegen Trivers — entscheidende Bedeutung. Der logos wird zur Voraussetzung todesverzögernder und lebenserfüllender Strategien für das Individuum und die Gesellschaft.

Praktische Freiheit (Intentionalität) ermöglicht die Transzendenz des unmittelbaren Trieblebens und Eigennutzes, theoretische Freiheit zur Wahrheit ermöglicht die Erkenntnis des Wirklichen als Wirklichen und damit das Erkennen der für den Menschen besten soziobiologischen Ordnung. Das Todesbewußtsein ist der Preis und die Voraussetzung dieser „Freiheiten". Plato hat diesen Zusammenhang in der *Politeia* zum ersten Mal systematisch dargestellt. Sein Philosophenkönigtum ist eine Art richtiger Soziobiologie, die ihre eigene Anwendung in der Theorie mitbedenkt und sich selbst als Teil einer Strategie der Todesverzögerung sieht. Die adäquate Erkenntnis der Wirklichkeit ist Voraussetzung einer vernünftigen sozialen Ordnung, die über den Staat der Tiere hinausgeht.

Die Entzweiung des Menschen vom unmittelbaren biologischen Lebensvollzug durch die Intentionalität und Freiheit des Erkennens ist die Lanze, die die Wunde schlägt *und* heilt. Die Entzweiung des Menschen von seiner biologisch-sozialen Funktion durch Ich-Bewußtsein und Intentionalität bewirkt die Entzweiung von Individuum und Gemeinschaft, Egoismus und Altruismus. Aber die aus dieser Entzweiung folgende theoretische und praktische Freiheit ist auch das Vermögen, das Gute zu erkennen und zu tun und diese Entzweiung zu überwinden.

---

[49] Plato, *Politeia* 328e—331b und Schlußmythos.

5.3 Bei-sich-Sein-im-Anderen als Aufhebung des Gegensatzes von Selbstinteresse und allgemeinem Wohl

Bewußtsein von Identität und Nicht-Identität mit sich selbst ist die Voraussetzung von Altruismus. Für ein selektiertes System ist immer alles so wie es ist. Er hat kein *Bewußtsein* von Negativität, davon, daß ein Zustand anders ist, als er sein sollte[50]. Für das menschliche Bewußtsein aber gilt, daß es ein Bewußtsein vom anderen seiner selbst hat. Das Bewußtsein kann sich bewußt sein, anders als es selbst zu sein, sich selbst zu verfehlen, und es kann wissen, daß ein anderes Bewußtsein auch Selbstbewußtsein hat. Es kann im anderen Menschen bei sich selbst sein. Hegel hat das Im-Anderen-bei-sich-Sein sowohl „Liebe" als auch „Freiheit" genannt. Bewußtsein, Freiheit und Liebe verweisen aufeinander. Auch diese Trias transzendiert die mechanistische Interpretation des sozialen Lebens. Sie widerlegt zugleich die reduktionistischen Darstellungen des Altruismus-Problems in der Soziobiologie.

Altruistisches Verhalten ist ein Problem für eine Theorie, die von der durchgängigen Determination von Verhalten durch egoistische Gene ausgeht. Die Lösung besteht regelmäßig darin, zu behaupten, daß das vermeintlich altruistische Verhalten, z. B. von Eltern, nur ein erweiterter Egoismus ist. Unsere Tugenden sind *immer* nur verborgene Laster, könnte man in Radikalisierung von Larochefoucauld sagen. Dieser einschließende genetische Egoismus ist indifferent zwischen dem Überleben von 100 %ig eigenen Genen, wenn er seinen Kindern nicht hilft, und dem Überleben von 2mal 50 %ig eigenen Genen, wenn er bei dieser Hilfe stirbt, aber 2 seiner Kinder überleben. Altruismus wird von der Soziobiologie in übertriebener Weise als ein Sich-Opfern für andere dargestellt, das aber gar kein Opfer ist, weil der Opfernde und der Geopferte gar nicht identisch sind. Denn nicht der Handelnde opfert *sich*, sondern die Gene opfern ihn für *ihre* Duplikate in *seinen* Nachfahren.

Die Darstellung „altruistischen", ethischen Verhaltens als „Opfer" widerspricht Zweck und Begründung von Ethik. Opfer können nur in Ausnahmesituationen sinnvoll und auch in diesen ethisch nicht eingefordert werden. Die Ethik erfordert vielmehr die Aufhebung der Differenz zwischen dem Eigen- und Gesamtinteresse. Sie fordert, den anderen wie sich selbst zu sehen. Sie fordert nicht, sich dem anderen zu opfern. Für Transzendenz der Subjektivität sind Freiheit, Liebe und Bewußtsein, ist Im-Anderen-bei-sich-Sein Voraussetzung. Nur durch Bewußtsein, Freiheit und Liebe ist Ethik möglich. Die ethische Transzendenz der Subjektivität erlaubt es dem Menschen, zwischen verschiedenen sozialen Organisationsformen zu entscheiden und eine gute Ordnung anzuerkennen. Bewußtsein und Freiheit ermöglichen Moralität als Überwindung des unmittelbaren Selbstinteresses zugunsten eines gemeinen Wohls, das sowohl im eigenen als auch im Interesse der anderen ist. Das bewußte Individuum vermag zwischen verschiedenen, verallgemeinerbaren, todesverzögernden Strategien zu wählen und deren Potential der

---

[50] Vgl. Spaemann/Löw 1981, 251.

Todesverzögerung zu antizipieren. Die Entzweiung von Ich und Gemeinschaft, von Identität und Nicht-Identität des Ichs und der anderen, kann durch freies, liebendes Bewußtsein wieder versöhnt werden, in welchem der einzelne im anderen bei sich ist, zugleich er selbst und der andere ist.

Die Dialektik von Entzweiung und Versöhnung in der Trias Bewußtsein, Freiheit und Liebe sprengt beim Menschen das kausalmechanische Modell der genetischen Soziobiologie, weil das Bewußtsein zugleich es selbst und alles andere ist. „Die Seele des Menschen ist in gewisser Weise alles", sagt Aristoteles[51]. Das Bewußtsein ist an sich selbst dialektisch und daher in einem kruden Determinismus gar nicht erfaßbar. Daß die Soziobiologie als kausaldeterministische Theorie die Evolution zum begrifflichen Denken nicht erklären kann, hat nicht zuletzt im dialektischen Charakter des Bewußtseins seinen Grund. Eine soziobiologische Synthese aber, die Bewußtsein, Freiheit und Erkennen, weil sie deterministisch unerklärlich sind, in ihrer Theorie des Sozialen nicht berücksichtigt, ist keine Synthese, sondern eine Verkürzung der Realität, weil die phänomenologische Evidenz dieser Lebenselemente des Menschen aufgrund der Selbsterfahrung stärker ist als diejenige eines unvollständigen, kausalmechanischen Modells.

6. Der Wahrheitsanspruch der Soziobiologie als Problem theoretischer und praktischer Gewißheit

Die Ausarbeitung einer echten soziobiologischen Synthese ist selbst ein ethisches Problem von theoretischer und praktischer Freiheit. Das theoretische Freiheitsproblem besteht in der jeder wissenschaftlichen Forschung eigenen Frage, wann eine Hypothese als hinreichend begründet zu gelten hat, um soziale Gültigkeit beanspruchen zu können. Ramsey[52] hat das Problem der Induktion zutreffend als die Frage gefaßt, ab wann ein Forscher bereit ist, auf die Richtigkeit seiner Hypothese zu wetten. Jede Induktion ist somit eine Frage probabilistischer, praktischer Gewißheit. Dies gilt besonders für den Test einer so umfassenden und unser Weltbild und unsere ethischen Anschauungen umwälzenden Hypothese wie derjenigen der Soziobiologie. Die Frage ist, welchen Grad an Begründung die Hypothese der kulturell-genetischen Koevolution als materialistisch-deterministische Theorie beanspruchen kann, wenn sie zentrale Phänomenbereiche wie Bewußtsein und begriffliches Denken noch nicht im entferntesten modell-endogen erklären kann oder gar diese Phänomene leugnet. Die graphische und mathematische Darstellung von sich potenzierenden Rückkopplungsschleifen als angemessenes Modell der Erklärung der Evolution von einfachen neuronalen Wahrnehmungsprozessen zum begrifflichen Erkennen zu bezeichnen, wie dies bei

---

[51] Aristoteles, *De anima* 430a.
[52] Vgl. Ramsey 1980.

Lumsden/Wilson geschieht, ist ein überzogener Anspruch. Die philosophische Kritik muß sich einem solchen Anspruch gegenüber in der Rolle desjenigen wiederfinden, der auf die Einlösung der Ansprüche pochen muß. Die Vorwegnahme von Forschungsergebnissen, die man *vielleicht* einmal haben wird, als bereits erwiesene ist in einer Sozialtheorie von der Tragweite der Soziobiologie wissenschaftstheoretisch und vom Standpunkt einer Ethik theoretischer Freiheit aus nicht zu rechtfertigen.

Es liegt in der Eigenart neuzeitlicher Wissenschaft seit Descartes beschlossen, ihre eigene Erfüllung und Vollendung, die in der vollständigen Transparenz der Welt für das wissenschaftliche Bewußtsein bestehen soll, beständig zu einem Zeitpunkt zu antizipieren, zu dem von diesem Transparentsein der Wirklichkeit noch keine Rede sein kann. Auch die Soziobiologie befindet sich in ihrem Anspruch auf Totalerklärung in der Rolle desjenigen, der mehr verspricht, als er halten kann. Bereits Descartes hatte das Programm der mechanistischen Welt- und Gesellschaftserklärung als Totalmodell konzipiert, das in der Medizin gipfeln sollte. Diese werde, wenn sie einmal auf ein vollständiges Wissen der biologischen und sozialen Natur des Menschen gründen werde, in einer umfassenden, wissenschaftlich begründeten, medizinisch-politischen Praxis den Traum des Menschen von Glück und ewiger Gesundheit verwirklichen. Die Totalwissenschaft wird nach Descartes am Ende eines Forschungsprozesses von Jahrhunderten die mangelhaft begründete, unsichere und nur moralisch gewisse Ethik ablösen.

Dieser Traum von wissenschaftlicher Totaltransparenz und daraus folgender Praxis bestimmt auch Wilson: „Unser Schicksal selbst bestimmen heißt, daß wir ... zu einer auf biologischer Erkenntnis beruhenden Präzisionssteuerung übergehen müssen ... Vor allem darf die Lehre der Ethik nicht denen überlassen bleiben, die lediglich weise sind."[53] Weisheit soll durch Wissenschaft, die Einsichten der Ethik und Politik durch die Einsichten der Soziobiologie ersetzt werden. Schließlich soll die politische Lenkung der Gesellschaft durch eine Präzisionssteuerung der Evolution von Mensch und Gesellschaft nach der soziobiologischen Theorie vorgenommen werden. Da aber die Instrumente der Soziobiologie als Totaltheorie immer noch schlecht begründete Hypothesen und Modelle sind, heißt dies freilich, einen Tanker mit einem Paddel lenken zu wollen.

Descartes war hier selbstkritischer. Solange das Programm der Totaltransparenz der Wirklichkeit durch Wissenschaft noch Programm ist, müssen wir nach ihm — faute de mieux — auf die moralische oder praktische Gewißheit vernünftig begründeter Ethik, auf Weisheit, zurückgreifen, weil moralische Gewißheit erst durch *vollständiges* Wissen, durch Totalwissenschaft, abgelöst werden kann. „Moralische Gewißheit" ist diejenige Sicherheit, richtig geurteilt und gehandelt zu haben, die nach gewissenhafter und vernünftiger Suche nach Erkenntnis der Situation, nach sittlicher Abwägung und verantwortlicher Entscheidung möglich ist. Weil uns das vollständige Wissen der

---

[53]   So Wilson 1980, 14.

Totalwissenschaft nicht verfügbar ist, müssen wir Weisheit und moralische Gewißheit erstreben, müssen wir uns so, wie sich jemand, der sich im Wald verirrt hat, nach Faustregeln orientiert, nach einer wissenschaftlich gesehen vorläufigen und provisorischen Ethik vernünftigen Abwägens und Handelns orientieren[54].

Entsprechend muß, solange die Wahrheit des Weltbildes der Soziobiologie und der Teleologie der Genmaximierung nicht bewiesen ist, der Weisheit der politischen und ethischen Vernunft gefolgt werden. Die Soziobiologie versucht, das Ethos der praktischen Vernunft und lebensweltlichen Kommunikation als falschen Schein, hinter dem sich das egoistische Gen verbirgt, zu entlarven. Für diese Entlarvung unterliegt *sie* der Beweislast. Sie muß den Beweis der Richtigkeit ihrer Theorie erbringen, weil das vernünftige sittliche Bewußtsein in der anthropomorphen Sprache der Vernunft zeigen kann, daß es das Gute fördert. Die Weisheit der Ethik setzt das Wort „gut" nicht mit „förderlich für Genüberleben" gleich und läßt den Fortpflanzungszweck nur im Gesamt der sittlichen und biologischen Zwecke, nicht aber als einzigen und „Endzweck" gelten. Wenn wir uns als Vernunftwesen begreifen, muß diese Weisheit den praktischen Primat vor der soziobiologischen Selbstprogrammierung auf Genmaximierung hin haben. Weil die Erklärung der Wirklichkeit in der Soziobiologie, auf die sich ihre Ethik stützt, unvollständig ist, ist auch der theoretische Status der Vernunftethik stärker als derjenige der soziobiologischen Genethik.

Wir leben jetzt und müssen jetzt über soziale Strategien der Todesverzögerung und des guten Lebens entscheiden. Wir können in dem Wald, in dem wir uns verirrt haben, nicht warten, bis in kommenden Jahrzehnten oder Jahrhunderten uns eine soziobiologische Totaltheorie der Biologie und Gesellschaft die Struktur dieses Waldes und warum wir uns in ihm verirrten, aufklärt.

---

[54] Vgl. Spaemann 1977 b.

118   Evolution und Freiheit in den Gesellschafts- und Geisteswissenschaften

Literatur

Alchian, A. A.: Uncertainty, Evolution and Economic Theory, Journal of Political Economy, 58 (1950) 211—221.
Alexander, R. D.: The Evolution of Social Behavior, Annual Review of Ecology and Systematics, 5 (1974) 325—383.
Allen, E. et al. (Sociobiology Study Group of Science for the People): Sociobiology — another biological determinism, BioScience, 26 (1976) 182, 184—186.
Barash, D. P.: Soziobiologie und Verhalten, Berlin (Parey) 1980. Original: Sociobiology and Behavior, New York (Elsevier North Holland) 1977.
Becker, G.: Altruism, Egoism, and Genetic Fitness: Economics and Sociobiology, Journal of Economic Literature, 14 (1976) 817—826.
Bellah, R.: Beyond Belief. Essays on Religion in a Post-Traditional World, New York (Harper & Row) 1970.
Bock, K.: Human Nature and History. A Response to Sociobiology, New York (Columbia University Press) 1980.
Boulding, K. E.: Ökonomie als eine Moralwissenschaft, in: W. Vogt (Hrsg.): Seminar: Politische Ökonomie. Zur Kritik der herrschenden Nationalökonomie, Frankfurt (Suhrkamp) ²1977. Original: Economics as a Moral Science, American Economic Review, 59 (1969).
Boulding, K. E.: Evolutionary Economics, Beverly Hills (Sage) 1981.
Buchanan, J. M.: The Limits of Liberty, Chicago (University of Chicago Press) 1975.
Buchanan, J. M.: The Related but Distinct Sciences of Economics and of Political Economy, British Journal of Social Psychology, 21 (1982) 175—183.
Buckley, W.: Sociocultural Systems and the Challenge of Sociobiology, in: H. Haken (ed.): Synergetics. A Workshop, Berlin (Springer) 1977.
Chagnon, N. A./W. Irons (eds.): Evolutionary Biology and Human Social Behavior. An Anthropological Perspective, North Scituate Mass. (Duxbury) 1979.
Conrad-Martius, H.: Utopien der Menschenzüchtung. Der Sozialdarwinismus und seine Folgen, München (Kösel) 1955.
Dawkins, R.: Das egoistische Gen, Berlin (Springer) 1978. Original: The Selfish Gene, Oxford (Oxford University Press) 1976.
Dawkins, R.: The Extended Phenotype, San Francisco (Freeman) 1982.
Döbert, R.: Zur Logik des Übergangs von archaischen zu hochkulturellen Religionssytemen, in: Klaus Eder (Hrsg.): Seminar: Die Entstehung von Klassengesellschaften, Frankfurt (Suhrkamp) 1973.
Eigen, M./R. Winkler: Das Spiel. Naturgesetze steuern den Zufall, München (Piper) 1975.
Fellmann, F.: Darwins Metaphern, Archiv für Begriffsgeschichte, 21 (1977) 285—297.
Fisher, R. A.: The Genetical Theory of Natural Selection, Oxford (University Press) 1930.
Friedman, M.: Kapitalismus und Freiheit, München (dtv) 1976.
Ghiselin, M.: The Economy of Nature and the Evolution of Sex, Berkeley (University of California Press) 1974.
Gould, S.: Evolutionary Flexibility and Natural Selection, in diesem Band.
Gowdy, J. M.: Bioeconomics: A Comment, Review of Social Economy, 38 (1980) 95—96.
Gray, J. P./L. D. Wolfe: Sociobiology and Creationism. Two Ethno-Sociologies of American Culture, American Anthropologist, 84 (1982) 580—594.

Gregory, M. S./A. Silvers/D. Sutch (eds.): Sociobiology and Human Nature, San Francisco (Jossey-Bass) 1978.

Hamilton, W. D.: The Genetical Theory of Social Behaviour (I and II), Journal of Theoretical Biology, 7 (1964) 1—16, 17—32.

Hayek, F. A. v.: Die Theorie komplexer Phänomene, Tübingen (J. C. B. Mohr) 1972.

Hayek, F. A. v.: Mißbrauch und Verfall der Vernunft (1959), München (Philosophia) 1974.

Henrich, D.: Absoluter Geist und Logik des Endlichen, Hegel-Studien, Beiheft 20, Bonn 1980, 103—118.

Hirshleifer, J. (1978 a): Competition, Cooperation, and Conflict in Economics and Biology, American Economic Review, 68 (1978).

Hirshleifer, J. (1978 b): Natural Economy Versus Political Economy, Journal of Social and Biological Structures, 1 (1978) 319—337.

Hirshleifer, J.: Evolution, Spontaneous Order, and Market Exchange, in diesem Band.

Hoppmann, E.: Gleichgewicht und Evolution. Voraussetzungen und Erkenntniswert der volkswirtschaftlichen Totalanalyse, in: Festschrift für Erich Carell, Baden-Baden (Nomos) 1980.

Jünger, E.: Jahre der Okkupation, Stuttgart (Klett) 1958.

Knight, F. H.: Ethics and the Economic Interpretation, in: F. H. Knight: The Ethics of Competition and Other Essays (1935), Reprint Freeport (Books for Libraries Press) 1969.

Koch, H.: Der Sozialdarwinismus, München (C. H. Beck) 1973.

Kohlberg, L.: Essays on Moral Development, San Francisco (Harper & Row) 1981.

Koslowski, P. (1982 a): Gesellschaft und Staat. Ein unvermeidlicher Dualismus, Stuttgart (Klett-Cotta) 1982.

Koslowski, P. (1982 b): Ethik des Kapitalismus. Mit e. Kommentar von J. M. Buchanan, Tübingen (J. C. B. Mohr) 1982.

Koslowski, P. (1983 a): Markt- und Demokratieversagen? Grenzen individualistischer gesellschaftlicher Entscheidungssysteme, Politische Vierteljahresschrift, 24 (1983), 166—197.

Koslowski, P. (1983 b): Mechanistische und organistische Analogien in der Wirtschaftswissenschaft — eine verfehlte Alternative, Kyklos, 36 (1983) 308—312.

Krings, H.: Meditation des Denkens, München (Kösel) 1956.

Krings, H.: Wissen und Freiheit (1966), in: H. Krings: System und Freiheit, Freiburg (Alber) 1980, 133—160.

Krings, H.: Evolution und Revolution — Zwei Interpretamente der modernen Welt, in: R. Löw/P. Koslowski/Ph. Kreuzer (Hrsg.): Fortschritt ohne Maß? Eine Ortsbestimmung der wissenschaftlich-technischen Zivilisation, München (Piper) 1981.

Lehmann, M.: Jurisprudenz, Ökonomie, Soziobiologie — Humanwissenschaften. Über die Notwendigkeit und Möglichkeit einer interdisziplinären Grundlagenforschung, Betriebs-Berater Heft 33 (1982) 1997—2004.

Lévi-Strauss, C.: Strukturale Anthropologie, Frankfurt (Suhrkamp) 1981.

Lewontin, R. C.: Adaptation, Scientific American, 239 (1978) 157—169.

Lewontin, R. C.: Fitness, Survival, and Optimality, in: D. J. Horn/G. R. Stairs/ R. D. Mitchell: Analysis of Ecological Systems, Columbus (Ohio State University Press) 1979.

Löw, R.: Philosophie des Lebendigen. Der Begriff des Organischen bei Kant, Frankfurt (Suhrkamp) 1980.

Lorenz, K.: Die Rückseite des Spiegels. Versuch einer Naturgeschichte menschlichen Erkennens, München (Piper) 1973.

Luce, R. D./H. Raiffa: Games and Decisions, New York (John Wiley) 1957.

Luhmann, N.: Evolution and Geschichte, in: N. Luhmann: Soziologische Aufklärung 2, Opladen (Westdeutscher Verlag) 1975.

Lumsden, Ch./E. O. Wilson: Genes, Mind, and Culture. The Coevolutionary Process, Cambridge Mass. (Harvard University Press) 1981.

Markis, D.: Artikel Rekonstruktion, in: E. Braun/H. Radermacher: Wissenschaftstheoretisches Lexikon, Graz (Styria) 1978.

Markl, H.: Aggression und Altruismus. Coevolution der Gegensätze im Sozialverhalten der Tiere, Konstanz (Konstanzer Universitätsreden Bd. 46) 1976.

Markl, H. (1980 a) (ed.): The Evolution of Social Behavior. Hypotheses and Empirical Tests, Weinheim (Verlag Chemie) 1980.

Markl, H. (1980 b): Ökologische Grenzen und Evolutionsstrategie Forschung, Forschung-Mitteilungen der DFG, 3 (1980).

Markl, H.: The Power of Reduction and the Limits of Compressibility, The Behavioral and Brain Sciences, 5 (1982), 18 f.

Marshak, J.: Economics of Acting, Thinking and Surviving, in: J. Marshak: Economic Information, Decision and Prediction, Vol. I, Dordrecht (Reidel) 1974.

Marten, H.-G.: Sozialbiologismus. Biologische Grundpositionen der politischen Ideengeschichte, Frankfurt (Campus) 1982.

Masters, R. D.: Sociobiology: science or myth? Journal of Social and Biological Structures 2 (1979) 245–252.

Maynard Smith, J.: Evolution and the Theory of Games, American Scientist 64 (1976).

Mayr, E.: Artbegriff and Evolution, Hamburg (Parey) 1967. Original: Animal Species and Evolution, Cambridge Mass. (Harvard University Press) 1963.

McCain, R. A.: Critical Reflections and Sociobiology, Review of Social Economy, 38 (1980) 123–139.

Merton, R. K.: Social Theory and Social Structure, Glencoe (Free Press) 1957.

Nagel, T.: Ethics as an Autonomous Theoretical Subject, in: G. S. Stent: Morality as a Biological Phenomenon. The Presuppositions of Sociobiological Research, Berkeley (University of California Press) 1980.

Oster, G./E. O. Wilson: Caste and Ecology in the Social Insects, Princeton (Princeton University Press) 1978, besonders Kap. 8: A Critique of Optimization Theory in Evolutionary Biology.

Peters, H. M.: Soziomorphe Modelle in der Biologie, Ratio, 3 (1960) 22–37.

Peters, H. M.: Historische, soziologische und erkenntniskritische Aspekte der Lehre Darwins, in: H.-G. Gadamer/P. Vogler: Neue Anthropologie, Bd. I, Stuttgart (Thieme/dtv) 1972, 326–352.

Pörksen, U.: Die Metaphorik Darwins und Überlegungen zu ihrer möglichen Wirkung, in: Wissenschaftskolleg Jahrbuch 1981/82, Hrsg. v. P. Wapnewski, Berlin (Quadriga) 1983, 256–280.

Ramsey, F. P.: Truth and Probabilities (1926), in: F. P. Ramsey: Grundlagen, Stuttgart (Frommann) 1980.

Rapoport, A./A. M. Chammah: Prisoner's Dilemma. A Study in Conflict and Cooperation, Ann Arbor (University of Michigan Press) 1965.

Rapport, D. J./J. E. Turner: Economic Models in Ecology, Science, 195 (1977) 367–373.

Rosenberg, A.: Sociobiology and the Preemption of Social Science, Baltimore (Johns Hopkins University Press) 1980.

Sahlins, M.: The Use and Abuse of Biology. An Anthropological Critique of Sociobiology, Ann Arbor (University of Michigan Press) 1976.

Samuelson, P. A.: Maximizing and Biology, Economic Inquiry, 16 (1978) 171—83.

Simon, H. A.: Rationality as Process and as Product of Thought, American Economic Review, 68 (1978) 1—15.

Singer, P.: The Expanding Circle. Ethics and Sociobiology, New York (Farrar, Straus, Giroux) 1981.

Singer, P.: Ethics and Sociobiology, Philosophy and Public Affairs, 11 (1982) 40—64.

Spaemann, R. (1977 a): Die Aktualität des Naturrechts,

Spaemann, R. (1977 b): Praktische Gewißheit. Descartes' provisorische Moral, beide in: R. Spaemann: Kritik der politischen Utopie, Stuttgart (Klett) 1977.

Spaemann, R.: Über die Unmöglichkeit einer universalteleologischen Ethik, Philosophisches Jahrbuch, 88 (1981) 70—89.

Spaemann, R./R. Löw: Die Frage Wozu? Geschichte und Wiederentdeckung des teleologischen Denkens, München (Piper) 1981.

Thomas, W. I.: Social Behavior and Personality (1928), deutsch: Person und Sozialverhalten, Neuwied (Luchterhand) 1965.

Topitsch, E.: Das Verhältnis zwischen Sozial- und Naturwissenschaften. Eine methodologisch-ideologiekritische Untersuchung, Dialectica, 16 (1962) 211—231.

Trivers, R. L.: The Evolution of Reciprocal Altruism, Quarterly Review of Biology, 46 (1971) 35—57.

Tullock, G.: An Application of Economics in Biology, in: Toward Liberty. Essays in Honor of Ludwig von Mises on the Occasion of his 90th Birthday, Menlo Park (Institut for Humane Studies) 1971, Vol. II 375—391.

Tullock, G.: Economics and Sociobiology. A Comment, Journal of Economic Literature, 15 (1977) 502—506.

Vanberg, V.: Libertarian Evolutionism and Contractarian Constitutionalism, in: S. Pejovich (ed.): Philosophical and Economic Foundations of Capitalism, Lexington (D. C. Heath) 1983, 71—88.

Vossenkuhl, W.: Die Unableitbarkeit der Moral aus der Evolution, in: P. Koslowski/Ph. Kreuzer/R. Löw (Hrsg.): Die Verführung durch das Machbare. Ethische Konflikte in der modernen Medizin und Biologie, Stuttgart (S. Hirzel) 1983.

Wheeler, H.: Human Sociobiology. An Exploratory Essay, Journal of Social and Biological Structures, 1 (1978) 307—318.

Wickler, W.: Hat die Ethik einen evolutionären Ursprung? in: P. Koslowski/Ph. Kreuzer/R. Löw (Hrsg.): Die Verführung durch das Machbare. Ethische Konflikte in der modernen Medizin und Biologie, Stuttgart (S. Hirzel) 1983.

Wickler, W./W. Seibt: Das Prinzip Eigennutz (1977), München (dtv) 1981.

Wilson, Edward O.: Sociobiology. The New Synthesis, Cambridge (Harvard University Press) 1975.

Wilson, E. O.: Academic Vigilantism and the Political Significance of Sociobiology, BioScience, 26 (1976) 183, 187—190.

Wilson, E. O.: Biologie als Schicksal. Die soziobiologischen Grundlagen menschlichen Verhaltens, Berlin (Ullstein) 1980. Original: On Human Nature, Cambridge (Harvard University Press) 1978.

7. Die Evolution von Gesellschaft und Freiheit als Problem in der Geschichtsphilosophie

Reinhart Maurer, Berlin

Geschichtsphilosophie
Evolution
Freiheit
Gesellschaft
Natur

Der Titel enthält mehrere gewichtige, sehr allgemeine Begriffe. Ich möchte hier nicht mehr tun, als im Blick auf vorliegende Geschichtsphilosophien zu fragen, was diese Begriffe bedeuten könnten. Dabei möchte ich mich auf ihre Bedeutung im Zusammenhang des gestellten Vortragsthemas beschränken.

1. Geschichtsphilosophie

Beginnen wir mit dem Begriff „Geschichtsphilosophie". Von dieser philosophischen Disziplin wird offenbar gegen Ende einer Tagung über „Evolution und Freiheit" erwartet, daß sie zu dem Thema etwas Prinzipielles, Ordnendes, Überblickhaftes zu sagen weiß. Doch läuft seit längerem eine Diskussion darüber, ob es Geschichtsphilosophie überhaupt oder noch geben könne. Dazu nur kurz das Folgende: Die Möglichkeit und Wirklichkeit von Geschichtsphilosophie hängt ab:
a) von der Existenz ihres Gegenstandes,
b) von seiner philosophischen Erkennbarkeit.

Zu a)

Ihr Gegenstand müßte *die Geschichte* sein. Und auch bei ihr ist die Frage, ob es sie gibt, ob also eine (relativ) einheitliche Geschichte des Menschen, eine „Weltgeschichte", wie Hegel sagt, wirklich ist, oder ob sie nur eine Vorstellung oder philosophische Idee ist. Geläufig ist ja heute die Position, daß es eine Vielzahl von nur teilweise miteinander verflochtenen *Geschichten* gebe, eine Pluralität, die überdies nicht mit der — sei es auch dialektischen — Einheit von letztlich philosophischen Begriffen zu erfassen sei, sondern nur geschichtswissenschaftlich-empirisch oder „narrativ". Eine Auseinandersetzung mit dieser Position würde hier zu weit führen, würde das Thema sprengen. Bei unserem Thema ist eine Einheit der Menschengeschichte offenbar vorausgesetzt, und zwar wird sie — in möglicher Kontinuität mit Naturgeschichte — von den Begriffen Evolution und Freiheit her gedacht. In der europäischen philosophischen Tradition der Neuzeit sind sie bekanntlich tragende Begriffe bei dem Versuch, Geschichte als Einheit zu begreifen. Berühmt ist Hegels Formulierung: „Die Weltgeschichte ist der Fortschritt im Bewußtsein der Freiheit"[1]. Dabei darf man davon ausgehen, daß hier Fortschritt dasselbe oder Ähnliches bedeutet wie Evolution, Entwicklung.

Zu b)

Die philosophische, begriffliche Erkennbarkeit der Weltgeschichte als Einheit ist dann gegeben, wenn sie nicht oder nicht nur ein *objektiver Prozeß* ist von der Art, wie objektivierende (Natur-)Wissenschaften Prozesse konzipieren und erforschen. Das philosophische Begreifen von Geschichte ist vielmehr dann möglich, wenn sie ein Prozeß ist, in dem menschliches, subjektives Bewußtsein und mit ihm zusammenhängendes Handeln, also eine vom Menschen ausgehende Kausalität aus Freiheit (um mit Kant zu reden), eine wesentliche Rolle spielt. Das dieses Handeln bestimmende oder wenigstens begleitende Bewußtsein müßte reichen von der Reflexion über das, was wir tun, bis hin zu Zielentwürfen und Anstößen zu dem, was wir tun wollen oder sollen. An ein solches in der Geschichte immer schon wirksames Bewußtsein, an Geschichte als zielgerichtete Verwirklichung menschlicher Subjektivität, als den „ungeheuren Überschritt des Inneren in das Äußere", als die „Einbildung der Vernunft in die Realität" (wie Hegel sagt[2]), — daran kann Philosophie verstehend, klärend und auch ihrerseits entwerfend anknüpfen. Wenn man dagegen voraussetzt, Geschichte sei im Grunde ein Naturprozeß, das heißt prinzipiell — nur viel komplizierter — dasselbe wie eine chemische Reaktion oder ein physikalischer Wirkungsablauf oder ein Reiz-Reaktion-Schematismus oder eine Darwinsche Kombination von Zufall und Selektionsmechanismen, dann ist Geschichtsphilosophie unmöglich. Dann sind für Geschichte nur die auf den Menschen bezogenen, *objektivierenden,* im Sinne einer Wirkkausalität (causa efficiens) *erklärenden* Wissenschaften zuständig von einer entsprechenden Evolutionsbiologie bis hin zu einer entsprechenden Polit-Ökonomie, wie sie Karl Marx im Vorwort zur 1. Auflage seines Werks „Das Kapital" skizziert. Wenn dabei die Men-

---

[1]   G. W. F. Hegel: *Die Vernunft in der Geschichte* (abgekürzt: V), ed. J. Hoffmeister, Hamburg [5]1955, 63. — Zu der im folgenden implizierten Hegelinterpretation vgl. R. Maurer: *Hegel und das Ende der Geschichte,* Freiburg/München [2]1980 sowie die dort in der Vorbemerkung genannten Aufsätze.

[2]   Hegel: *Grundlinien der Philosophie des Rechts,* ed. Hoffmeister, Hamburg [4]1955, 223.

schengeschichte als Einheit erfaßt werden soll, müßten alle diese Wissenschaften zur Synthese kommen in einer genetischen, etwa darwinistischen Anthropologie, welche die Menschengeschichte grundsätzlich als einen Teil der Naturgeschichte auffaßt.

2. Evolution

Nun ist naheliegend, als nächstes den im Titel vorkommenden Begriff „Evolution" zu klären. Offensichtlich stellt er bei dem hier entwickelten Begriff von Geschichtsphilosophie ein Problem dar, dann nämlich, wenn man unter Evolution einen durch seine Ausgangsbedingungen determinierten Naturprozeß versteht. Dann steht er aber auch im Widerspruch zu unserem gewöhnlichen Verständnis von Freiheit, einem weiteren Titelbegriff. Man gerät hier in die Problematik, welche die klassische Geschichtsphilosophie mit den gegensätzlichen Begriffen *Freiheit — Notwendigkeit* umschrieb. Bei Hegel begegnet das Problem in engster Nachbarschaft zu der schon zitierten Formel. Zur Weltgeschichte als Fortschritt im Bewußtsein der Freiheit bemerkt er nämlich: „ein Fortschritt den wir in seiner Notwendigkeit zu erkennen haben"[3]. Genauer betrachtet ist diese Begriffsverbindung sehr rätselhaft: Wenn der Fortschritt notwendig ist, also wohl ein aus seinen Anfangsbedingungen determinierter Evolutionsprozeß vorliegt, wie kann er dann ein Fortschritt der Freiheit sein? Oder liegt ein wesentlicher Unterschied darin, daß gar nicht vom Fortschritt der Freiheit, sondern *im Bewußtsein der Freiheit* die Rede ist? Was aber soll dieser Unterschied bedeuten? Etwa daß gar kein Fortschritt wirklicher, z. B. politischer Freiheit stattfindet? Damit jedoch wäre — was Hegel wohl nicht meinte — das Freiheitsbewußtsein zum falschen Bewußtsein erklärt, zur bloßen, illusionären Freiheitsideologie.

Ein Ausweg aus diesem Dilemma wäre ein Begriff von Evolution, der Freiheit einschließt, also den gemeinten Entwicklungsprozeß, seine Zwischenzustände und seinen Endzustand, nicht durch seine Anfangsbedingungen völlig determiniert sein läßt. Wie aber ist Evolution als ein solcher gemischter Prozeß zu denken, wenn Freiheit und Notwendigkeit Gegensätze sind, deren Existenz einander ausschließt? Die Vorstellung eines Kampfes von Freiheit und Notwendigkeit, worin nach und nach die Freiheit überhand gewinnt, ist unlogisch. Denn wenn es überhaupt Freiheit gibt, so ist Notwendigkeit in einem strengen Sinne ausgeschlossen. Dann nämlich ist für den Bereich der Menschengeschichte prinzipiell mit der Freiheit auch die Möglichkeit und Wirklichkeit von nicht prognostizierbaren, da nicht determinierten Innovationen zugestanden. Andererseits ist die Möglichkeit einer einheitlichen

---

[3]   V, 63.

Evolution als allmählicher Entfaltung eines Zugrundeliegenden fraglich geworden. Das Problem ergibt sich, wie trotz der Realität *praktischer, und zwar subjektiver, d. h. in menschlichen Subjekten zentrierter Freiheit*, die Einheitlichkeit eines evolutionären Geschichtsprozesses und die ihn zusammenhaltenden Notwendigkeiten möglich sind.

Hingegen sind die Mutationssprünge, die eine im weitesten Sinne darwinistische Evolutionstheorie annimmt, und ist überhaupt die Rolle, die sie dem *Zufall* im Evolutionsprozeß einräumt, mit strenger Notwendigkeit durchaus vereinbar. Sie sind keine Sprünge, die subjektive Freiheit signalisieren, sind keine Innovationen durch Kausalität aus Freiheit. Heraus kommt dabei nur, was von Anbeginn als Ergebnis feststeht, nämlich ein Lebewesen, das am besten zum Überleben geeignet ist: also der Mensch, der kraft seines Verstandes in der Lage ist, Macht über die Natur zu gewinnen, sie zu beherrschen, sie zum Instrument seiner Selbsterhaltung zu machen. Das einzig wirklich Neue, das dabei entstehen kann, ist ein Lebewesen, das sich selbst in eine evolutionäre Sackgasse hineinmanövriert, und zwar nicht durch eine schließlich zu eng werdende *Überanpassung an eine bestimmte Umwelt* (das ist offenbar in der Evolution des Lebens schon öfter vorgekommen), sondern *durch Überanpassung unserer Umwelt an unsere — übrigens wenig festgelegten — Bedürfnisse*. Was sich nun abzeichnet, das ist die im Evolutionsprozeß neue Möglichkeit der Selbstvernichtung eines Lebewesens durch dessen aktive, irreversible Veränderung seiner Umwelt. Die kausal erklärende, zweckrationale, technologische Übertüchtigkeit bei der Sicherung menschlicher Selbsterhaltung und darüber hinausgehender Bedürfnisbefriedigung kann hierfür ursächlich sein, wenn sie nicht doch noch aus sittlicher Freiheit und Verantwortung in Selbstbeherrschung genommen wird[4].

Doch wie dem auch sei, zunächst geht es hier darum, festzuhalten, daß die Annahme unlogisch ist, eine notwendige Entwicklung brächte zu einem bestimmten Zeitpunkt Freiheit hervor: also der Mensch sei zuerst ein instinktgeleitetes Tier gewesen, die natürliche Evolution habe ihn aber bis zu derjenigen Entwicklungsstufe gebracht, von der an er zunehmend in das Stadium freier Selbstbestimmung gelange, schließlich auch seine Evolution in die eigene Hand nehme, seine künftige Geschichte selber mache und so — seine Naturgeschichte beendend oder vollendend — die Eierschalen herkünftiger Notwendigkeit ganz abstreife.

Auf diese Weise ist *eine aus Notwendigkeit und Freiheit gemischte Evolution* nicht denkbar. Sie wird erst plausibel, wenn beide Begriffe nicht in einem absoluten Sinne verstanden werden und wenn man weiter annimmt, eine *relative Freiheit* und eine *relative Notwendigkeit* seien von Anfang an miteinander verbunden gewesen. Das aber tut Hegel, wenn er als Subjekt der Freiheit den „Geist" denkt und darüber zum Beispiel schreibt: „Wie der Keim die Natur des Baumes, den Geschmack, die Form der Früchte in sich trägt, so enthalten

---

[4]   Vgl. H. Jonas: *Das Prinzip Verantwortung. Versuch einer Ethik für die technologische Zivilisation*, Frankfurt a. M. 1979.

auch schon die ersten Spuren des Geistes virtualiter die ganze Geschichte"[5]. Indem er den „Geist" als das Zugrundeliegende ansetzt, kann er die menschliche Geschichte mit dem natürlichen Wachstum eines Baumes aus einem Keim vergleichen. Dabei greift er offenbar zurück auf alte, teleologische Auffassungen, die sowohl eine absolute Notwendigkeit wie eine absolute Freiheit ausschließen. Die Notwendigkeit einer Entwicklung ist hier nur wirksam in Form von Potenz und Tendenz. Und zur Potenz (die älteren Begriffe sind: potentia, dynamis) *des Menschen wie der Natur, aus der er hervorgegangen ist,* gehörte schon von Anbeginn Freiheit. Das heißt: künftige Zustände waren angelegt, aber nicht determiniert. In dieser Spannung von Ursache und Ziel, die in der bewußten, praktischen Teleologie zur Ursächlichkeit des Ziels wird, ist auch Natur bereits geistig, und Teleologie ist eine Grundkategorie der Wirklichkeit insgesamt, nicht nur der geschichtlichen[6]. Doch ich möchte hier nicht Hegels Geistbegriff explizieren, noch den Begriff der Teleologie[7], möchte nur auf beider Bedeutung hinweisen als *Möglichkeit, eine Evolution zu denken, die Freiheit einschließt.* Darum jedoch geht es in unserem Zusammenhang, wenn anders die Themenstellung nicht in sich widersprüchlich und sich selbst widerlegend sein soll.

3. Freiheit

Damit zu dem im Titel auch vorkommenden Begriff der Freiheit im Anschluß an das bereits über ihn Gesagte:
Bekanntlich ist Freiheit einer der komplexesten Begriffe, über den man schon lange nachgedacht hat und den man theoretisch und praktisch in verschiedene Richtungen entfaltet hat. Diese Komplexität möchte ich hier versuchsweise auf die Spannung zwischen zwei Polen reduzieren:
1. Freiheit als *Entwicklung* oder *Entfaltung* von etwas, das schon da ist und dem Entwicklungsprozeß zugrunde liegen bleibt (so daß sich erst im Laufe dieses Prozesses, vor allem aber von seinem Ende oder auch Ziel her zeigt, was überhaupt zugrunde liegt);
2. Freiheit als *Selbsterzeugung* eines radikal Neuen.
Außerdem ist vorweg zu klären: wer oder was kann frei sein, ist Subjekt der Freiheit?
Im Sinne unseres Vorverständnisses von Freiheit darf man wohl behaupten, nur der Mensch kann Subjekt der Freiheit sein. Bei der soeben angeführ-

[5]   V, 61.
[6]   Dazu Hegel: *Die Wissenschaft der Logik,* 3. Buch, 2. Abschnitt, 3. Kapitel „Teleologie".
[7]   Dazu neuerdings R. Spaemann, R. Löw: *Die Frage Wozu?* Geschichte und Wiederentdeckung des teleologischen Denkens, München/Zürich 1981.

ten Polarität des Freiheitsbegriffes ist also der Mensch dasjenige, das sich entweder entfaltet oder aber als ein ganz Neues selbst erzeugt. Was aber bedeutet in diesem Zusammenhang die Rede vom Menschen? Auch die Bedeutung des Begriffes Mensch ist zweipolig, bewegt sich zwischen dem Menschen als *Gattung* und als *Individuum*.

Somit ergeben sich aus der vorausgesetzten Polarität des Freiheitsbegriffs insgesamt vier Bedeutungen, jeweils eine phylogenetische und eine ontogenetische: Freiheit als

1. Entfaltung   a) der Gattung
                      b) des Individuums.
2. Selbsterzeugung a) der Gattung
                      b) des Individuums.

Ich möchte den Freiheitsbegriff im Zusammenhang unseres Themas klären, indem ich nun über diese vier Möglichkeiten spreche.

Zu 1 a) Entfaltung phylogenetisch

Diese erste Möglichkeit impliziert beim Menschen als Gattungswesen die Annahme einer Naturanlage zur Freiheit. Der Mensch ist demnach im Unterschied (freilich *nicht* im *totalen* Unterschied) zu anderen Lebewesen das nicht festgestellte, instinktoffene Tier. So zeigt er sich im phänomenologischen Vergleich. Die Frage, wie sich diese seine Naturanlage herausgebildet hat, führt zurück in die natürliche Vorgeschichte des Menschen. Im Rahmen des Entfaltungsbegriffs müßte man dazu annehmen, daß auch schon seine tierischen Vorfahren nicht so ganz festgestellt waren, so daß die biologische Möglichkeit Mensch seit Urzeiten in der Natur angelegt war. Zu dieser von Natur ursprünglich angelegten Möglichkeit von Freiheit gehört dann aber die Einsicht, daß kein Lebewesen, auch nicht der Mensch, diesem Ursprung mit seinem Ineinander von Festgelegtheit und Offenheit entspringen kann. Auch wenn der Mensch sich nicht mehr nur instinktgeleitet in einer vorgefundenen Umwelt bewegt, sondern verschiedene Lebensweisen wählen kann in einer Umwelt, die er selbst gestaltet, bleiben auf der Subjektseite wesentliche Residuen von Instinkt, Trieb, Anlage; und bezüglich der Umwelt bleibt die Erkenntnis grundlegend, daß sie ursprünglich nicht vom Menschen gemachte Natur ist. Auch der Mensch ist damit zumindest partiell ein sinnvoller Gegenstand einer biologisch-ethnologischen Verhaltensforschung. Selbst in seinen modernsten Formen zeigt er sich als das, was er immer schon war, und was auch lebendige Natur immer schon war; eben eine Mischung von Festgelegtheit und Offenheit.

So macht sich der Mensch nach dieser Deutung seiner Phylogenese nur zu dem, was er ist und seiner Naturanlage nach immer schon war. Er hätte keine absolute Freiheit gegenüber der und seiner Natur. In der bewußt erlebten, begriffenen, partiell gelenkten, aber nicht von Grund auf machbaren Geschichte setzt der Mensch nur die naturgeschichtliche Entwicklung fort, die ohne sein Dazutun schon vor langem zur Herausbildung der biologischen

Gattung Mensch geführt hat. Die Natur hat sich entfaltet bis zur Hervorbringung des Lebewesens, das zunehmend seine weitere Entfaltung selbst gestaltet, aber nicht von Grund auf machen kann. Die Menschengeschichte ist
kein bloßer Teil der Naturgeschichte, aber auch nicht die totale Emanzipation aus ihr. Totale Emanzipation aus der Natur ist nur möglich in der kollektiven Selbstzerstörung des Lebewesens Mensch. Von seiner natürlichen
Herkunft kommt der Mensch nur los, indem er sich direkt selbst vernichtet,
etwa in einem erdumfassenden Atomkrieg, oder indem er sich indirekt und
langsamer selbst vernichtet durch Ruinierung seiner Umwelt.

Zu 1 b) Entfaltung ontogenetisch

Gemäß dem Entfaltungsbegriff kann sich individuelle Freiheit nur in diesem
Gesamtrahmen einer prinzipiellen Kontinuität von Natur- und Menschengeschichte abspielen, sofern das Individuum es nicht vorzieht, durch Freitod
ganz auszusteigen, da ihm absolute Freiheit, schon als Unabhängigkeit von
der Natur, im Leben verwehrt bleibt. Seine Ontogenese, soweit er sie selbst
sinnvoll gestalten kann, steht unter dem Motto: Werde, der du bist. Und da
man annehmen darf, daß das Werden nicht nur, aber auch *bewußt* geschieht,
paßt dazu auch der weitere alte Leitspruch, der schon im Tempel zu Delphi
stand: Erkenne dich selbst.

Sozial und politisch geht es im Rahmen des Entfaltungsbegriffs der Freiheit um den Aufbau einer Gesellschaft, die der phylogenetisch erreichten
Stufe gemäß ist. Eine *freie Gesellschaft* ist demnach eine solche, in der — „plu-
ralistisch" — möglichst vielen Individuen Prozesse der *Selbstfindung* ermöglicht werden. Dabei ist vorausgesetzt, daß etwas zu finden ist, daß die
Individuen weder nach eigenem Entwurf noch nach autokratisch oder demo-
kratisch diktatorischen Entwürfen oder angeblichen gesellschaftlichen Notwendigkeiten beliebig formbar sind.

Diese Möglichkeit individueller Freiheit, die eine je von Natur bestehende
Grundprägung der Individuen annimmt, auf deren kultivierte Entfaltung es
ankommt, entspricht klassischen Positionen der Versöhnung von Natur und
Kultur. Obwohl das deutsche Bildungsbürgertum weitgehend ausgestorben
ist, gestatte ich mir, dazu Goethe und Schiller zu zitieren, in der Hoffnung,
daß es Ihren Ohren nicht allzu fremdartig klingt. Gegen die Überschreitung
der „Grenzen der Menschheit" erinnert Goethe an die „wohlgegründete dau-
ernde Erde". Wer sich über sie erheben will, der wird erfahren: „nirgends haf-
ten dann die unsichern Sohlen"[8]. Dem Orientierung suchenden Einzelnen
empfiehlt Schiller gar: „Suchst du das Höchste, das Größte? Die Pflanze kann
es dich lehren:/Was sie willenlos ist, sei du wollend — das ists!"[9] Und vom
Individuum sagt Goethe im Sinne einer Astrologie, die für es kosmische Ga-

---

[8]   Goethe: Gedicht „Grenzen der Menschheit".
[9]   Schiller: Epigramm „Das Höchste".

rantien annimmt: „Und keine Zeit und keine Macht zerstückelt/Geprägte Form, die lebend sich entwickelt"[10].

Wenn man den hier implizierten Entwicklungsbegriff vervollständigt, bedeutet er die *Selbstausprägung* eines von der ersten Natur, der Geborenheit, und der zweiten Natur, der primären Sozialisation, *vorgeprägten* je individuellen Substrats. In der Wechselwirkung von Selbstbestimmung einerseits und Vorgefundenheit sowie Fremdbestimmung andererseits macht sich das Individuum zu dem, was es seiner ersten und zweiten Natur nach unter den Bedingungen seiner natürlichen und gesellschaftlichen Umwelt sein kann. Dieses sein Entfaltungsziel schwebt ihm vor, teils bewußt, teils unbewußt. Um es zu erreichen und die in ihm angelegten Möglichkeiten zu realisieren, bewegt es sich nach Maßgabe einer je subjektiv suchenden und experimentierenden Teleologie. In der Spannung von Anlage, Antrieb und Entfaltungsziel hängt das Suchen und Versuchen nicht in der Luft, tappt nicht zwischen unendlich vielen, je nur temporären und prinzipiell unzulänglichen Möglichkeiten. Die hier gemeinte praktische Teleologie meint nicht nur futurische Bezogenheit auf etwas, das noch nicht ist, sondern zugleich die Rückbeziehung auf die reale Basis des lebendigen Substrats. Das Experimentieren ist kein progressus in infinitum, sondern fortschreitende Selbsterkenntnis in der Wechselwirkung von Theorie und Praxis, ist im welthaften Ausgreifen zugleich die Rückkehr zu sich selbst, zum zugrundeliegenden Substrat. Dieses freilich ist in seiner Lebendigkeit — solange Lebensenergie vorhanden ist — flexibel genug, sich auf neue Situationen einzustellen. Natürlich ist diese Flexibilität individuell verschieden, und es gibt Situationen, die selbst die durch Verbindung von Flexibilität und Festigkeit zäheste Identität sprengen können. Solche Situationen zerstören dann aber mit der Identität des Subjekts zugleich seine Freiheit. Freiheit ist nach dieser klassischen Position nicht heteronomer Fluß von Zuständen, sondern wie Hegel sagt: das Bei-sich-Sein-im-anderen, das sich realisiert in der Bewegung von ursprünglicher, zunächst naturgegebener Einheit, über Entzweiung hin zu wiederhergestellter, vermittelter Einheit[11]. So kann er sagen: „Denn der Mensch ist dies: den Widerspruch des Vielen nicht nur in sich zu tragen, sondern zu ertragen und darin sich selbst gleich und getreu zu bleiben"[12]. Weiter heißt es bei ihm: „Denn die Größe und Kraft mißt sich wahrhaft erst an der Größe und Kraft des Gegensatzes, aus welchem der Geist sich zur Einheit in sich wieder zusammenbringt"[13]. Der Geist als Subjekt der Freiheit realisiert sich in eben dieser Bewegung. Sie ist keine Selbsterzeugung des Subjekts.

---

[10]   Goethe: Gedicht „Urworte. Orphisch".
[11]   Vgl. V, 55 ff.
[12]   Hegel: *Ästhetik*, ed. F. Bassenge, Berlin (Ost) 1955, 255.
[13]   Ebd., 202.

Zu 2 b) Selbsterzeugung ontogenetisch

Einem absoluten Freiheitsbegriff ist nur die Vorstellung von Selbsterzeugung gemäß. Das Experimentieren ist hier nicht teleologisch eingebunden, sondern ist der Vorstoß ins Unbestimmte, damit prinzipiell *ein progressus in infinitum*, auch wenn er faktisch irgendwo infolge der Endlichkeit oder Zerstörbarkeit natürlicher Lebensenergie aufhört. Diese Alternative zur Selbstentfaltung soll wegen des direkten Anschlusses an das zuletzt Behandelte zunächst im Blick aufs Individuum, also ontogenetisch erörtert werden.

Nach der nun anstehenden Position ist das Individuum nicht völlig frei, wenn es sich nicht auch ganz anders machen kann, als es jeweils ist, oder vielmehr: wenn es sich nicht anders machen kann, als es überhaupt, im *Grunde* ist. Schon die Annahme eines solchen Grundes, eines Substrats, das *sich* entwickelt und so das bleibende Fundament der Entwicklung ist, paßt nicht in einen absoluten Freiheitsbegriff. Absolute Freiheit sprengt damit zugleich den Begriff einer *individuellen Identität* als Entwicklung von etwas Bestimmtem, Vorbestimmtem, zunächst Natürlichem, nicht Gemachtem, *sondern Geborenem*[14]. Da ist nichts Zugrundeliegendes, das die Einheit einer, und zwar seiner, Entwicklung garantiert. Darum paßt für das, was jetzt gemeint ist, auch der Begriff Entwicklung, Entfaltung, Evolution nicht mehr, sondern gemeint ist eben Selbsterzeugung, Schöpfung seiner selbst aus nichts als aus bloßem Material.

In kontrastierender Parallelität zu „erkenne dich selbst" könnte der Leitspruch dieser Position lauten: „mache dich selbst". Genau diese Formulierung ist mir einmal begegnet in einem Sketch des Komikers Jürgen von Manger. Dort sollte sie der Leitspruch eines aufstrebenden Gesangvereins sein und sollte diesen zur kosmetischen Verbesserung seines äußeren Erscheinungsbildes auffordern. Manger verband sie mit dem zweiten Leitspruch: „Schönheit ist heilbar" (bewußte Fehlleistung statt: Schönheit ist machbar). Das ist sehr philosophisch und kann überleiten zu Nietzsches Ermutigung zum experimentierenden Sich-selber-Machen.

Nietzsche behauptet, gerade der Versuch der Selbstfindung sei ein unendlicher Prozeß. Dagegen empfiehlt er die Selbsterzeugung, jedoch offenbar nicht als finale Struktur. Anscheinend überlegt er: es gibt kein Telos, sondern nur entweder den unendlichen Regreß oder Progreß, dann lieber den Progreß. Er schreibt:

„Es ist Mythologie zu glauben, daß wir unser eigentliches Selbst finden werden . . . So dröseln wir uns auf bis ins Unendliche zurück: sondern *uns selber machen*, aus allen Elementen eine Form *gestalten* — ist die Aufgabe! Immer die eines Bildhauers! Eines produktiven Menschen! *Nicht* durch Er-

---

[14]   Vgl. hierzu und zum Kontext: H. Arendt: *Vita activa oder vom tätigen Leben*, München o. J. (Stuttgart ¹1960), bes. 165 ff. über „Natalität".

kenntnis, sondern durch Übung und ein Vorbild werden wir *selber!* Die Erkenntnis hat bestenfalls den Wert eines Mittels"[15].

Demnach sind nur „Elemente" zu erkennen und anzuerkennen, die der mit sich selbst experimentierende Mensch allererst zu einer Form zusammensetzt, wie der bildende Künstler aus Material ein Kunstwerk schafft. Auch Vorbilder können dabei eine Rolle spielen, aber offenbar keine von vornherein verbindliche, sondern beliebig zu wählende. Sie geben nur relativen Halt im Meer der unendlichen Möglichkeiten, in welches das Experimentieren progressiv vorstößt. Dabei geht es nicht darum, neues Land zu entdecken wie am Anfang der Neuzeit, etwa zur Zeit des Kolumbus, sondern der Progreß ins Unendliche hat seinen eigenen, ästhetischen Reiz, der auch als Verführung zum Untergang bejaht wird: „Unendlichkeit! Schön ist's ‚in diesem Meer zu scheitern'"[16].

Freiheit hat damit einerseits einen beglückenden Aspekt: „. . . endlich erscheint uns der Horizont wieder frei, gesetzt selbst, daß er nicht hell ist, endlich dürfen unsere Schiffe wieder auslaufen, auf jede Gefahr hin auslaufen . . ."[17]. Andererseits wird sie zu etwas Beängstigendem, in das man sich aber tapfer hineinstürzen muß, auch wenn sich ihre Unendlichkeit als eine neue Art von Käfig erweist:

„Im Horizont des Unendlichen. — Wir haben das Land verlassen und sind zu Schiff gegangen! Wir haben die Brücke hinter uns, — mehr noch, wir haben das Land hinter uns abgebrochen! Nun, Schifflein! sieh' dich vor! Neben dir liegt der Ozean, es ist wahr, er brüllt nicht immer, und mitunter liegt er da, wie Seide und Gold und Träumerei der Güte. Aber es kommen Stunden, wo du erkennen wirst, daß er unendlich ist und daß es nichts Furchtbareres gibt als Unendlichkeit. Oh des armen Vogels, der sich frei gefühlt hat und nun an die Wände dieses Käfigs stößt! Wehe, wenn das Land-Heimweh dich befällt, als ob dort mehr *Freiheit* gewesen wäre —, und es gibt kein ‚Land' mehr!"[18]

Was Nietzsche hier mit meint, ist gerade auch der wohltemperierte, auf die Verbindung von fester Erde und freiem Horizont, auf die Versöhnung von Natur und Kultur, von Herkunftsgeschichte und Aufbruch zu Neuem bedachte Freiheitsbegriff eines Goethe und Hegel. Doch es nützt nichts, gegen Nietzsches eingestandene, freilich nach Auswegen suchende Dekadenz („décadent zugleich und Anfang"[19]), an die Gesundheit etwa Goethes zu erinnern. Uns umgibt insgesamt der leere oder (was auf dasselbe hinausläuft) übervolle Horizont der unendlichen Möglichkeiten. Er entspricht einem menschheitsumfassenden Freiheitsexperiment als Versuch emanzipativer Ablösung aus herkömmlichen Bedingungen, und in dieses sind die indivi-

---

[15] Nietzsche: Nachlaß Ende 1880, Sämtl. Werke, Kritische Studienausgabe (KSA), ed. G. Colli, M. Montinari, München und Berlin 1980, Bd. 9, 361.

[16] Ebd., 291.

[17] Nietzsche: *Die fröhliche Wissenschaft*, Nr. 344.

[18] Ebd. Nr. 124.

[19] Nietzsche: *Ecce homo*, Warum ich so weise bin, Nr. 1.

duellen Möglichkeiten *hineinverflochten*, ob sie wollen oder nicht. Die kollektiven Bedingungen des großen Experiments, die dafür nötigen Planungen und egalitären Kontrollen, sind der stählerne Rahmen, innerhalb dessen die „unendliche Diversifikation der Lebensentwürfe"[20] sich experimentell realisiert. Die *Freiheit* moderner Selbstverwirklichung, die unbestimmt schwankt zwischen experimenteller Selbstfindung und Selbsterzeugung, schlägt um in die Notwendigkeit dieses Rahmens. Es ist der Käfig der beherrschten Natur und der verwalteten Welt, in dem die Individuen Freiheit spielen können oder müssen. Darüber wird unter dem Titel „Gesellschaft" zu reden sein.

Hier geht es vorerst weiter um die Frage, ob und wie die vorstellbare Möglichkeit einer individuellen Selbsterzeugung konkret zu denken ist. Denn das Individuum wird ja nun zunächst einmal geboren samt seiner (wenn auch vielleicht nur vagen) Prägung durch Naturanlagen, und es erfährt dann eine zweite grundlegende Prägung durch „primäre Sozialisation". So hat es eine erste und eine zweite Natur und diesem seinem Ursprung müßte es entspringen, um zur Selbsterzeugung völlig frei zu werden. Dazu drängen sich zwei Fragenkomplexe auf:

1. Woher könnte ihm die Kraft zu diesem totalen Bruch mit seiner natürlichen, doch immer schon kulturell überformten Herkunft kommen? Und woher die positiven Strukturen seiner neuen Gestalt, die es sich nach dem Bruch gibt, die Inhalte des ganz neuen Entwurfs seiner selbst?
2. Ist die Selbstschöpfung, diese Realisierung radikaler Freiheit, nicht bloß als Selbstzerstörung denkbar?

Auf die erste Frage kann man antworten: Die Kraft zum Bruch und zum Neuentwurf kommt ihm aus dem nachpubertären, selbständigen Bewußtsein, welches das Individuum in unserer Kultur um das zwanzigste Lebensjahr herum erlangt. Dieses Bewußtsein wäre dann die immanente Instanz, die das Individuum aus seiner bis dahin abgelaufenen natürlichen und kulturellen Herkunftsgeschichte herausziehen könnte. Dieses Bewußtsein müßte alles, was das Individuum bis dahin geprägt hat, kennen, durchschauen; müßte sich dazu in Distanz setzen, von ihm zunächst einmal theoretisch abstrahieren können; müßte sich als etwas ganz Neues entwerfen und praktisch durchsetzen können; und müßte schließlich diesen Selbstschöpfungsprozeß beliebig oft und jeweils anders wiederholen können. Anderenfalls würde das Individuum ein Sklave seiner Neuschöpfung, so wie es vorher ein Sklave seiner Herkunft gewesen war.

Ein mit solchen Kräften ausgestattetes Bewußtsein ist mir noch nie begegnet, und ich habe auch noch nie vernommen, daß jemand ernsthaft behauptet hätte, es gäbe dergleichen. Wohl kennt die christliche Religion die Rede vom „neuen Menschen". Sofern sie sich aufs Individuum bezieht, bedeutet sie jedoch gerade nicht, daß eine immanente Instanz, etwa das Bewußtsein, diese Neuheit als eine abstrakte Leistung hervorbringen könnte. Über die

---

[20]   M. Theunissen: *Selbstverwirklichung und Allgemeinheit.* Zur Kritik des gegenwärtigen Bewußtseins, Berlin/New York 1982, 8.

Einwirkung einer übernatürlichen Instanz, nämlich der göttlichen Gnade, kann ich als Philosoph nichts sagen. In Biographien oder Autobiographien etwa bei Augustinus, wird davon berichtet. Doch darf gefragt werden, wie neu der Mensch wirklich ist, der da entstanden sein soll; offenbar nicht so neu, daß er nicht sich selbst in der Kontinuität *eines* Lebenslaufes und *einer* Person begreifen könnte und auch von anderen so verstanden und dargestellt werden könnte. Wirklicher Identitätsverlust gilt auch bei Heiligen als krank oder verrückt oder vielmehr: Verrückte können nach abendländischen Auffassungen nicht heilig sein. Doch kann ein starker Glauben offenbar die Kraft geben, besonders große Veränderungen zu ermöglichen und die in ihnen vorkommenden Gegensätze ohne Identitätsverlust auszuhalten.

Damit haben wir uns bereits der zweiten Frage genähert, die den Zusammenhang von radikaler Freiheit qua Selbsterzeugung und *Selbstzerstörung* betrifft. Vor allem Nietzsches Lebenslauf, über den jetzt ausgezeichnete, neue Darstellungen vorliegen[21], legt diesen Zusammenhang auf paradigmatische Weise nahe. Wenn einer verrückt wird, wird er sicher ein ganz anderer Mensch. Diese — freilich negative — Möglichkeit gibt es. Doch auch bei ihr ist die Frage, ob sie aus dem Selbstentwurf eines autarken Bewußtseins hervorgehen und Realität werden könne. In Nietzsches Biographie gibt es Andeutungen dafür, daß er seinen schließlichen Überschritt in einen krankhaft euphorischen Zustand mit anschließendem geistigen Zusammenbruch von langer Hand und teilweise bewußt vorbereitet hat. Doch mindestens ebenso viel spricht dafür, daß eine Disposition zur Geisteskrankheit vererbt war, und vor allem dafür, daß eine organische Krankheit die Ursache war.

Ob es also diese Möglichkeit der bewußten individuellen Selbsterzeugung eines neuen Menschen durch Verrücktwerden tatsächlich gibt, ist fraglich. Andere negative Möglichkeiten scheinen jedoch real zu sein. Viele langsame und schnelle Wege der Selbstzerstörung können beschritten werden. Doch auch bei ihnen ist schwer auszumachen, was bewußte Eigenleistung ist, und was — etwa beim sogenannten Freitod — Naturanlagen, Umstände, Krankheiten bewirken. Jedenfalls hat im Negativen der Mensch Möglichkeiten der Herstellung eines wirklich neuen Zustandes seiner selbst. Doch sind es — mit langsamerem oder schnellerem Verlauf — einmalige, und zwar letztmalige Möglichkeiten, in denen Selbsterzeugung und Selbstvernichtung zusammenfallen.

Zu 2 a) Selbsterzeugung phylogenetisch

Die Vorstellung einer Selbsterzeugung der Gattung Mensch spielt eine wesentliche Rolle in marxistischer und neomarxistischer Geschichtsphilosophie, die dabei offenbar an Ideen der deutschen idealistischen Philosophie anknüpft. So deutet Habermas die Absolutheit von Fichtes „absolutem Ich"

---

21 C. P. Janz: Friedrich Nietzsche, München/Wien 1978 f.; W. Ross: *Der ängstliche Adler. Friedrich Nietzsches Leben.* Stuttgart 1980.

als Selbsterzeugung (was sich selbst erzeugen kann, ist in der Tat absolut, d. h. abgelöst, unabhängig, frei von allem anderen) und sieht in Marxens Rede vom „Selbsterzeugungsakt des Menschen" durch Arbeit[22] eine — freilich tiefgreifende — Modifikation Fichtes. Dessen „absolutes Ich wird durch Marx auf die kontingente Menschengattung eingeschränkt", schreibt er. Diese leiste ihren Selbsterzeugungsakt in ihrer tatsächlichen, empirischen Entwicklung, in ihrer technisch-industriellen Auseinandersetzung mit der Natur und damit in der Geschichte als einer Fortsetzung der Naturgeschichte[23].

Habermas' Interpretation der umformenden Weiterführung des deutschen Idealismus durch Marx' historischen Materialismus stützt sich vor allem auf Passagen des Marxschen frühen Manuskriptes über „Nationalökonomie und Philosophie". Gegen theologische Vorstellungen von Schöpfung stellt er dort in einer kritischen Hegelinterpretation den Begriff der Selbsterzeugung als „Durchsichselbstsein der Natur und des Menschen"[24]. Schon die Natur ist demnach ein Entstehungsprozeß aus sich selbst, und die menschliche Geschichte setzt diesen fort: „Die Geschichte selbst ist ein wirklicher Teil der Naturgeschichte, des Werdens der Natur zum Menschen"[25]. Der Unterschied zwischen Geschichte und Naturgeschichte ist in folgendem Satz ausgesprochen: „wie alles Natürliche entstehen muß, so hat auch der Mensch seinen Entstehungsakt, die Geschichte, die aber für ihn eine gewußte und darum als Entstehungsakt mit Bewußtsein sich aufhebender Entstehungsakt ist". Marx fügt noch hinzu: „Die Geschichte ist die wahre Naturgeschichte des Menschen"[26]. Wie aus dem Kontext hervorgeht, bedeutet das: der Mensch macht sich erst dadurch wirklich selbst, daß er die Natur durch gesellschaftliche Arbeit unterwirft. Durch *Industrie* als dem „*wirklichen* geschichtlichen Verhältnis der Natur" entsteht „das *menschliche* Wesen der Natur oder das *natürliche* Wesen des Menschen"[27]. Die „vollendete Wesenseinheit des Menschen mit der Natur, die wahre Resurrektion der Natur, der durchgeführte Naturalismus des Menschen und der durchgeführte Humanismus der Natur" findet statt in der modernen, durch Wissenschaft, Technik, Industrie naturbeherrschenden Arbeitsgesellschaft. Die „*Gesellschaft*" ist die vollendete Wesensein-

---

22 K. Marx: Die Frühschriften, ed. S. Landshut (abgekürzt La), Stuttgart 1955, 280; 246 ff.

23 J. Habermas: *Erkenntnis und Interesse*, Frankfurt a. M. 1973 (^{1}1968), S. 56 ff.; vgl. R. Maurer: *Jürgen Habermas' Aufhebung der Philosophie*, Tübingen 1977; ders.: Emanzipation. Zur Philosophie eines Leitbegriffs. *Zeitschrift für Politik 23*, 1976, 328—347; ders.: Die Unmöglichkeit einer transzendentalen Begründung der Gesellschaft. In: Kant oder Hegel? Über Formen der Begründung in der Philosophie, ed. D. Henrich, Stuttgart 1983 (= Veröffentlichung der internationalen Hegel Vereinigung Bd. 12) 519—530.

24 La, 246.

25 La, 245.

26 La, 275.

27 La, 244.

heit des Menschen mit der Natur"[28]. In ihr soll offenbar nach Marx zusammenfallen das Durchsichselbstsein der Natur im naturgeschichtlichen Selbsterzeugungsakt mit dem Durchsichselbstsein des Menschen in der geschichtlichen Selbsterzeugung.

Die Natur hätte demnach ein menschliches Wesen, das erst hervorkommt, indem Naturgeschichte in Menschengeschichte übergeht. Dieses Wesen ist aber nicht etwas, das schon vorher da war, um dann teleologisch zu sich selbst zu kommen wie der Hegelsche „Geist", sondern die Wesensidentität von Naturgeschichte und Menschengeschichte liegt darin, daß die zunächst bloß natürliche Selbsterzeugung (wenn Marx kritisch von ihrer gesellschaftlichen Fortsetzung spricht, nennt er sie „naturwüchsig") dann zu einem bewußten, d. h. wohl auch: geplanten, Sich-selber-Machen wird. Diesem geschichtlich-gesellschaftlichen Bewußtsein wird zugemutet, seine eigene, zunächst unbewußte, bloß natürliche Selbsterzeugung in sich „aufzuheben" (wie zitiert). Damit leistet es wesentlich mehr, als nach Hegel bewußter und selbstbewußter Geist, der beim Menschen *endlicher* Geist ist, leisten kann. Darum letztlich kritisiert Marx Hegel in diesem, ansonsten an ihn anknüpfenden Zusammenhang. Das Problem, das dieser Marxsche Text in seiner *Überbietung* idealistischer Philosophie mit großen, aber genauer betrachtet bloß rhetorischen Identitätsformeln verdeckt, ist erstens die Entstehung von Bewußtsein aus zunächst unbewußten Naturprozessen und ist zweitens die Behauptung, das Wesen der Natur als Selbsterzeugung sei ihre industrielle Beherrschung im Dienst der bewußten, geplanten Fortsetzung ihrer Selbsterzeugung durch die Menschengeschichte.

Daß diese Art von *Selbsterzeugung* der Natur ihre *Selbstzerstörung* sein könnte, das konnte Marx im 19. Jahrhundert noch nicht wissen. Er übernahm in dieser Hinsicht weitgehend kritiklos „bürgerliches" Naturbeherrschungsdenken[29]. Doch erscheint gerade von ihm her im Phylogenetischen die Möglichkeit eines ähnlichen Überganges von Selbsterzeugung in Selbstvernichtung, wie sie sich uns im Ontogenetischen gezeigt hatte. Sie wird greifbar, wenn man das Risiko bedenkt, das die *ökonomisch-politische* Seite der Selbsterzeugung des Menschen nach Marxschen Vorstellungen in Kauf nimmt. Denn dazu muß der laut Marx die gesamte bisherige Menschengeschichte beherrschende Klassenkampf zu einem erdumfassenden Endkampf gesteigert werden. Der Ausgang des Kampfes jedoch war bisher jeweils eine „revolutionäre Umgestaltung der ganzen Gesellschaft" oder der „gemeinsame Untergang der kämpfenden Klassen", wie es am Anfang des „Kommunistischen Manifests" heißt. Wenn nun ein erdumfassender Endkampf auf die Tagesordnung der Geschichte gekommen sein soll, steht also *entweder* der

---

[28]   La, 237.
[29]   Vgl. R. Maurer: *Revolution und Kehre*. Studien zum Problem gesellschaftlicher Naturbeherrschung, Frankfurt a. M. 1975 und ders.: *Ökologische Ethik. Allgemeine Zeitschrift für Philosophie 7*, 1982, 17—39; anders: W. Schmied-Kowarzik: Die Dialektik von gesellschaftlicher Arbeit und Natur. Ein erneuter Versuch über die „Natur" bei Marx. *Wiener Jahrbuch für Philosophie 10*, 1977, 143 ff.

endgültige Fortschritt der Menschheit hin zu ihrer bewußten Selbsterzeugung und damit maximalen Freiheit auf dem Spiel *oder* ihr Untergang. Die Ausrufung des Endkampfes durch Marx hat sicher wesentlich zu der jetzigen Konfrontation großer Blöcke mit einem jeweils für die ganze Menschengattung ausreichenden Vernichtungspotential beigetragen.

4. Gesellschaft

Damit zum letzten Titelbegriff: Gesellschaft. Denn wie sich ergeben hat im Blick auf marxistische Geschichtsphilosophie, die jedoch repräsentativ den Grundantrieb moderner Gesellschaftlichkeit ausspricht, ist die Gesellschaft der Ort von Freiheit als Selbsterzeugung. Der Ausdruck „Ort" ist dabei etwas irreführend. Er scheint zu bedeuten, daß an diesem Ort das Eigentliche geschieht, das, worauf es ankommt, nämlich die teils alleine, teils gemeinsam, teils individuell, teils kollektiv zu leistende Selbsterzeugung des Menschen. Dabei ist — zumindest nach marxistischer Auffassung — *die Gesellschaft selbst dieses Eigentliche.* Marx schreibt in der Auseinandersetzung mit Feuerbach: „Aber das menschliche Wesen ist kein dem einzelnen Individuum innewohnendes Abstraktum. In seiner Wirklichkeit ist es das Ensemble der gesellschaftlichen Verhältnisse"[30]. Die sich aus sich setzende Gesellschaft selbst ist der allumfassende Prozeß der Selbsterzeugung des Menschen, an dem das Individuum nur teilhat, indem es sich ganz in diesen Prozeß hineingibt. Nur indem es sich von ihm machen läßt, macht es sich selbst.

Denn allein die Gesellschaft als eine kollektive Anstrengung hat die Macht, sich sozusagen an den eigenen Haaren aus dem Sumpf herkünftiger Naturwüchsigkeit zu ziehen. Diese hat zwei Seiten: erstens Unfreiheit als Abhängigkeit von äußerer Natur, zweitens Unfreiheit als innergesellschaftliche Herrschaft von Menschen über Menschen, die zwecks Antreibung zur Arbeit eine relative Berechtigung hat, solange äußere Natur nicht ausreichend automatisierter technologischer Verfügung unterworfen ist. Beides zusammen ergibt Naturwüchsigkeit als einen irrationalen Selbstlauf gesellschaftlicher Prozesse, aus dem die Gesellschaft, um wirklich frei zu werden, sich befreien muß, indem sie ihn unter Kontrolle nimmt. Erst wenn der Lauf der Geschichte der freien, demokratischen Entscheidung der vielen (faktisch sind es Milliarden!) sich vereinigenden Einzelwillen unterstellt ist, gibt es die freie Gesellschaft im planetarischen Ausmaß. Eine solche Gesellschaft wäre *in eins der Prozeß ihrer Selbsterzeugung und der Selbsterzeugung der Milliarden Individuen,* die damit die Wesenskräfte ihrer Natur auslassen auf der Basis einer beherrschten äußeren Natur. *Diese chiliastische Vorstellung einer endgeschichtlichen Weltgesellschaft ist — wie mir scheint — die treibende Grund-*

---

[30]   La, 340.

ideologie eines Ost und West in tödlicher Konkurrenz verbindenden technischen Humanismus. Sie ist die praktisch gewordene Erbschaft einer aus den Fugen geratenen Geschichtsphilosphie. Daß diese unsere herrschende Ideologie schon seit einiger Zeit die Tendenz hat, in Pessimismus umzuschlagen, ist bekannt. In der neueren Geschichtsphilosophie zeigt sich der Umschlag etwa bei Heidegger. Der Wille zur planenden Beherrschung von Natur und Geschichte wird nach ihm zu einem „Willen zum Willen", der — weit davon entfernt, frei zu sein — nur noch eine Richtung kennt, in der gewollt werden kann, nämlich die Richtung zunehmender Weltbeherrschung. Gerade so jedoch verliert er jedes Ziel, verstrickt sich in das auf unendlichen Progreß programmierte System seiner technischen Mittel. Die Technik, die ihm doch helfen sollte, endgültig frei zu werden, gewinnt den Charakter einer fremden Macht, eines „Seinsgeschicks", wie Heidegger sagt[31].

Die kritische Theorie der Frankfurter Schule hat diesen Heideggerschen Ansatz in einer sozialphilosophischen Kritik der instrumentellen Vernunft ausgeführt[32]. Zentral ist der Gedanke einer Dialektik der Aufklärung. Demnach will Aufklärung ursprünglich Befreiung des Menschen von mythisch vorgestellten Mächten. Gesellschaftliche wissenschaftlich-technisch-ökonomische Naturbeherrschung scheint der rationale Weg zu dieser Befreiung zu sein. Indem aber die ganze Natur hiermit zu einem Instrument herabgesetzt wird, wird die solchermaßen angewandte Aufklärung totalitär: objektiviert und instrumentalisiert auch den Menschen, der doch das sich befreiende Subjekt des Prozesses theoretischer und angewandter Aufklärung sein sollte. So schlägt Naturbeherrschung aufs Subjekt zurück, reduziert es auf seine Bedürfnisnatur und das angstvolle Streben nach Selbsterhaltung, läßt es theoretisch im Prozeß seiner wissenschaftlichen Selbstobjektivierung verschwinden und löst es praktisch auf in einen funktionierenden Bestandteil der Gesellschaft als der allumfassenden Selbsterhaltungs- und Bedürfnisbefriedigungsmaschine. „Dialektik der Aufklärung" will zeigen, „wie die Unterwerfung alles Natürlichen unter das selbstherrliche Subjekt zuletzt gerade in der Herrschaft des blind Objektiven, Natürlichen gipfelt"[33]. Der Geist, von dem Hegel annahm, er könne in der *Anerkennung* der Natur (auch in ihm selbst) und in der *Absetzung* von ihr, könne also in dieser auszuhaltenden Spannung[34] Subjekt der Freiheit sein, wird so zum „Apparat der Herrschaft

---

[31] Dazu und zu der Verbindung Heidegger — Kritische Theorie: Revolution und „Kehre", op. cit. (Anm. 29).

[32] Besonders M. Horkheimer/T. W. Adorno: *Dialektik der Aufklärung*, Frankfurt a. M. 1971 ([1]1947) (abgekürzt: DA) und M. Horkheimer: *Zur Kritik der instrumentellen Vernunft*, ed. A. Schmidt, Frankfurt a. M. 1967.

[33] DA, 5.

[34] Hierin unterscheidet sich meine Hegel- sowie auch Platoninterpretation von der in der DA vorgetragenen, wo es zum Beispiel heißt, die „bürgerliche Philosophie" habe den Geist seit je als „Apparat der Herrschaft und Selbstbeherrschung" verkannt (36).

und Selbstbeherrschung". Er hat die sinnliche Natur des Menschen entweder als einen Störfaktor des gesellschaftlichen Funktionierens auszuschalten oder als einen Bereich der Erholung in das Funktionieren einzufügen. So wird er zum „selbstherrlichen Intellekt, der von der sinnlichen Erfahrung sich trennt, um sie zu unterwerfen"[35]. Der Funktionskreis dieser *Instrumentalisierung von allem einschließlich des menschlichen Subjekts* durchkreuzt auch die Freiheit des Individuums, und zwar nicht nur in den offen totalitären Systemen des Nationalsozialismus und des sowjetschen Sozialismus, sondern auch im liberalistischen Pluralismus: „Den Menschen wurde ihr Selbst als ein je eigenes, von allen anderen verschiedenes geschenkt, damit es desto sicherer zum gleichen werde"[36]. Die „repressive Egalität"[37] der „verwalteten Welt" triumphiert über die Freiheit. Beim späten Horkheimer heißt es: „Je mehr Gerechtigkeit, desto weniger Freiheit; je mehr Freiheit, desto weniger Gerechtigkeit. Freiheit, Gleichheit, Brüderlichkeit, das ist eine wundervolle Parole. Aber wenn Sie die Gleichheit erhalten wollen, dann müssen Sie die Freiheit einschränken, und wenn Sie den Menschen die Freiheit lassen wollen, dann kann es keine Gleichheit geben"[38].

Dieses Dilemma ist von so prinzipieller Bedeutung, daß man sagen muß: Wenn die Probleme moderner Gesellschaft als tendenzieller Weltgesellschaft darauf hinauslaufen, indem Gesellschaft generell zu einer gigantischen, alles gleichschaltenden Maschinerie der Naturbeherrschung und Naturvernutzung wird, dann haben damit die Leitvorstellungen moderner, aufklärerischer Geschichtsphilosophie zu einer immanenten Widersprüchlichkeit geführt, durch die sie sich selbst auflösen. Dem kann man entgegenhalten, daß die kritische Theorie zu radikal sei, daß es vernünftige Vermittlungen von Freiheit und Gleichheit, von Freiheit und Herrschaft, von Gesellschaft und Staat, sowie von Natur und Kultur/Zivilisation/Gesellschaft gebe. In dieser Richtung lohnt es sich sicher zu suchen, und wer vermöchte zu sagen, daß die Suche etwa in unserer Gesellschafts- und Staatsform erfolglos sei, nicht Formen eines teilweise freien und humanen Lebens ermögliche? Das ändert jedoch nichts daran, daß sich das Problem eines guten Verhältnisses des Menschen zur Natur, zur äußeren und zu seiner eigenen, in zunehmender Schärfe stellt. Die Geschichte menschlicher Freiheit, die verwirklicht werden soll in einer auf technologischer Naturbeherrschung basierenden Gesellschaft, führt nun in eine Aporie, welche die Grundlagen betrifft. Darum gestatte ich mir, in Form eines Ausblicks die Titelbegriffe durch einen weiteren Begriff zu ergänzen, der schon in meinen bisherigen Darlegungen eine so wesentliche Rolle gespielt hat, daß er einen eigens ihm gewidmeten Schlußteil erforderlich macht:

---

[35] DA, 35.
[36] DA, 15.
[37] Ebd.
[38] H. Gumnior/R. Ringguth: *Max Horkheimer,* Reinbek 1973, 109.

5. Natur

Im Rückblick auf das Gesagte tauchen Fragen auf wie: Ist denn nun die Menschengeschichte ein Teil der Naturgeschichte, oder ist sie als Geschichte der Freiheit etwas ganz anderes und Neues? Ist und bleibt der Mensch ein Teil der Natur oder kann er sich aus ihr emanzipieren? — Offenbar ist er derjenige Teil, der versuchen kann, Natur zu seinem Besten zu beherrschen. Doch dabei tritt ein doppeltes Problem auf: Erstens kann er die äußere Natur zwecks Befriedigung seiner Bedürfnisnatur ruinieren, so daß dann auch diese nicht mehr befriedigt werden kann. Zweitens macht objektivierende Naturbetrachtung und -beherrschung vor ihm selbst nicht halt, macht auch das menschliche Subjekt zum Objekt, das damit seine Freiheit verliert. Gerade das Streben nach Befriedigung menschlicher Bedürfnisnatur und nach Sicherung ihrer Selbsterhaltung führt so zu einer totalen Konfrontation zwischen Mensch und sonstiger Natur und im Menschen selbst zwischen instrumenteller Vernunft und seiner eigenen Natur. In der Ausweglosigkeit von Horkheimer/Adornos „Dialektik der Aufklärung" scheint nur gelegentlich ein Hoffnungsschimmer auf, so wenn es heißt; Das „Eingedenken der Natur im Subjekt" sei die „verkannte Wahrheit aller Kultur"[39]. Das erinnert an klassische Harmoniegedanken in bezug auf Kultur und Natur. Anscheinend sind sie nach wie vor oder von neuem aktuell. Zum Beispiel steht ein neuerer Sammelband zu dem Thema unter dem Titel „Frieden mit der Natur"[40]. Einige seiner Autoren sehen durchaus, daß das Verhältnis des Menschen zu seiner eigenen Natur ebenso wichtig ist wie sein Verhältnis zur umgebenden, zur „Umwelt".

Ich möchte sogar behaupten, der Schlüssel zur Umweltproblematik liege in dem Verhältnis des Menschen zu seiner eigenen Natur, denn schließlich ergibt sich jene Problematik aus der *Expansion* menschlicher Bedürfnisnatur, die potenziert wird durch die quantitative Vermehrung der Menschheit. Die Frage ist jedoch, ob man mit der Natur, zumal der eigenen des Menschen, Frieden schließen kann. Wenn das durch sie bedingte Glück, wie Hobbes meinte, im „continual progress of the desire" besteht[41], dann gehört zum freiheitlichen „pursuit of happiness", den etwa die amerikanische Verfassung garantiert, notwendig die Bereitstellung von immer mehr Gütern, die durch stete Expansion wissenschaftlich-technisch-industrieller Naturbeherrschung zu erwirtschaften sind. Nur wenn der Mensch in der Natur, zumal seiner eigenen, *finale Strukturen* zu entdecken vermag, die zu seinen aus Freiheit gesetzten Zielen in Harmonie stehen, wäre der Frieden mit ihr eine Lösung der aufgezeigten Probleme. Dazu bedürfte es einer andersartigen Vernunft, die sich auf Naturteleologie und auch auf die Endlichkeit lebendiger Natur ein-

---

[39] DA, 39.
[40] Frieden mit der Natur, ed. K.-M. Meyer-Abich, Freiburg/Basel/Wien 1979.
[41] Th. Hobbes: Leviathan (englische Fassung), Kap. XI.

zustellen vermag, indem sie die Freiheit des Lebewesens Mensch damit in
Verbindung bringt. Ob es eine solche Vernunft gibt, oder nicht, und ob sie
in unserer Zeit praktische Bedeutung haben kann, das ist die Frage. In einem
alten Text ist von ihr und von der sie bestimmenden Spannung von Unbe-
grenztheit und Finalität die Rede. Er stammt von Epikur und lautet:
„Das Fleisch erlangt die Grenzen der Lust nur im Unbegrenzten, und nur
unbegrenzte Zeit könnte sie verschaffen. Das Denken jedoch, wenn es bezüglich des Zieles und der Grenze des Fleisches Reflexionsfähigkeit erlangt
und die Ängste im Hinblick auf die Ewigkeit gelöst hat, verschafft das vollkommene Leben, und wir bedürfen der unbegrenzten Zeit nicht mehr.
Vielmehr flieht es weder die Lust, noch scheidet es, wenn die Verhältnisse
sein Ausscheiden aus dem Leben bewirken, als mangelte ihm irgend etwas
am vollendeten Leben"[42].
Die Entwicklungslogik der Geschichtsphilosophie scheint jetzt auf solche
vorgeschichtsphilosophischen Fragestellungen zurückzuführen. Dabei könnte sich ein aus der Geschichtsphilosophie herkommender Freiheitsbegriff
vereinigen mit dem Freiheitsbegriff moderner Evolutionstheorien, die sich
auf die Naturwissenschaften stützen. Eine solche Versöhnung wäre möglich,
wenn einerseits der geschichtsphilosophische und überhaupt praktische
(ethisch-politisch-juristische) Freiheitsbegriff keine gesinnungsethisch absolute *Autonomie* des Subjekts Mensch aus reiner Vernunft annimmt, und
wenn andererseits Naturtheorie erklären kann, wieso menschliche, aus relati-
ver Freiheit gesetzte Zwecke nicht ins Leere hängen, wieso Natur sie sich ge-
fallen läßt, wieso sie das Freiheitsspiel innerhalb *gewisser Grenzen* mitspielt.
Es ist dies übrigens das ungelöste Problem, das die Kantische Philosophie mit
ihrer Dichotomie von praktischer und theoretischer Vernunft hinterlassen
hat. Kant selber hat es offenbar gesehen. Er legt in der „Kritik der Urteilskraft" davon Zeugnis ab, daß er nach seiner Eingrenzung der Bereiche theoretischer und praktischer Vernunft auf das schon erledigt geglaubte, im
Grunde metaphysische Problem einer Verbindung von praktischer Teleologie und Naturteleologie zurückgeworfen worden ist.
Gerade von Kant her wird erkennbar, daß die evolutionistischen Natur-
theorien in der folgenden Dreideutigkeit stehen:
1. Tragen sie bei zur Erweiterung instrumenteller Vernunft, indem sie, etwa zusammen mit angewandter Biogenetik, weitere Möglichkeiten zur Mani-
pulation des Lebewesens Mensch sowie auch seiner Umwelt eröffnen? Dann
können sie nichts darüber sagen, wie sich der Mensch weiter entwickeln
wird, und erst recht nichts darüber, wie er sich am besten weiter entwickeln
sollte. Beides hängt ab von dem Gebrauch, den er von den neuen Manipula-
tionsmöglichkeiten in praktischer Freiheit machen wird.
Oder:
2. Sprechen sie im Grunde dem Menschen die Freiheit ab, betrachten ihn
objektiv, wie eine fremde Tierart, die merkwürdigerweise zur Einsicht in die

---

[42]   Epikur: Briefe, Sprüche, Werkfragmente, ed. H.-W. Krautz, Stuttgart 1980, 73.

Gesetze ihrer eigenen Entwicklung kommt, ohne an deren notwendiger Wirksamkeit etwas ändern zu können? Die Annahme von Zufällen oder Diskontinuitäten, zum Beispiel von Mutationen, Quantensprüngen, Paradigmenwechseln, ändert hieran nichts, verschlimmert eher die conditio humana, indem sie aus einer berechenbaren Notwendigkeit die einer fremden Willkür macht. Die eventuelle Existenz solcher Sprünge hat mit *subjektiver Freiheit* als vernünftiger Autonomie und damit mit dem Freiheitsbegriff traditioneller Geschichtsphilosophie nichts zu tun. Sie trägt zu einer freiheitlichen Praxis nichts bei und erklärt auch nicht die Möglichkeit praktischer Freiheit theoretisch. Das einzige, was sie leistet, ist die Gleichschaltung von Natur- und Menschengeschichte durch die Vorstellung der Indeterminiertheit, einer zunächst einmal sinn- und gesetzlosen Offenheit. Wenn nicht statistische Gesetze sie doch wieder auf bestimmte Linien reduzieren und so verfügbar machen, hat das, was in diesem Raum unbestimmter Möglichkeiten wirklich geschieht, für praktische Freiheit die Bedeutung des Wirkens einer fremden, potentiell bedrohlichen Macht. Sie hat zwar bisher die Erhaltung und Entfaltung des Lebewesens Mensch begünstigt, kann aber schon morgen — etwa dadurch daß dieses Lebewesen um seiner vermeintlichen Selbsterhaltung willen seine Umwelt ruiniert — sein Aussterben bewirken. Eventuelle Hoffnungen auf *Selbstregulierung,* die man in notwendige oder zufällige Mechanismen des Evolutionsprozesses setzen mag, erscheinen angesichts dieser realen Gefahr als sehr leichtsinnig. Die Zufälle, die durch die technologische Macht des Menschen in den Prozeß kommen können (etwa im Falle eines Atomkrieges) sind schlicht lebensgefährlich. Oder:

3. Tragen die modernen Evolutionstheorien zu einer Versöhnung von praktischer und theoretischer Vernunft sowie zur Milderung der Konfrontation Mensch — Natur bei? Eröffnen sie Möglichkeiten zu vernünftiger Selbstentfaltung, durch deren Realisierung der Mensch sich zu dem machen würde, was er optimal sein kann? Eröffnen sie Möglichkeiten einer „subjektiven" Vernunft, die sich mit einer „objektiven" Vernunft der Natur ins Benehmen setzen kann, statt ihr nur protokollierend, kontrollierend, manipulierend, kurz beherrschend gegenüber zu stehen? Eine solche Vernunft wäre nicht in sich antinomisch, antagonistisch, nämlich einerseits subjektiv und lebenspraktisch und andererseits objektiv und technologisch praktisch, sondern umfassend, so wie Platon und Aristoteles am Anfang abendländischer Geschichte Rationalität konzipiert haben. Allein aus ihr ließe sich eine *gespannte Einheit* von Natur- und Menschengeschichte denken sowie ein Begriff subjektiver Freiheit, dessen Überschwenglichkeit nicht per „Nebenfolgen" die Selbstvernichtung der Menschengattung in Kauf nimmt.

Die dritte Möglichkeit spielt offenbar in der bisherigen Diskussion um die neodarwinistischen Theorien tierisch-menschlicher Evolution bis hin zur Sozio-Biologie und evolutionären Erkenntnistheorie keine große Rolle[43].

---

43 Ansätze bei K. Lorenz sowie bei R. Riedl: *Evolution und Erkenntnis.* Antworten auf Fragen aus unserer Zeit, München/Zürich 1982.

Ihr gemäß könnten wir aus jenen Theorien lernen, *wie* frei wir sind, welche Möglichkeiten schöpferischer Freiheit mit unserer natürlichen Bedingtheit vereinbar sind und wie sich unsere Möglichkeiten zur Schaffung von Neuem mit evolutionären Naturtendenzen ins Benehmen setzen können. Eine sich selbst als objektivistisch verkennende Theorie menschlicher Evolution, in der das Subjekt Mensch seine eigenen Freiheitsmöglichkeiten „reduktionistisch" auf die kausal erklärende Erfassung eines Naturprozesses einschränkt, blockiert diese dritte Möglichkeit.

So steht die in jenen Evolutionstheorien ausgebreitete Erkenntnis der menschlichen Natur und ihrer Entwicklungsgesetze sowie Entwicklungsmöglichkeiten in der Unentschiedenheit und Unentscheidbarkeit zwischen vor allem zwei Möglichkeiten. Die an sich bestehende Dreideutigkeit wird zu folgender Zweideutigkeit:

Einerseits ist sie (angebliche) Erkenntnis und Anerkenntnis einer umfassenden Determiniertheit, die auch menschliches Handeln letztlich oder erstlich bestimmt und deren Erkenntnis an ihrem Notwendigkeitscharakter nichts ändert.

Andererseits scheint die Erkenntnis der Evolutionsgesetze und ihrer mikrobiotischen Träger (Gene) die Möglichkeit zu eröffnen, daß der Mensch künftig seine eigene Evolution in die Hand nimmt. Das wäre die etwa gentechnisch realisierte *Freiheit als Selbsterzeugung*, wäre die biotechnische Einlösung der Vorstellungen von Selbsterzeugung der Gattung Mensch, für die z. B. Marx nach sozialtechnisch-ökonomischen Wegen suchte.

Wie bei Marx zeigt sich damit ein Schwanken zwischen der Annahme von Entwicklungsgesetzen, die mit „eherner Notwendigkeit"[44] wirken, einerseits und der Vorstellung eines revolutionären Sprungs andererseits, der daraus resultieren soll, daß sich die Menschheit sozusagen an den eigenen Haaren aus dem Sumpf ihrer naturwüchsigen Herkunft herauszieht. Für modernes soziologisches wie biologisches Entwicklungsdenken ist die Betonung dieser beiden Extreme typisch: einmal der absoluten Notwendigkeit als Wirken eherner, auch noch den Zufall integrierender Evolutionsgesetze, zum zweiten der absoluten Freiheit der Selbsterzeugung der Menschengattung, einer Freiheit, welche die Menschheit in dem kollektiven Unternehmen einer evolutionären Technik realisiert, indem sie sich aus der Kenntnis jener Gesetze heraus in wesentlicher Hinsicht selber macht. Zwischen diesen beiden Extremen und ihrem Umschlag ineinander droht (außer in der quasi schizophrenen Annahme eines Dualismus von (natur)wissenschaftlich erkannter Wirklichkeit und lebenspraktischen Common-Sense-Entscheidungen) die Möglichkeit konkreter, gegenwärtiger Freiheit zu verschwinden: Freiheit als die selbsttätige, auch experimentelle und schöpferische Entfaltung von etwas, das von Natur und Geschichte immer schon da ist.

Interessant ist dabei die dialektische Unschärfe, die darin besteht, daß es gleichgültig wird, ob man die neuen evolutionstechnischen Möglichkeiten

---

[44]   K. Marx: *Das Kapital*, Vorwort zur ersten Auflage 1867, Berlin 1959, 6.

als Erlangung einer nie dagewesenen Freiheit interpretiert, die der Mensch dadurch bekommt, daß er seine Evolution selber in die Hand nimmt, oder als die endgültige Identifikation mit evolutionärer Notwendigkeit, nachdem man frühere, „idealistische" Freiheitsillusionen aufgegeben hat. Gerade die gentechnische und ähnlich tiefgreifende Selbstmanipulation der Menschheit kann man ja deuten als die höchste, bewußteste Stufe derjenigen Kombination von Zufall und Selektion der überlebenstüchtigsten Möglichkeiten, welche die Entwicklung des Lebens seit je mit Notwendigkeit bestimmt haben soll.

Eben für diese Möglichkeit zeichnet sich nun aber auch ab, daß damit erreicht werden könnte die Überanpassung eines im Punkte Selbsterhaltung übertüchtigen Lebewesens an eine daraufhin bereits überangepaßte Umwelt. Die Aufgabe der Selbsterzeugung eines solchen Lebewesens könnte auf den Übergang höchster Komplexität in Primitivität hinauslaufen. Denn ist auszuschließen, daß der Mensch nur dann überleben kann, wenn er sich rechtzeitig in Richtung einer neuen Art Ratte entwickelt, die selbst dann noch leben kann, wenn die Erde in einen Haufen atomaren Mülls verwandelt worden ist? Und wenn auch eine überaus neuartige Ratte das nicht vermag, wie wäre es mit der Rückevolution zu Bakterien oder Einzellern? Man könnte ja vielleicht dem Einzeller gentechnisch die Möglichkeit offenhalten, daß er sich nach Jahrmillionen, wenn die radioaktive Verseuchung der Erde zu Ende geht, wieder „höher" entwickelt.

Wenn man das Ausdenken einer solchen hier ironisch berührten Möglichkeit der Science Fiction überläßt, bleibt das begriffliche Problem eines Widerspruchs von höchster Freiheit als Selbsterzeugung und eherner Notwendigkeit der Entwicklung. Dabei nähern sich die beiden Pole des Widerspruchs bis zur Indifferenz dadurch, daß eben die Möglichkeit der Selbsterzeugung, durch die der Mensch sich souverän über die naturwüchsige Evolution erhebt, ihn zugleich völlig in den Naturprozeß integriert, dem Entstehen und Untergang gleich gültige Möglichkeiten sind. Indem das *Aussichsein* der Natur künstlich, technologisch nachgeahmt und potenziert wird, kann es leicht im Sinne jener doppelten Überanpassung überstrapaziert werden. Der Widerspruch zwischen höchster Freiheit als Selbsterzeugung und absoluter Notwendigkeit der Evolution kann dann tödlich werden, kann zum Umschlag von Selbsterzeugung in Selbstvernichtung führen.

Nach Schelling, demjenigen Vertreter der klassischen Geschichtsphilosophie, der zugleich am meisten Naturphilosoph war, ist dieser Widerspruch das Zeichen der menschlichen Ursünde. Er schrieb 1809 in einer Schrift über menschliche Freiheit:

„So ist denn der Anfang der Sünde, daß der Mensch aus dem eigentlichen Seyn in das Nichtseyn, aus der Wahrheit in die Lüge, aus dem Licht in die Finsterniß übertritt, um selbst schaffender Grund zu werden, und ... über alle Dinge zu herrschen ... Es ist im Bösen der sich selbst aufzehrende und immer vernichtende Widerspruch, daß es (sc. das Lebewesen Mensch) creatürlich zu werden strebt, eben indem es das Band der Creatürlichkeit vernichtet, und aus Übermuth, alles zu seyn, ins Nichtseyn fällt."[45]

---

[45] F. W. J. Schelling: WW I/7, 334 f, in der Schrift: Philosophische Untersuchungen über das Wesen der menschlichen Freiheit.

III. Evolution und Freiheit
Öffentliche Abendvorträge und Bericht über die Schlußdiskussion

8. Evolution und Freiheit

Hans Jonas, New York

Organismus und Freiheit
Stoffwechsel als Emanzipation der Form vom Stoffe
Drei Grundzüge tierischen Lebens
Freiheit und Entfernung

Unsere philosophische Tradition, die abendländische, gebannt auf den Menschen allein blickend, pflegt ihm als einzigartige Auszeichnung vieles von dem zuzusprechen, was im organischen Dasein als solchem wurzelt: damit entzieht sie dem Verständnis der organischen Welt die Einsichten, welche die menschliche Selbstwahrnehmung zu seiner Verfügung stellt. Ihrerseits muß die wissenschaftliche Biologie, durch ihre Regeln an die äußeren, physischen Tatsachen gebunden, die Dimension der Innerlichkeit ignorieren, die zum Leben gehört: damit läßt sie das stofflich vollerklärte Leben rätselhafter zurück, als das unerklärte war. Die beiden Standpunkte, seit Descartes in ihrer unnatürlichen Trennung festgestellt, sind komplementär und spielen einander in die Hände — zum Nachteil ihrer Gegenstände, die beide buchstäblich dabei „zu kurz" kommen: Das Verständnis des Menschen leidet unter der Trennung ebensosehr wie das des außermenschlichen Lebens. Eine erneute, philosophische Lesung des biologischen Textes mag die innere Dimension — das uns am besten Bekannte — für das Verstehen organischer Dinge zurückgewinnen und so der psychophysischen Einheit des Lebens den Platz im theoretischen Ganzen wiederverschaffen, den es durch die Scheidung des Mentalen und Stofflichen seit Descartes verloren hat. Der Gewinn für das Verstehen des Organischen wird dann auch ein Gewinn für das Verstehen des Menschlichen sein.

Die großen Widersprüche, die der Mensch in sich selbst entdeckt — Freiheit und Notwendigkeit, Autonomie und Abhängigkeit, Ich und Welt, Beziehung und Vereinzelung, Schöpfertum und Sterblichkeit — haben ihre keimhaften Vorbildungen schon in den primitivsten Formen des Lebens, deren jede die gefährliche Waage zwischen Sein und Nichtsein hält und immer schon einen inneren Horizont von „Transzendenz" in sich birgt. Dieses allem Leben gemeinsame Thema läßt sich in seiner Entwicklung durch die aufsteigende Ordnung organischer Vermögen und Funktionen verfolgen: durch Stoffwechsel, Bewegung und Begehren, Fühlen und Wahrnehmen, Imagination, Kunst und Begriff — eine fortschreitende Stufenleiter von Freiheit und Gefahr, gipfelnd im Menschen, der seine Einzigkeit vielleicht neu verstehen kann, wenn er sich nicht länger in metaphysischer Abgetrenntheit sieht.

Unabhängig von den Befunden der Entwicklungsforschung stellt sich die vorhandene, simultane Mannigfaltigkeit des Lebens, besonders des tierischen, als eine ansteigende Stufenfolge dar, ausgespannt zwischen „primitiv" und „entwickelt", auf deren Skala Komplizierung der Form und Differenzierung der Funktion, Empfindlichkeit der Sinne und Intensität der Triebe, Beherrschung der Glieder und Vermögen des Handelns, Reflexion des Bewußtseins und Griff nach der Wahrheit ihren Platz haben. Man kann den Fortschritt hierbei zweifach deuten: nach Begriffen der Wahrnehmung und des Handelns (also des „Wissens" und der „Macht") — d. h. einmal nach Weite und Deutlichkeit der Erfahrung, steigenden Graden sinnlicher Weltgegenwart, die durchs Tierreich hindurch zu umfassendster und freiester Objektivierung des Seinsganzen im Menschen führen; und zum anderen, hiermit parallel laufend und gleichfalls im Menschen gipfelnd, nach Maß und Art der Einwirkung auf die Welt, also nach Graden progressiver Freiheit des Handelns. In Hinsicht auf organische Funktionen sind diese zwei Seiten durch Perzeption und Mobilität vertreten. Die wechselseitige Beziehung und Durchdringung beider Aspekte ist ein ständiges Thema für das einfühlende Studium tierischen Daseins.

Es erschien in unsern Worten der Begriff „Freiheit": in Verbindung mit dem Wahrnehmen und mit dem Handeln. Man erwartet, dem Begriff im Bereich des Geistes und des Willens zu begegnen, doch nicht vorher. Wir aber behaupten nicht weniger, als daß schon der *Stoffwechsel*, die Grundschicht aller organischen Existenz, Freiheit erkennen läßt — ja, daß er selber die erste Form der Freiheit ist. Für die meisten Leser muß dies befremdlich klingen. Denn was könnte weniger mit Freiheit zu tun haben, als der blinde Automatismus chemischer Vorgänge im Innern unseres Körpers? Dennoch will ich versuchen zu zeigen, daß in den dunkeln Regungen organischer Substanz zum ersten Mal ein Prinzip der Freiheit innerhalb der endlos ausgedehnten Zwangsläufigkeit des physischen Universums aufleuchtet — ein Prinzip, das Sonnen, Planeten und Atomen fremd ist. Offensichtlich müssen dem Begriff, wenn er für ein so umfassendes Prinzip in Anspruch genommen wird, alle Mentalbedeutungen zunächst ferngehalten werden: „Freiheit" muß einen objektiv unterscheidbaren Seinsmodus bezeichnen, d. h. eine Art zu existieren, die dem Organischen per se zukommt und insofern von allen Mitgliedern, aber keinem Nichtmitglied, der Klasse „Organismus" geteilt wird: ein ontologisch beschreibender Begriff, der zunächst sogar auf bloß körperliche Tatbestände bezogen sein kann. Bei aller physischen Objektivität bilden die von ihm auf dem primitiven Niveau beschriebenen Charaktere die ontologische Basis jener höheren Phänomene, die den Namen der „Freiheit" unmittelbarer verdienen; und auch die höchsten von ihnen bleiben an die unscheinbaren Anfänge in der organischen Grundschicht gebunden, als an die Bedingung ihrer Möglichkeit. So bedeutet das erste Erscheinen des Prinzips in seiner nackten und elementaren Objektgestalt den Durchbruch des Seins in den unbegrenzten Spielraum der Möglichkeiten, der sich bis in die entferntesten Weiten subjektiven Lebens erstreckt und als ganzer unter dem Zeichen der „Freiheit" steht.

In diesem fundamentalen Sinn genommen kann der Begriff der *Freiheit* als Ariadnefaden für die Deutung dessen dienen, was wir „Leben" nennen. Das Geheimnis der Anfänge ist uns verschlossen. Befinden wir uns aber erst einmal im Bereich des Lebens selbst, so sind wir nicht länger auf Hypothesen angewiesen: der Begriff der Freiheit ist hier von vornherein am Platze und in der ontologischen Beschreibung seiner elementarsten Dynamik benötigt.

Der Weg von dort aufwärts aber ist keine bloße Erfolgsgeschichte. Das Privileg der Freiheit ist belastet mit der Bürde der Notdurft und bedeutet Dasein in Gefahr. Denn die Grundbedingung für das Privileg liegt in der paradoxen Tatsache, daß die lebende Substanz durch einen Urakt der Absonderung sich aus der allgemeinen Integration der Dinge im Naturganzen gelöst, sich der Welt gegenüber gestellt und damit die Spannung von „Sein und Nichtsein" in die indifferente Sicherheit des Daseinsbesitzes eingeführt hat. Die lebende Substanz tat dies, indem sie ein Verhältnis prekärer Unabhängigkeit gegenüber derselben Materie einnahm, die doch für ihr Dasein unentbehrlich ist; indem sie ihre eigene Identität unterschied von der ihres zeitweiligen Stoffes, durch den sie doch ein Teil der gemeinsamen physikalischen Welt ist. So in der Schwebe zwischen Sein und Nichtsein, besitzt der Organismus sein Sein nur auf Bedingung und auf Widerruf. Mit diesem Doppelaspekt des Stoffwechsels — seinem Vermögen und seiner Bedürftigkeit — trat das *Nichtsein* in die Welt als eine im Sein selbst enthaltene Alternative; und hierdurch erst erhält „zu sein" einen betonten Sinn: zuinnerst qualifiziert durch die Drohung seiner Negation, muß Sein sich hier behaupten, und behauptetes Sein ist Dasein als Anliegen. So ist Sein selbst statt eines gegebenen Zustandes eine ständig aufgegebene Möglichkeit geworden, stets von neuem abzugewinnen seinem stets anwesenden Gegenteil, dem Nichtsein, von dem es am Ende doch unvermeidlich verschlungen wird.

Das so in der Möglichkeit schwebende Sein ist durch und durch ein Faktum der *Polarität*, und das Leben manifestiert diese Polarität ständig in diesen grundlegenden Antithesen, zwischen denen seine Existenz sich spannt: der Antithese von Sein und Nichtsein, von Selbst und Welt, von Form und Stoff, von Freiheit und Notwendigkeit. Von all diesen Polaritäten ist die von Sein und Nichtsein die fundamentalste. Ihr wird Identität abgerungen in einer höchsten, anhaltenden Bemühung des Aufschubs, deren Ende doch vorbestimmt ist. Denn das Nichtsein hat die Allgemeinheit, oder die Gleichheit aller Dinge, auf seiner Seite. Der Trotz, den ihm der Organismus bietet, muß zuletzt in der Unterwerfung enden, in der die Selbstheit dahinschwindet und als diese einzige nie wiederkehrt. Daß das Leben sterblich ist, ist zwar sein Grundwiderspruch, aber gehört unabtrennbar zu seinem Wesen und ist nicht einmal von ihm wegzudenken. Das Leben ist sterblich nicht obwohl, sondern *weil* es Leben ist, seiner ursprünglichsten Konstitution nach, denn solcher widerruflicher, unverbürgter Art ist das Verhältnis von Form und Stoff, auf dem es beruht. Seine Wirklichkeit, paradox und ein ständiger Widerspruch zur mechanischen Natur, ist im Grunde fortgesetzte Krise, deren Bewältigung niemals sicher und jedesmal nur ihre Fortsetzung (als Krise) ist.

— Sich selbst überantwortet und ganz auf die eigene Leistung gestellt, für ihre Vollbringung aber auf Bedingungen angewiesen, die sich versagen können; abhängig daher von Gunst und Ungunst äußerer Realität; ausgesetzt der Welt, gegen die und durch die zugleich sie sich zu behaupten hat; aus der Identität mit dem Stoffe herausgetreten, doch seiner bedürftig; frei, aber abhängig; vereinzelt, aber in notwendigem Kontakt; Kontakt suchend, aber durch ihn zerstörbar; nicht weniger bedroht andererseits durch seine Entbehrung: gefährdet also nach beiden Seiten, von Übermacht und Sprödigkeit der Welt, und auf dem scharfen Grate dazwischen stehend; in ihrem Prozeß, der nicht aussetzen darf, störbar; in ihrer organisierten Funktionsverteilung, die nur als Ganzheit wirksam ist, verletzlich; in ihrem Zentrum tödlich treffbar; in ihrer Zeitlichkeit jeden Augenblick endbar — so führt die lebendige Form ihr vermessenes Sondersein in der Materie, paradox, labil, unsicher, gefährdet, endlich, und tief verschwistert dem Tode.

Der gewaltige Preis der Angst, der von Anbeginn vom Leben zu zahlen war und sich parallel mit seiner Höherentwicklung steigert, läßt die Frage nach dem Sinn dieses Wagnisses nicht zur Ruhe kommen. In dieser Frage des Menschen, vorwitzig wie die formsuchende Substanz im Dämmer des Lebens, gewinnt nur die ursprüngliche Fragwürdigkeit des Lebens an sich nach Jahrmillionen Sprache.

Zur erkenntnistheoretischen Position solcher Ausführungen, auch aller weiteren, nur dies: sie bekennt sich zum vielgeschmähten Delikt des Anthropomorphismus. Und das nach vier Jahrhunderten moderner Naturwissenschaft! Doch vielleicht ist in einem richtig verstandenen Sinne der Mensch doch das Maß aller Dinge — nicht zwar durch die Gesetzgebung seiner Vernunft, aber durch das Paradigma seiner psychophysischen Ganzheit, die das Maximum uns bekannter konkreter ontologischer Vollständigkeit darstellt. Von diesem Gipfel *abwärts* wären dann die Klassen des Seins privativ, durch fortschreitende Abzüge bis zum Minimum der bloßen Elementar-Materie, zu bestimmen, nämlich als ein immer Weniger, ein immer entfernteres „Noch nicht", anstatt umgekehrt die vollständigste Form von dieser Basis kumulativ abzuleiten. Im ersteren Falle wäre der Determinismus der leblosen Materie schlafende, noch unerweckte Freiheit.

Zu der hier angebrachten Reflexion über die philosophischen Aspekte der Entwicklungslehre, besonders des Darwinismus, fehlt uns die Zeit. Doch ein Aspekt soll zur Rechtfertigung des eben eingestandenen „Anthropomorphismus" erwähnt werden. Die Evolutionslehre bezeichnet den Endsieg des Monismus über jeden früheren Dualismus, einschließlich des cartesischen. Aber eben die Vollständigkeit des Sieges beraubte das monistische, d. h. materialistische Unternehmen des Schutzes, den der Dualismus ihm eine Zeitlang hatte verschaffen können. Denn die Evolution zerstörte die Sonderstellung des Menschen, die den Freibrief für die cartesische rein physikalistische Behandlung alles Übrigen gegeben hatte. Die *Kontinuität* der Abstammung, die den Menschen mit der Tierwelt verband, machte es fürderhin unmöglich, seinen Geist, und geistige Phänomene überhaupt, als den abrupten Einbruch eines ontologisch fremden Prinzips an gerade diesem Punkte des gesamten Lebensstromes zu betrachten. Als letzte Zitadelle des Dualismus fiel die Isolierung des Menschen dahin und seine eigene Evidenz wurde wieder verfügbar für die Interpretation dessen, dem er angehörte. Denn wenn es nicht länger möglich war, seinen Geist als diskontinuierlich mit der vormenschlichen Geschichte des Lebens zu betrachten, dann bestand auch keine Berechtigung mehr, Geist in proportionalen Graden den näheren oder entfernteren Ahnformen abzusprechen und damit irgendeiner Stufe der Tierheit: die Evidenz des naiven Verstandes wurde durch die fortgeschrittene Theorie wieder in ihr Recht eingesetzt — allerdings ihrer eigenen Tendenz zum Trotz.

So untergrub der Evolutionismus den Bau Descartes' wirksamer, als jede metaphysische Kritik es fertiggebracht hatte. In der lauten Entrüstung über den Schimpf, den die Lehre von der tierischen Abstammung der Würde des Menschen angetan habe, wurde übersehen, daß nach dem gleichen Prinzip dem Gesamtreich des Lebens etwas von seiner Würde zurückgegeben wurde. Ist der Mensch mit den Tieren verwandt, dann sind auch die Tiere mit dem Menschen verwandt und dann in Graden Träger jener Innerlichkeit, deren sich der Mensch, der vorgeschrittenste ihrer Gattung, in sich selbst bewußt ist. Nach der Kontraktion, die christlicher Transzendenzglaube und cartesischer Dualismus erzwungen hatten, breitete sich das Reich der „Seele", mit seinen Attributen des Fühlens, Strebens, Leidens, Genießens, kraft des Prinzips stetiger Abstufung aufs neue vom Menschen über das ganze Reich des Lebens aus. Das Prinzip qualitativer Kontinuität, das unendliche Abstufungen von Dunkelheit und Klarheit der „Perzeption" zuläßt, ist durch den Evolutionismus ein logisches Komplement zur wissenschaftlichen Genealogie des Lebens geworden. An welchem Punkte dann in der enormen Spanne dieser Reihe läßt sich mit gutem Grund ein Strich ziehen, mit einem „Null" von Innerlichkeit auf der uns abgekehrten Seite und dem beginnenden „Eins" auf der uns zugekehrten? Wo anders als am Anfang des Lebens kann der Anfang der Innerlichkeit angesetzt werden? Wenn aber Innerlichkeit koextensiv mit dem Leben ist, dann kann eine rein mechanistische Interpretation des Lebens, d. h. eine Interpretation in bloßen Begriffen der Äußerlichkeit, nicht genügen.

So geschah es, daß in dem Augenblick, da der Materialismus seinen vollen Sieg gewann, das eigentliche Mittel des Sieges, die „Evolution", nach seiner inneren Konsequenz die Grenzen des Materialismus sprengte und die ontologische Frage neu aufwarf — als sie gerade entschieden schien. Nehmen wir sie auf in Form eines Gedankenexperiments, in dem wir uns in den Standpunkt des von Laplace fingierten höchsten, göttlichen Rechenmeisters versetzen, der — in einem beliebigen Querschnitt durch die Zeit — alle simultanen Partikel der Körperwelt vor seinem analytischen Blick hat und ihre Vektorvielfalt in eine Weltgleichung integriert. Versuchen wir, mit seinen Augen zu sehen, wenn sein Blick zufällig auf einem Organismus ruht. Was würden wir „sehen"?

Als komplexer Großkörper (welcher selbst die Bakterie schon ist) würde der Organismus dieselben allgemeinen Züge wie andere Aggregate aufweisen. Aber in und um ihn würden besondere Vorgänge bemerkbar sein, die seine Erscheinungseinheit noch fragwürdiger als die gewöhnlicher Körper machen und seine stoffliche Identität im Zeitverlauf fast gänzlich aufheben. Ich spreche von seinem *Stoffwechsel*, einem Austausch von Materie mit der Umgebung. In diesem merkwürdigen Seinsprozeß sind für die zergliedernden Betrachter die Stoffteile, aus denen der Organismus in einem gegebenen Zeitpunkt besteht, nur vorübergehende Inhalte, deren Eigen-Identität nicht mit der Identität des Ganzen zusammenfällt, durch das sie hindurchgehen — während dieses Ganze *seine* Identität eben mittels des Durchgangs fremder Materie durch sein räumliches System, den lebenden Leib aufrechterhält. Es ist niemals stofflich dasselbe und doch beharrt es als dies identische Selbst gerade dadurch, daß es nicht derselbe Stoff bleibt. Wenn es je wirklich eins mit der Selbigkeit seiner vorhandenen Stoffsumme wird — wenn je zwei „Zeitschnitte" von ihm miteinander identisch werden — dann hat es aufgehört zu leben: es ist tot.

Man muß sich die totale Durchgängigkeit des Metabolismus innerhalb des lebenden Systems vor Augen halten. Das Bild von „Zufluß und Abfluß" gibt die radikale Natur der Tatsache nicht wieder. In einem Motor haben wir Zufluß von Brennstoff und Abfluß von Verbrennungsprodukten, aber die Motorteile selbst, die diesen Fluß durch sich passieren lassen, nehmen an ihm nicht teil. So beharrt die Maschine als ein selbstidentisches träges System gegenüber der wechselnden Identität der Materie, mit der sie „gespeist" wird; und sie existiert als ganz dieselbe, wenn jede Speisung unterbleibt: sie ist dann dieselbe Maschine im Stillstand. Im Gegensatz dazu, wenn wir einen lebenden Körper als „metabolisierendes System" bezeichnen, müssen wir darin einschließen, daß das System selber gänzlich und stetig das Ergebnis seiner metabolischen Tätigkeit ist, und ferner, daß kein Teil des „Ergebnisses" aufhört, Objekt des Metabolismus zu sein, während er gleichzeitig Vollzieher desselben ist. Schon deshalb allein ist es unrichtig, den Organismus einer Maschine zu vergleichen.

Kann man ihn dann vielleicht einer Wellenbewegung in einem stofflichen Medium, etwa auf einer Wasserfläche, vergleichen? Die oszillierenden Einheiten, aus denen sie in ihrem Fortschreiten nacheinander besteht, vollführen ihre Bewegungen einzeln, und jede ist nur momentan an der Zusammensetzung des Wellenindividuums beteiligt; dennoch hat dieses als die umfassende Form der sich ausbreitenden Störung seine eigene wohldefinierte Einheit, seine eigene Geschichte und seine eigenen Gesetze.

Und diese transzendierende Form, eine Vorgangs-Struktur, ist von anderer Ordnung als die einer Kristallstruktur, wo die Form untrennbar am beharrenden Material haftet. Gilt ähnliches vielleicht auch für die zeitliche Form-Kontinuität jener Mannigfaltigkeiten, die *wir* als „Organismen" kennen? Auch dort muß ja die Analyse des Laplaceschen höchsten Rechners, unbewölkt von den verschmelzenden Summierungen der Sinne, sich letztlich an

jene transienten Elemente heften, die in ihrer eigenen Dauerhaftigkeit allein
die unmittelbaren Identitäten für die mechanische Konstruktion des Kom-
plexes darbieten und allein als die Residuen seiner Analyse zurückbleiben.
Der Lebensprozeß wird sich dann als ein Serienbündel von Vorgängen sei-
tens dieser beharrenden Einheiten der allgemeinen Substanz darstellen: *sie*
sind die wirklichen Akteure, die sich aus je einzelner Verursachung durch bestimmte Konfigurationen bewegen, und *eine* solche Konfiguration wäre eben
der Organismus. So wie die Welle nichts ist als die morphologische Summe
des sukzessiven Eintritts neuer Einheiten in die Gesamtbewegung, die dank
ihrer fortschreitet, so wäre auch der Organismus als eine Integralfunktion des
wechselnden Stoffes anzusehen, und nicht der Stoffwechsel als eine Funktion
des Organismus. Und alle Züge einer selbst-bezüglichen autonomen Wesen-
heit werden am Ende als bloß phänomenal, d. h. fiktiv erscheinen.

Würden wir, wie sonst gewöhnlich, auch diesem Resultat strikt physikalischer Analyse zugestehen, daß es *wahrer* ist als unsere naiv-sinnliche Sicht des
Gegenstandes? Entschieden nicht in diesem Fall, und hier sind wir auf festem
Boden, denn hier, dank dem Umstand, daß wir selber lebende Körper sind,
verfügen wir über Kenntnis von innen her. Kraft der unmittelbaren Zeugen-
schaft unseres Leibes können wir sagen, was kein körperloser Zuschauer zu
sagen imstande wäre: daß dem göttlichen Mathematiker in seiner homoge-
nen analytischen Sicht der entscheidende Punkt entgeht — der Punkt des Lebens selber: daß es nämlich selbstzentrierte Individualität ist, für sich seiend
und in Gegenstellung gegen alle übrige Welt, mit einer wesentlichen Grenze
zwischen Innen und Außen — trotz, ja auf der Grundlage des tatsächlichen
Austausches. Für jede andere Aggregatform mag es zutreffen, daß die an-
schauliche Einheit, die sie als ein Ganzes erscheinen läßt, nichts als das Er-
zeugnis unserer Sinneswahrnehmung ist, somit nicht ontologischen, sondern
lediglich phänomenologischen Status besitzt. Aber dann geschieht es, daß in
lebenden Wesen die Natur mit einer ontologischen Überraschung aufwartet,
worin der Weltzufall irdischer Bedingungen eine gänzlich neue Seinsmög-
lichkeit ans Licht bringt: die Möglichkeit materieller Systeme, Einheiten des
Mannigfaltigen zu sein nicht dank einer synthetischen Anschauung, deren
Gegenstand sie gerade sind, noch dank dem bloßen Zusammentreffen der
Kräfte, die ihre Teile aneinander binden, sondern kraft ihrer selbst, um ihrer
selbst willen und von ihnen selbst stetig unterhalten. Ganzheit ist hier selbst-
integrierend in tätigem Vollzug; Form ist nicht Ergebnis, sondern Ursache
der stofflichen Ansammlungen, in denen sie nacheinander besteht. Einheit
ist hier selbst-einend mittels der sich wandelnden Vielheit. Selbigkeit ist ständige Selbsterneuerung durch Prozeß, getragen auf dem Fluß des immer Anderen. Erst diese aktive Selbstintegration des Lebens liefert den ontologischen
Begriff des Individuums oder Subjektes im Unterschied zum bloß phänomenologischen.

Dies ontologische Individuum, seine Existenz in jedem Augenblick, seine
Dauer und seine Selbigkeit im Dauern, sind also wesentlich seine eigene
Funktion, sein eigenes Interesse, seine eigene stete Leistung. In diesem Prozeß

selbsterhaltenden Seins ist das Verhältnis des Organismus zu seiner stofflichen Substanz zwiefacher Art: Abhängig von ihrer Verfügbarkeit als Material, ist er unabhängig von ihrer jeweiligen Identität; seine eigene funktionale Identität fällt nicht mit der substantialen seiner Teile zusammen. Mit einem Wort: die organische Form steht in einem Verhältnis *bedürftiger Freiheit* zum Stoffe. Und zwar mit einer Umkehrung des sonst geltenden ontologischen Verhältnisses: Die Priorität des Stoffes weicht der Priorität der Form, die sie allerdings nur um den Preis gleichzeitiger Abhängigkeit genießt. Denn die jeweilige konkrete Einheit von Stoff und Form besteht natürlich auch hier, nämlich im Zusammenfall der Form mit der stofflichen Basis jedes Augenblicks. Aber während im Leblosen der Jetztpunkt einer stofflichen Totalität — jeder Jetztpunkt — dieselbe vollständig gibt und gleichwertig durch jeden anderen ersetzt werden kann, gibt der materiell noch so vollständige Jetzt-Querschnitt eines Organismus alles außer dem Eigentlichen, dem Leben, dessen Form nur im Zeitlichen und seinen Funktionsganzheiten zu finden ist. Die Zeit, nicht der simultane Raum, ist das Medium der Formganzheit des Lebendigen; und seine Zeitlichkeit ist nicht das indifferente Außereinander, das die Zeit für die Bewegungen des Stoffes, für die Folge seiner Zustände ist, sondern der qualitative Modus der Darstellung der Lebensform selber. *Selbst*identität also, beim toten Sein ein bloß logisches Attribut, dessen Aussage nicht über eine Tautologie hinausgeht, ist beim lebenden ein ontologisch gehaltvoller, in eigener Funktion der stofflichen Andersheit gegenüber ständig *geleisteter* Charakter.

Die *Grundfreiheit* des Organismus besteht demnach in einer gewissen Unabhängigkeit der Form hinsichtlich ihres eigenen Stoffes. Ihr Auftreten mit den Anfängen des Lebens bedeutet eine ontologische Revolution in der Geschichte der „Materie"; und die Entwicklung und Steigerung dieser Selbständigkeit oder Freiheit ist das Prinzip allen Fortschritts in der Entwicklungsgeschichte des Lebens, das in seinem Verlauf weitere Revolutionen zeitigt, jede ein neuer Schritt in der eingeschlagenen Richtung, d. h. die Öffnung eines neuen Horizonts der Freiheit. Der erste Schritt war die Emanzipation der Form, mittels des Stoffwechsels, von der unmittelbaren Identität mit dem Stoffe. Dies bedeutet zugleich die Emanzipation vom Typus der fixen und leeren Selbstidentität, die dem Stoffe eignet, zugunsten einer anderen, vermittelten und funktionalen Art von Identität. Was ist das Wesen dieser Identitäten?

Das Massenteilchen, identifizierbar in seiner Raum-Zeit-Stelle, ist einfach und ohne sein Zutun, was es ist, unmittelbar mit sich identisch und nicht gehalten, diese Selbstidentität als Akt seines Seins zu behaupten. Die Selbstidentität seines Augenblicks ist das leere logische A = A; die seiner Sukzession oder Dauer ist als leeres Bleiben, nicht Neubestätigung. Seine lückenlos verfolgbare „Bahn" im Raumzeitkontinuum ist hier das einzige Kriterium der Selbigkeit in der Dauer; und ohne die Spur einer *Bedrohtheit* seiner Existenz haben wir keinen Grund, über diesen äußeren Befund hinaus sein Beharren mit konativer Innerlichkeit auszustatten.

Organische Identität hingegen muß von ganz anderer Art sein. In der pre-
kären, stoffwechselnden Kontinuität der organischen Form, mit ihrem ständigen Umsatz von Bestandteilen, steht kein beharrendes Substrat — keine
einzelne „Bahn" noch ein „Bündel" von Bahnen — als Bezugspol äußerer
Identität zur Verfügung. Eine *innere* Identität des Ganzen, die die kollektive
Identität des jeweils anwesenden und schwindenden Substrates übersteigt,
muß die wechselnde Abfolge übergreifen. Solch innere Identität ist implizit
im Abenteuer der Form und wird aus seinem äußeren, morphologischen
Zeugnis, das allein der Beobachtung zugänglich ist, unwillkürlich induziert.
Aber was für eine Induktion ist dies? Und wer vollzieht sie? Wie kann der
unvorbereitete Beobachter folgern, was keine bloße Analyse des physikalischen Befundes je ergibt? In der Tat, der unvorbereitete Beobachter kann es
nicht: Der Beobachter des Lebens muß vorbereitet sein durch das Leben. M.
a. W., organisches Sein mit seiner eigenen Erfahrung ist von ihm selbst verlangt, damit er imstande sei, jene „Folgerung" zu zeigen, die er de facto ständig zieht, und dies ist der Vorzug, so hartnäckig geleugnet oder verleumdet
in der Geschichte der Erkenntnistheorie — der Vorzug dessen, daß wir einen
Leib haben, d. h. Leib sind. Kurz, wir *sind* vorbereitet durch das, was wir
sind. Nur mittels der so ermöglichten Interpolation innerer Identität wird
das bloße morphologische (und als solches sinnlose) *Faktum* stoffwechselnder Kontinuität begriffen als unaufhörlicher *Akt,* d. h. Fortgesetztheit wird
als Selbstfortsetzung begriffen.

Die Einführung des Begriffes „selbst", unvermeidlich in der Beschreibung
selbst des elementarsten Falles von Leben, zeigt an, daß mit dem Leben als
solchem *innere* Identität in die Welt kam — und folglich, in einem damit,
auch seine Selbstisolierung vom Rest der Wirklichkeit. Radikale Einzelheit
und Heterogenität inmitten eines Universums homogen wechselbezogener
Seiender bezeichnet die Selbstheit des Organismus. Eine Identität, die von
Augenblick zu Augenblick sich macht, immer neu behauptet und den gleich-
machenden Kräften physischer Selbigkeit ringsum abtrotzt, ist in wesentlicher Spannung mit dem All der Dinge. In der gefährlichen Polarisierung, in
die sich derart das auftauchende Leben einließ, nimmt das, was nicht es selbst
ist und an den Bereich der inneren Identität von außen angrenzt, sogleich
den Charakter unbedingter Andersheit an. Die Herausforderung der Selbstheit qualifiziert alles jenseits der Grenzen des Organismus als fremd und irgendwie gegensätzlich: als „Welt", in welcher, durch welche und gegen welche
er sich erhalten muß. Ohne diesen universalen Gegensatz der Andersheit
könnte keine Selbstheit sein. Und in dieser Polarität von Selbst und Welt,
von Innen und Außen, die die von Form und Stoff ergänzt, ist die Grundsituation der *Freiheit* mit all ihrem Wagnis und ihrer Not potentiell gesetzt.
Artikulieren wir diese Grundsituation noch etwas, bevor wir zu ihren höheren Ausprägungen in der Evolution übergehen.

Als erstes denn ein Wort über die durch und durch *dialektische* Natur organischer Freiheit, der Tatsache nämlich, daß sie im Gleichgewicht zu einer
korrelativen *Notwendigkeit* steht, die ihr als eigener Schatten unzertrennlich

anhaftet und daher auf jeder ihrer Stufen im Anstieg zu höheren Graden der Unabhängigkeit als deren verstärkter Schatten wiederkehrt. Dieser Doppelaspekt begegnet schon im Primärmodus organischer Freiheit, im Stoffwechsel als solchem, der einerseits ein *Vermögen* der organischen Form bezeichnet, nämlich ihren Stoff zu wechseln, aber zugleich auch die unerläßliche *Notwendigkeit* für sie, eben dies zu tun. Ihr „Kann" ist ein „Muß", da seine Vollziehung identisch ist mit ihrem Sein. Das „Kann" wird zum „Muß", wenn es gilt zu sein, und dies „zu sein" ist es, worum es allem Leben geht. Der Stoffwechsel also, die auszeichnende Möglichkeit des Organismus, sein souveräner Vorrang in der Welt der Materie, ist zugleich seine zwingende Auferlegung. Könnend, was er kann, kann er doch nicht, solange er ist, nicht tun, was er kann. Im Besitze des Vermögens muß er es betätigen, um zu sein, und kann nicht aufhören, dies zu tun, ohne aufzuhören zu sein: eine Freiheit des Tuns, aber nicht des Unterlassens. Diese Bedürftigkeit, die dem selbstgenugsamen Sein bloßer Materie so gänzlich fremd ist, ist ein nicht weniger einzigartiges Merkmal des Lebens, als seine Macht es ist, von der sie nur die Kehrseite darstellt: seine Freiheit selber ist seine eigentümliche Notwendigkeit. Dies ist die Antinomie der Freiheit an den Wurzeln des Lebens und in ihrer elementarsten Form, der des Stoffwechsels selber.

Eine zweite Beobachtung schließt sich unmittelbar an. Um Stoff wechseln zu können, muß die lebende Form Stoff zur Verfügung haben, und diesen findet sie außer sich, in der fremden „Welt". Dadurch ist das Leben zur Welt hingewandt in einem besonderen Bezug von Angewiesenheit und Vermögen. Sein Bedürfnis geht auswärts dorthin, wo die Mittel seiner Befriedigung liegen. Sein Selbstinteresse, tätig im Erwerb benötigten neuen Stoffes, ist wesentlich Offenheit für die Begegnung äußerer Wirklichkeit. Bedürftig an die Welt gewiesen, ist es ihr zugewandt; zugewandt (offen gegen sie) ist es auf sie bezogen; auf sie bezogen ist es bereit für Begegnung; begegnungsbereit ist es fähig der Erfahrung; in der tätigen Selbstbesorgung seines Seins, primär in der Selbsttätigkeit der Stoffzufuhr, stiftet es von sich aus ständig Begegnung, aktualisiert es die Möglichkeit der Erfahrung; erfahrend „hat" es „Welt". So ist „Welt" da vom ersten Beginn; ein Horizont, aufgetan durch die bloße Transzendenz des Mangels, welche die Vereinzelung innerer Identität in einen Umkreis vitaler Beziehung ausweitet. Das Welt-Haben, also die Transzendenz des Lebens, in der es notwendig über sich hinausreicht und sein Sein in einen Horizont erweitert, ist tendenziell schon mit seiner organischen Stoff-Bedürftigkeit gegeben, die ihrerseits in seiner formhaften Stoff-Freiheit gründet. Im Vermögen des Weltverhältnisses, d. h. des Verhaltens, bemächtigt sich diese Freiheit ihrer eigenen Notwendigkeit.

Drittens schließt diese Transzendenz *Innerlichkeit* oder *Subjektivität* ein, die alle in ihrem Horizont vorkommenden Begegnungen mit der Qualität gefühlter Selbstheit durchtränkt, wie leise ihre Stimme auch sei. Sie muß da sein, damit Befriedigung oder Vereitelung einen Unterschied macht. Ob wir diese Innerlichkeit Fühlen, Reizempfindlichkeit und -erwiderung, Streben oder wie immer nennen — in irgendeinem Grad von „Gewahrsein" beherbergt sie das absolute Interesse des Organismus an seinem eigenen Dasein und dessen Fortgang — d. h. sie ist „egozentrisch", und gleichzeitig überbrückt sie die qualitative Kluft zum Rest der Dinge durch Modi wählender *Beziehung*, die mit ihrer Besonderheit und Dringlichkeit für den Organismus an die Stelle der allgemeinen Integration materieller Dinge in ihre physische Umgebung treten. Aber der offene Horizont bedeutet *Affizierbarkeit* sowohl wie *Spontaneität*, dem Außen Ausgesetzt-sein nicht weniger als nach außen reichen: nur dadurch, daß das Leben sensitiv ist, kann es aktiv sein. In der Affektion durch ein Fremdes fühlt das Affizierte sich selbst; seine Selbstheit wird erregt und gleichsam beleuchtet gegen die Andersheit des Draußen und hebt sich so in ihrer Vereinzelung ab. Gleichzeitig aber über den bloß inneren, selbstbezüglichen Erregungszustand hinaus, und durch ihn wird die *Gegenwart* des Affizierenden gefühlt, seine Botschaft als die des Anderen in die Innerlichkeit hineingenommen. Mit dem ersten Dämmer subjektiven Reizes, dem rudimentärsten Erlebnis der Berührung, öffnet sich ein Spalt in der Verschlossenheit geteilten Seins und entriegelt eine Dimension, in der die Dinge neues, vervielfältigtes Sein im Modus des Objekts gewinnen: es ist die Dimension der *darstellenden* Innerlichkeit. Die Selbsttranszendenz hat zwar ihren Grund in der organischen Notdurft und ist daher eins mit dem Zwang zur Aktivität: sie ist Bewegung nach außen; aber Rezeptivität der Empfindung für das von außen Ankommende, diese passive Seite derselben Transzendenz, setzt das Leben instand, selektiv und „informiert" statt nur blinde Dynamik zu sein. So wird die innere Identität, indem sie für das Außen offen ist, Subjektpol einer Kommunikation mit Dingen, die enger als die zwischen bloß physischen Einheiten ist, und so ersteht das genaue Gegenteil von Vereinzelung aus der Vereinzelung des organischen Subjektes selbst.

Und eine letzte Bemerkung. Mit der Transzendenz des Lebens meinen wir, daß es einen Horizont jenseits seiner punktuellen Identität unterhält. Bisher wurde der Horizont der Umwelt mit der Anwesenheit von Dingen erörtert, oder die Ausdehnung der Bezogenheit in den gleichzeitigen Raum. Aber das vom Bedürfnis getriebene Selbstinteresse eröffnet ebenfalls einen Horizont der Zeit, der nicht äußere Gegenwärtigkeit, sondern inneres Bevorstehen umfaßt: das Bevorstehen jener nächsten Zukunft, wohin die organische Kontinuität in jedem Augenblick unterwegs ist zur Befriedigung des Mangels eben dieses Augenblicks. So ist das Gesicht des Lebens vorwärts sowohl wie auswärts gekehrt; wie sein Hier in das Da, dehnt sich sein Jetzt ins Sogleich aus, und Leben ist „jenseits" seiner eigenen Unmittelbarkeit in beiden Horizonten zugleich. Ja, es blickt nur auswärts, weil es durch die Notwendigkeit seiner Freiheit vorwärts blickt, so daß räumliche Gegenwart sozusagen aufleuchtet in der Belichtung durch zeitliches Bevorstehen und beide übergehen in vergangene Erfüllung oder auch Enttäuschung. So hat das Element der Transzendenz, das wir im Urwesen stoffwechselnder Existenz antrafen, seine vollere Artikulation gefunden.

Erst im Dasein des Tieres treten die hier gekennzeichneten, im Grundwesen des Organischen angelegten Züge ins volle Licht. Drei Merkmale unterscheiden das tierische vom pflanzlichen Leben: Bewegungsfreiheit, Wahrnehmung, Gefühl. Alle drei Vermögen sind die Äußerung eines gemeinsamen Prinzips.

Das gleichzeitige Auftreten von *Wahrnehmung* und *Bewegung* eröffnet ein bedeutsames Kapitel in der Geschichte der Freiheit, die mit dem organischen Dasein als solchem begann und sich in der uranfänglichen Ruhelosigkeit stoffwechselnder Substanz zuerst bekundete. Die fortschreitende Ausbildung jener beiden Vermögen in der Evolution bedeutet zunehmende Erschließung von Welt und zunehmende Individuierung des Selbst. Offenheit zur Welt hin ist eine Grundbedingung des Lebens überhaupt. Ihre elementare Bekundung ist die bloße Erregbarkeit, die Empfindbarkeit für Reize, wie sie die einfache Zelle an den Tag legt.

Wirklicher Weltbezug entsteht aber erst mit der Entwicklung spezifischer Sinne, definierter motorischer Strukturen und eines Zentralnervensystems. Die Differenzierung der Sinnlichkeit verbunden mit der zentralen Integrierung ihrer mannigfaltigen Daten liefert die Anfänge einer wirklichen Objektwelt; der aktive Umgang mit dieser in Ausübung des Bewegungsvermögens unterwirft die sinnlich dargebotene Welt der sich zur Geltung bringenden Freiheit, die so auf höherer Ebene der fundamentalen Notwendigkeit des Organismus antwortet. Es ist das Hauptmerkmal *tierischer* Evolution im Unterschied vom pflanzlichen Leben, daß der *Raum*, als die Dimension der Abhängigkeit progressiv in eine Dimension der Freiheit verwandelt wird, und zwar durch die parallele Entwicklung dieser zwei Vermögen: sich umher zu bewegen und auf Entfernung wahrzunehmen. Ja, nur durch diese Vermögen wird der Raum dem Leben wirklich erschlossen. Ähnlich kommt die andere Dimension der „Transzendenz", die *Zeit* durch die gleichzeitige Entwicklung eines dritten Vermögens zur Erschließung, nämlich der Emotion, und zwar nach dem gleichen Prinzip: dem der „Distanz" zwischen dem Selbst und seinem Objekt, nur daß hier die Distanz die der Zeit ist. Versuchen wir, die unlösliche Wechselverbindung der drei animalischen Vermögen, insbesondere die Verkettung zwischen Bewegung und Emotion, aufzuzeigen und ihren Sinn im weiteren Rahmen einer allgemeinen Theorie des Lebens zu deuten.

Ortsbewegung beim Tiere ist auf ein Objekt zu oder von ihm weg, d. h. sie ist Verfolgung oder Flucht. Eine länger ausgedehnte Verfolgung, in der das Tier seine Bewegungskräfte mit denen seiner erstrebten Beute mißt, verrät nicht nur entwickelte motorische und sensorische Fähigkeiten, sondern auch ausgesprochene Kräfte des Gefühls. Die bloße Spanne zwischen Start und Erfolg, die eine solche Aktionsreihe darstellt, muß durch ständige emotionale Intention überbrückt werden. Das Auftreten gerichteter Beweglichkeit über lange Strecken (wie die Wirbeltiere sie zeigen) bezeichnet daher den Aufgang emotionalen Lebens. Gier liegt an der Wurzel der Jagd, Furcht an der Wurzel der Flucht. Wenn Verlangen unter dem Sporn der Notdurft die Grundvoraussetzung des Bewegungsvermögens ist, dann ist Verfolgung (d. h. auf das Objekt Zugehen) die erste Bewegung. In ihr wird auch der *Unter*-

schied von Tier und Pflanze zuerst sichtbar: er besteht in der Einschaltung von *Abstand* zwischen Trieb und Erfüllung, d. h. in der Möglichkeit eines entfernten Zieles. Fernwahrnehmung ist erfordert, um ein solches Ziel zu er-spähen: somit ist die Entwicklung der Sinne im Spiel; kontrollierte Fortbe-wegung ist erfordert, um es zu erreichen: somit ist die Entwicklung der Bewegungsfähigkeit im Spiel. Um aber das entfernt Wahrgenommene *als* Ziel zu erleben und seine Zielqualität lebendig zu erhalten, so daß die Bewe-gung über die notwendige Spanne von Anstrengung und Zeit fortgetragen wird, dazu ist das Verlangen erfordert – und somit ist die Entwicklung des Gefühls im Spiel. Noch nicht greifbare Erfüllung ist die wesentliche Bedin-gung des Verlangens, und Verlangen seinerseits macht hinausgeschobene Er-füllung möglich. Derart repräsentiert das Verlangen den Zeitaspekt der gleichen Situation, deren Raumaspekt die Wahrnehmung darstellt. In beiden Hinsichten wird Abstand erschlossen und überbrückt: Die Wahrnehmung bietet das Objekt als „nicht hier, aber dort drüben" dar; das Verlangen bietet das Ziel als „noch nicht, aber zu erwarten" dar: das durch Wahrnehmung ge-leitete und durch Verlangen angetriebene Bewegungsvermögen verwandelt *dort* in *hier* und *noch nicht* in *jetzt*. Ohne die Spannung des Abstands und den durch ihn erzwungenen Aufschub gäbe es keinen Anlaß für Verlangen oder für Emotion überhaupt. Das große Geheimnis tierischen Lebens liegt genau in der Lücke, die es zwischen unmittelbarem Anliegen und mittelbarer Befriedigung offen zu halten vermag, d. h. in dem Verlust an Unmittelbar-keit, dem der Gewinn an Spielraum entspricht.

Sinnlichkeit, Gefühl und Bewegungsvermögen sind verschiedene Äuße-rungen dieses *Prinzips der Mittelbarkeit* – also der wesenhaften „Abständig-keit" tierischen Seins. Wenn Gefühl den Abstand zwischen Bedürfnis und Befriedigung in sich schließt, dann hat es seinen Grund in der ursprüngli-chen Trennung zwischen Subjekt und Objekt und fällt demnach mit der Si-tuation der Wahrnehmung und des Bewegungsvermögens zusammen, die gleichermaßen das Element der Distanz in sich schließen. „Abstand" in all diesen Hinsichten insolviert die Subjekt-Objekt-Spaltung. Diese liegt an der Wurzel des ganzen Phänomens der Animalität und ihrer Abzweigung von der vegetativen Lebensform. Versuchen wir, das Wesen dieser Abzweigung zu verstehen.

Die evolutionäre Ausgangsbedingung ist eine Umwelt, die an den Organis-mus angrenzt und mit der die chemischen Austauschvorgänge des Stoffwech-sels direkt stattfinden. Diese Situation erlaubt Stetigkeit des Austauschpro-zesses und damit Unmittelbarkeit der Befriedigung einhergehend mit dem ständigen organischen Bedarf. In diesem Zustand kontinuierlicher Nährung ist kein Raum für Verlangen. Umwelt und Selbst bilden noch einen selbsttä-tigen, funktionierenden Zusammenhang. Erst wenn eine Trennung zwischen beiden eintritt, kann es zu Begehren und Furcht kommen. Das Leben selbst führt diese Trennung herbei: ein besonderer Zweig von ihm entwickelt die Fähigkeit und die Notwendigkeit, sich mit einer nicht mehr angrenzenden und für seine metabolischen Bedürfnisse unmittelbar verfügbaren Umwelt in Beziehung zu setzen.

Durch die Fähigkeit, anorganische Materie durch Synthese direkt in organische Verbindung umzuwandeln, ist die Pflanze imstande, ihre Nahrung aus dem immer bereitliegenden mineralischen Vorrat des Bodens zu ziehen, während das Tier von der nicht garantierten Anwesenheit hochspezifischer und unbeständiger organischer Körper abhängig ist. Aber eben dies eine Vermögen direkter Synthese, dessen die Pflanze sich erfreut, ist der Grund für das Fehlen all jener anderen Merkmale, welche die Tiere durch ihre prekärere Methode des Metabolismus zu entwickeln gezwungen waren. Das Tier muß zu seiner Erhaltung immer eine Lücke schließen, die für die Pflanze nicht besteht, und dies zu können, ist seine höhere, doch riskantere Freiheit.

Die Schließung der „Lücke" in Raum und Zeit geschieht durch das einzigartig tierische Phänomen mittelbarer Tätigkeit, d. h. vom Zweck selbst unterschiedenen Handelns. Die typische Pflanzentätigkeit ist Teil des metabolischen Prozesses selber. In den Bewegungen der Tiere liegt dagegen eine Tätigkeit vor, die mit dem Überschuß aus früherem Metabolismus bestritten wird und seinem späteren Fortgang zugute kommen soll, selbst aber eine von der anhaltenden vegetativen Aktivität abgezweigte und frei verausgabte Leistung ist — und somit „Tätigkeit" in einem völlig neuen Sinn. Es ist äußere Aktion, die der inneren Aktion des vegetativen Systems übergelegt und in bezug auf dieses parasitär ist: nur ihre Ergebnisse sind bestimmt, jene primären Funktionen weiterhin zu sichern.

Diese Mittelbarkeit vitaler Aktion durch äußere Bewegung ist das unterscheidende Merkmal des Animalischen. Der Bogen seines *Umweges* ist der Sitz der Freiheit und des Risikos tierischen Lebens. Die nach außen gerichtete Bewegung ist eine Ausgabe, die erst durch den schließlichen Erfolg wiedereingebracht wird. Aber dieser Erfolg ist nicht gesichert. Um möglicherweise erfolgreich zu sein, muß die frei über die Reserven des Ernährungssystems verfügende Außenhandlung auch fehlschlagen können. Die Möglichkeit des Irrtums oder Mißlingens ist korrelativ zu der des Erfolgs unter den Bedingungen mittelbarer Handlung.

Die Mittelbarkeit tierischer Existenz liegt an der Wurzel von Motilität, Wahrnehmung und Gefühl. Sie erzeugt das vereinzelte Individuum, das sich der Welt entgegenstellt. Diese Welt ist zugleich einladend und bedrohend. Sie enthält die Dinge, deren das einsame Tier bedarf, und dieses muß sich aufmachen und danach suchen. Sie enthält ebenso die Gegenstände der Furcht, die es fliehen muß. Überleben wird eine Sache des Verhaltens in Einzelaktionen, anstatt durch organisches Funktionieren an sich gesichert zu sein. Dies erfordert Wachheit und Bemühung, während pflanzliches Leben schlummern kann. Der Lust der Erfüllung entspricht die Pein der Versagung, und die Anfälligkeit für Leiden ist nicht ein Mangel, der von der Fähigkeit zum Genuß etwas wegnimmt, sondern deren notwendiges Komplement. Tierisches Sein ist seinem Wesen nach leidenschaftliches Sein.

Am Maßstab bloßer biologischer Sicherheit gemessen sind die Vorzüge des tierischen Lebens gegenüber dem pflanzlichen höchst fragwürdig und in jedem Fall teuer erkauft. Doch der Maßstab des Überlebens selbst ist für die

Bewertung von Leben unzureichend. Wenn es nur auf Sicherung der Dauer ankäme, hätte Leben gar nicht erst beginnen sollen. Es ist seinem Wesen nach prekäres und vergängliches Sein, ein Abenteuer in Sterblichkeit, und in keiner seiner möglichen Formen so seiner Dauer versichert wie es ein anorganischer Körper sein kann. Nicht Fortdauer als solche, sondern „Fortdauer von was?" ist hier die Frage. Das will heißen, daß solche „Mittel" des Überlebens wie Wahrnehmung und Gefühl nie nur als Mittel zu beurteilen sind, sondern auch als Qualitäten des zu erhaltenden Lebens selbst und deshalb als Aspekte des Zwecks der Erhaltung. Es ist eines der Paradoxe des Lebens, daß es Mittel benutzt, die den Zweck modifizieren und selbst Teile desselben werden. Das fühlende Tier strebt danach, sich als fühlendes, nicht bloß metabolisierendes Wesen zu erhalten, d. h. es strebt danach, diese Aktivität des Fühlens als solche fortzusetzen; das wahrnehmende Tier strebt danach, sich als wahrnehmendes Wesen zu erhalten — und so fort. Ohne diese Vermögen gäbe es viel weniger zu erhalten, und dieses Weniger von dem, was zu erhalten ist, ist das gleiche wie das Weniger, womit es erhalten wird.

Von hier aus sehen wir, worin der wirkliche Fortschritt entwickelter Tierheit liegt. Ihre Mittelbarkeit des Weltbezugs ist eine Steigerung der Mittelbarkeit, die dem organischen Dasein schon auf der untersten (metabolisierenden) Ebene eigentümlich ist, verglichen mit der unmittelbaren Selbstidentität der anorganischen Materie. Diese gesteigerte Mittelbarkeit erwirbt größeren Spielraum, inneren und äußeren, um den Preis größeren Risikos, inneren und äußeren. Ein ausgeprägteres Selbst stellt sich einer ausgeprägteren Welt gegenüber. Jede weitere Stufe der Absonderung (hier denken wir an uns selbst) zahlt in ihrer eigenen Münze — derselben Münze, in welcher sie auch ihre Erfüllung gewinnt. Die Art der Münze bestimmt den Wert des Wagnisses. Die Kluft zwischen Subjekt und Objekt, die Fernwahrnehmung und weiter Bewegungsradius aufrissen, und die sich in der Schärfe von Begierde und Angst, von Befriedigung und Enttäuschung, von Genuß und Schmerz widerspiegelt, sollte sich nie wieder schließen. Aber in ihrer wachsenden Weite fand die Freiheit des Lebens Raum für alle jene Weisen der Beziehung — wahrnehmende, tätige und fühlende —, welche die Kluft im Überspannen rechtfertigen und auf Umwegen die verlorene Einheit wiedergewinnen.

9. Sokrates überlebt.
Zum Verhältnis von
Evolution und Geschichte

Hermann Krings, München

1. Empirische Theorie und Philosophie

Das Verhältnis der Philosophie zu den Naturwissenschaften und der Naturwissenschaften zur Philosophie läßt seit gut zweihundert Jahren zu wünschen übrig. Das liegt unter anderem daran, daß die Philosophen sich nicht allzu häufig für die im 19. und 20. Jahrhundert selbständig, erfolgreich und stolz gewordenen Naturwissenschaften interessierten; und wenn sie es taten, wie etwa Kant oder Schelling, dann in einer Weise, die den Naturwissenschaften eher mißfiel. Sie reflektierten nämlich über das Physische und dessen Regelmäßigkeiten nicht physikalisch, sondern in einer anderen Weise, die man generell als „meta-physisch" bezeichnen kann, auch wenn es sich nicht um die klassische Metaphysik handelte, sondern um eine neuzeitliche Metaphysik wie etwa in Kants „Metaphysischen Anfangsgründen der Naturwissenschaften" von 1786.

Doch die bloße Andersartigkeit hätte nicht zur Störung des Verhältnisses führen müssen. Hinzu kam eine Vermischung der andersgearteten Untersuchungs- und Denkweisen. Mit metaphysischen (gelegentlich auch theologischen) Sätzen wurden naturwissenschaftliche Hypothesen und Theorien bestritten — und umgekehrt wurden naturwissenschaftliche Theorien oder Hypothesen als Sätze von universeller Bedeutung dem Publikum offeriert.

Das Beispiel, mit dem wir uns hier zu befassen haben, ist die Evolutionstheorie.

Einen entschiedenen Mittelweg, auf dem das Verhältnis wieder in Ordnung gebracht werden sollte, schlugen analytische Philosophie und Wissenschaftstheorie ein. Sie verzichteten strikt auf Metaphysik, nahmen aber dafür die Sätze der Philosophie und der Naturwissenschaften (dann auch die Sätze der Umgangssprache) in strenge logische Disziplin. Die so angelegte Kandare sollte das Durchgehen des Pferdes, sollte den metaphysischen Galopp schlechthin verhindern. Diese Disziplinierung wissenschaftlicher Sätze durch eine auf Sprachanalyse und logischen Empirismus setzende Philosophie kann nicht unerwünscht sein, aber sie löst nicht das Problem. Im Verhältnis von Physik und Metaphysik wird nicht die Störung beseitigt, sondern das Verhältnis selbst. Wenn es nur empirisch-rationale Sätze und nur eine logisch-analytische Theorie dieser Sätze gibt, dann ist der Unterschied von Physik und Metaphysik eliminiert und die Frage nach einem „Verhältnis" ist ein Scheinproblem.

Ein anderer, vor allem in Deutschland diskutierter Versuch, die Störung zu beseitigen, bestand darin, das zerrüttete Verhältnis der einst eng verbundenen Partner, wenn auch nicht in Ordnung zu bringen, so doch durch eine Scheidung ordnungsgemäß zu beenden. Auf der einen Seite gibt es die Naturwissenschaften, deren Sache die kausale Erklärung ist. Auf der anderer Seite gibt es die Geisteswissenschaften; ihre Sache ist das Verstehen. Das Territorium der einen Art von Wissenschaft umfaßt das, was erklärt werden kann, und man nennt es — vielleicht etwas altmodisch — Natur. Das Handeln und Sprechen von Menschen aber wird *verstanden,* und zwar methodisch. Die Hermeneutik ist die Wissenschaft von den Methoden des Verstehens.

Doch wie es bei Scheidungen so sein kann —, sie lösen selbst bei legaler Trennung die bestehenden Probleme nicht immer oder nicht ganz, vor allem dann nicht, wenn die Partner durch frühe Prägung aufeinander verwiesen sind. So sind viele Menschen, anscheinend auch nicht wenige Naturwissenschaftler, nicht damit zufrieden, daß man die Natur zwar erklären kann, nicht aber soll verstehen können. Eine der mächtigsten Äußerungen dieser Unzufriedenheit ist die Evolutionstheorie. Der Begriff der Evolution ist ja nicht ein Begriff der physikalischen oder chemischen Erklärung, sondern ein Begriff, der das physikalisch und chemisch Erklärbare als einen Zusammenhang erscheinen läßt und mithin — in welchen Grenzen auch immer — verstehbar machen soll.

Der Begriff der Evolution ist der Begriff eines gegenüber dem alten, metaphysischen Verstehen neuen Verstehens der Welt. Dieses steht mit dem alten, metaphysischen Verstehen einerseits in einer charakteristischen Übereinstimmung: Beide Arten des Weltverstehens erheben den Anspruch auf Universalität. Das Prinzip der Evolution gilt für alles, was Physik und Chemie, Biologie und Kosmologie, Anthropologie, Ethologie und Soziologie, Erkenntnistheorie und Ethik zum Gegenstand haben; und es soll das einzige Prinzip sein, dessen universale Geltung wissenschaftlich legitimierbar ist. Was Platon als den großen Kyklos — das Weltjahr — begriffen hatte, sollen wir als „die Evolution" begreifen. Sie ist das neue *ontos on,* der Begriff, durch den alles — von der Kosmogonie bis zum Sprachkunstwerk und bis zur Philosophie der Evolution selber — in seinem wahren Sein begriffen werden kann.

Andererseits besteht ein charakteristischer Unterschied. Er liegt darin, daß das neue Verstehen sich rein auf die naturwissenschaftliche Theorie gründet. Dieser wird lediglich die Vorstellung einer je nach Fall zwangsläufig bestimmten oder zufällig unbestimmbaren Folge von Zeitgestalten hinzugefügt. Das Verstehen der Welt soll der naturwissenschaftliche Begriff, die biologische Theorie der Evolution selber leisten.

Mit dem unmittelbaren Übergang von der empirischen Theorie zu dem universellen Prinzip begeht die Evolutionstheorie einen bekannten logischen Fehler. Ein solcher Übergang stellt logisch eine *metabasis eis allo genos* dar, ein Fehler, der die Philosophie und die Wissenschaften seit ihren Anfängen begleitet hat. Der Überschritt in das andere Genus von Sätzen (Bedeutungen) — hier die Verwendung von empirischen Sätzen in ontologischer Bedeutung — ist nicht absichtslos; er hat einen strategischen Sinn. Die Verbindung zum ehemaligen Partner soll nicht gelöst, vielmehr soll sein Gebiet besetzt werden. Dieses erscheint im Fall der Evolutionstheorie legitim, da sich zeigt, daß das Territorium des Verstehbaren, nämlich Sprechen und Handeln, dem Territorium des Erklärbaren eingegliedert werden kann. Die empirischen Wissenschaften werden mit einem ebenso umfassenden wie nobelpreisträchtigen Forschungsfeld befaßt, das bisher im anderen Territorium, im Territorium des Verstehens, lag. Ein guter Teil ist evolutionstheoretisch besetzt; der „Rest" soll folgen.

Von der Seite der Philosophie erscheint die Situation anders. Zunächst ist sie von dem geschiedenen Partner (immer noch) fasziniert und denkt (noch) nicht daran, ihn zu eliminieren, wenngleich gesellschaftlich das subkulturelle Rumoren nicht zu überhören ist. Die Philosophie will die Verbindung mit dem Partner nicht lösen, legt sich aber neu mit ihm an. Der durch die prominenten Antagonisten bekannt gewordene „Positivismusstreit", ein Titel, der als *pars pro toto* gelten darf, bezeichnet das neue Konfliktsfeld. Die Totalisierung und Universalisierung „positiver" Sätze wird mit guten Gründen bestritten.

Die Wissenschaften können das Philosophieren nicht lassen; die Philosophie kann die Wissenschaften nicht lassen. Jeder der beiden Partner ist, wiewohl geschieden, immer noch auf den anderen bezogen. Die These, die Evolutionstheorie sei als naturwissenschaftliche Position zugleich universelles Prinzip des Weltverstehens, ist der aktuelle Schauplatz dieser Auseinandersetzung.

2. Der Begriff der Evolution als Prinzipienbegriff

Zunächst soll das prinzipienlogische Argument erörtert werden. Der Anspruch, eine naturwissenschaftliche Theorie solle zugleich als allgemeines Prinzip Geltung haben, erscheint in zweifacher Hinsicht widersprüchlich.

Einmal hat eine naturwissenschaftliche Theorie den Charakter einer Hypothese. Wird sie als Prinzip in Anspruch genommen, so handelt es sich um ein jederzeit falsifizierbares Prinzip. Der Begriff des falsifizierbaren Prinzips aber ist widersprüchlich; denn der Ausdruck Prinzip bezeichnet einen Begriff, der einer möglichen Verifikation oder Falsifikation zugrunde liegt, nicht aber ihr unterworfen ist. (So etwa die alten Prinzipien actus prior potentia oder omnis determinatio negatio u. a.) Ferner kann die Evolutionstheorie, da sie gemäß ihrer eigenen Konsequenz selber auch den sogenannten Gesetzen der Evolution unterliegt, nicht mehr behaupten, als ein Prinzip auf Zeit zu sein. Eine evolutionstheoretische Philosophie muß ihren eigenen Prinzipienbegriff relativieren; die Kritik, mit welcher sie z. B. der Kategorienlehre Kants begegnet ist, gilt auch für sie selbst.

Bei dieser begriffslogisch schwierigen Situation ist es nicht erstaunlich, daß der Begriffsgehalt des Ausdrucks „Evolution" nicht eindeutig ist.

1. Der allgemeinste und abstrakte Bedeutungsgehalt des Ausdrucks Evolution kann als Axiom formuliert werden, nämlich: Die Substanz ist Prozeß. (Eine absolute Konstanz wäre für den menschlichen Erkenntnisapparat nicht wahrnehmbar.) Dieses Axiom gilt für materielle wie für geistige Substanzen; es gilt sowohl für den, der das sagt, wie für das, wovon er redet. Aristoteles faßt diesen elementaren Sachverhalt durch die Begriffe *kinesis* und *metabole*. Der Himmel (die Götter), die Planetenwelt und erst recht die sublunarische Welt mit Wasser, Erde, Luft und Feuer, mit Steinen, Pflanzen, Tieren und Menschen sind nach Aristoteles bewegt und sie können durch die Eigenart ihrer naturalen Bewegung charakterisiert werden. Selbst das eine Göttliche ist, wenn auch nicht durch eine Bewegung, so doch durch einen Bezug zur Bewegung, zu charakterisieren. Es wird als das unbewegt Bewegende begriffen *(kinoun akineton)*. Soweit Aristoteles und die klassische Metaphysik. Was diesen ersten Bedeutungsgehalt angeht, so ist eine Übereinstimmung zwischen altem und neuem Verstehen festzustellen.

2. Die Bewegung ist nicht nur akzidentell, sondern betrifft auch die Form; insoweit vollzieht sie sich auch als *Transformation;* d. h. es entstehen neue Arten[1]. Das ist nun ganz ungriechisch. Für Platon wie für Aristoteles war das Seiende, also alle Erscheinungen der Natur und des Geistes veränderlich, aber das Eidos (Art) konstant, sei es als überzeitliche Idee, sei es als das die wechselnden Zeitgestalten bestimmende gleiche Formprinzip.

3. Durch die Transformation steht die frühere Substanz mit der Substanz neuer Form im Verhältnis der „Abstammung". Verwandtschaften werden darum weniger durch Isomorphie als durch eine Stammesgeschichte erfaßt.

b. Prozeß, Transformation und Abstammung sind die drei definierenden Komponenten des Begriffsinhaltes von Evolution. Zu diesem Begriffsinhalt

---

[1] Mehrere Autoren machen am Begriff der Transformation den Bedeutungsunterschied von Entwicklung und Evolution fest. Evolution bedeutet das Entstehen einer neuen Art (Phylogenese); Entwicklungen vollziehen sich innerhalb von Arten oder beim Individuum (Ontogenese).

gehört nicht notwendig der des Fortschritts. Dieser Bedeutungsgehalt wird vornehmlich auf das sogenannte Gesetz vom Überleben des Geeignetsten gegründet. Doch der Ausdruck „survival of the fittest" ist, wie Evolutionstheoretiker z. B. Marshak auch selbst bemerkt haben, tautologisch (und eben daher auch evident); denn er bedeutet zunächst nur, daß der überlebt, der in einer gegebenen Situation für das Überleben am geeignetsten ist. Das ist allerdings unbestreitbar, sagt aber auch nicht mehr, als der Satz, daß beim Wettlaufen der als erster am Ziel ist, der am schnellsten läuft. Wird der Ausdruck nicht tautologisch verwendet, so muß vorausgesetzt werden, daß der Überlebende für etwas anderes als fürs bloße Überleben geeignet ist. Einen anderen Gehalt aber als das pure Überleben wie etwa Gerechtigkeit („der Gerechte wird leben") kann evolutionstheoretisch nicht angemessen begriffen werden. Eine andere Geeignetheit als die fürs Überleben würde einen sittlich-sozialen Begriff voraussetzen und ein geschichtliches Verstehen von Veränderung konstituieren. Im „positiven" Sinn von Überleben hat Sokrates seine Gegner nicht überlebt, und eine fortschrittstheoretisch angereicherte Evolutionstheorie müßte den Tod des Sokrates als Fortschritt beurteilen; denn der nicht Angepaßte wurde eliminiert. Begreift man aber die Veränderungen in der Menschenwelt als Wahrheits- und Freiheitsgeschichte, so hat Sokrates überlebt. Von den im naturalen Sinn Überlebenden (Meletos, Anytos, Lykon) wissen wir in diesem Fall nur als einem Stück der Geschichte des Nichtüberlebenden. Geschichtlich hat der Nichtüberlebende überlebt. So hatte Darwin es natürlich nicht gemeint.

Auf den tautologischen Satz vom Überleben des Geeignetsten läßt sich keine Fortschrittstheorie gründen. Die bessere Anpassung ist je Anpassung an eine bestimmte Situation. Ob in einer Eiszeit der hochkomplexe und perfektere Organismus überlebt, ist nicht sicher. Bessere Anpassung ist nicht bedeutungsgleich mit Fortschritt und Hierarchie. „Heterogenität, Komplexität und Perfektion sind dabei (sc. bei der Selektion) keine notwendigen Ergebnisse"[2].

c. Die Vorstellung, daß die Entwicklung zum „Höheren" hin verläuft, wie immer man dieses verstehen mag, sei es im Sinne höherer Komplexität oder gemäß einer Idee von Perfektion, *kann* mit dem Begriff der Evolution verbunden werden. Doch sie gehört nicht notwendig zum Begriff der Evolution. Mit ihm kann auch die entgegengesetzte Vorstellung vom Verfall verbunden werden. Dafür gibt es mannigfache Zeugnisse. Vorab mag erwähnt werden, daß es anscheinend keine Phase der (sozialen) Evolution bzw. keine Epoche der Geschichte gegeben hat, in der nicht die triviale Vorstellung von der guten alten Zeit anzutreffen war. Gewichtiger sind die Mythen, gewichtiger die Vorstellung vom verlorenen Paradies, auch die einer zukünftigen, endzeitlichen Katastrophe. In diesen zum Teil archetypischen Vorstellungen erscheint die Evolution des Kosmos und der Menschheit nicht als

---

[2]   R. Hettlage, Variationen des Darwinismus in der Soziologie. In: D. Henrich (Hg.), *Evolutionstheorie und ihre Evolution*, 1982, 111.

eine Fortschrittsentwicklung. Auch solche Vorstellungen sind mit dem Begriff der Evolution vereinbar. Denn auch im Fall einer umgekehrt interpretierten Evolution würde der fürs Überleben Geeignetste überleben; die Verfallstheorie würde durch diese Regel allerdings eine negative Selektion begründet sehen. Die Selektion würde so lange weitergehen, bis — zufällig oder vom Geeignetsten selber herbeigeführt — die Katastrophe eintritt.

In diesem Zusammenhang mag ein Hinweis auf Hardenbergs Essay „Die Lehrlinge zu Sais" als Beispiel für eine umgekehrt verstandene Evolution erlaubt sein. Er paßt hierher, nicht nur weil Hardenberg naturwissenschaftlich und mathematisch hochgebildet war, sondern weil es ihm in der Wissenschaft auch um „die Erzeugungsgeschichte der Natur" geht. Diese hat bei ihm ein Doppelgesicht: Einerseits zeigt sie sich als eine Geschichte der Harmonie von menschlicher Gedankenwelt und Natur, der Einheit von menschlicher Sprache und Sprache der Natur; andererseits zeigt sie sich als eine Geschichte der Verwilderung und Entartung. Die Forschungsabsicht, von welcher eine Gruppe von reisenden Naturforschern den Lehrlingen zu Sais berichten, geht von einer katastrophentheoretischen Hypothese aus. Von diesen „Naturhistorikern" sagt Novalis, sie hätten „ sich aufgemacht, die Spuren jenes verloren gegangenen Urvolks zu suchen, dessen entartete und verwilderte Reste die heutige Menschheit zu seyn schiene". Vor allem habe sie dessen Sprache interessiert, eine „heilige Sprache", mit der sie das Innere jeder Natur zerlegen konnten, so daß man von ihnen mit Recht sagen durfte, „daß das Leben des Universums ein ewiges, tausendstimmiges Gespräch sey"[3].

Diese Entwicklung vom Urvolk zur heutigen Menschheit als dessen verwildertem Rest, von einer heiligen Sprache, welche auch die Natur zur Sprache kommen ließ, zu einer Sprache, welche der sogenannten Natur die Sprachlosigkeit des wissenschaftlichen Experimentalobjektes zuweist, diese Entwicklung kann zum Fortgang einer Evolution passen, welche — zwangsläufig oder zufällig — den Punkt erreicht, an dem das menschliche Gehirn aufgrund seiner hohen Komplexität zur realen Vernichtung aller menschlichen Gehirne in der Lage ist.

d. Die Vorstellung einer „umgekehrten" Evolution weist vielleicht noch deutlicher als der mit einer Fortschrittsideologie vermischte Evolutionsbegriff darauf hin, daß der Begriffsinhalt von Evolution kritisch zu bestimmen ist. Auf alle Fälle sind Philosopheme wie Fortschritt oder Verfall dadurch, daß Prozesse stattfinden, Transformationen eintreten und stammesgeschichtliche Folgen entdeckt werden, nicht eo ipso mitgegeben. Eine Deutung der Evolution als eines Aufstiegs oder eines Abstiegs, als eines Kyklos oder eines ziellosen Mechanismus, ist nur aufgrund *philosophischer* Argumentation möglich; sie ergibt sich nicht aus den naturwissenschaftlichen bzw. naturhistorischen Erkenntnissen. Ein fortschrittstheoretisch angereicherter Evolutionsbegriff müßte ebenso geschichtsphilosophisch begründet werden wie ein katastrophentheoretisch angereicherter Begriff von Evolution.

---

[3] Novalis. *Werke* in einem Band, Hanser 1982, 230.

3. Der Begriff der Evolution als universelles Prinzip

So ist nun auf jene *philosophische* Position einzugehen, welche die Evolutionstheorie der Biologie unvermittelt als philosophische These übernimmt, d. h. Evolution als das einzige und universelle Prinzip all dessen, was ist, behauptet. Als Beispiel zitiere ich aus Gerhard Vollmer einen Satz, der nicht zufällig unterläuft, sondern als Résumée am Ende eines Abschnitts „Universelle Evolution" und wie eine Deklaration am Beginn des Abschnitts „Evolutionäre Erkenntnistheorie" im gleichnamigen Buch steht. Vollmer sagt, seine Ausführungen hätten deutlich gemacht, „daß das Prinzip der Evolution universell ist. Es gilt sowohl für den Kosmos als ganzes wie für Spiralnebel, Sterne mit ihren Planeten, für den Erdmantel, Pflanzen, Tiere und Menschen, für das Verhalten und die höheren Fähigkeiten der Tiere; es gilt aber auch für Sprache und Sprachen und für die historischen Formen *menschlichen Zusammenlebens und Wirkens,* für Gesellschaften und Kulturen, für Glaubenssysteme und Wissenschaften"[4]. Hier wird, ganz in der Art der Philosophie der deutschen Romantik, alles aus *einem* Naturprinzip begriffen und eine evolutionäre Universalphilosophie angeboten. Der zitierte Satz verkündet ein neues *henkaipan.*

Der Strom des romantischen Strebens, alles aus einem Naturprinzip zu begreifen, hat sich ein neues Bett gegraben, nachdem ihn der Positivismus des 19. und 20. Jahrhunderts lange aufgehalten hatte. Was von den Naturwissenschaften als heuristisches Prinzip als „Forschungsprogramm", wie Hubert Markl sagt, legitimerweise in Anspruch genommen werden kann, wird spekulativ verallgemeinert. Evolution wird unvermittelt zum metaphysischen Prinzip erhoben; denn Evolution als Prinzip soll sowohl der Seinsgrund wie der Erkenntnisgrund alles dessen sein, was überhaupt unter den Begriff des Seienden fällt[5].

Diese neue Romantik weist mehrere verblüffende Übereinstimmungen mit der klassischen Romantik auf. Der Begriff der *Evolution* ist in der Naturphilosophie und Geschichtsphilosophie der zweiten Hälfte des 18. Jahrhunderts und insbesondere in der Naturphilosophie Schellings geläufig. In der Nachfolge von Spinoza und Leibniz ist die Tendenz zu einer *Universalphilosophie* allgemein; darüber hinaus sind *Prinzipien-Monismus,* die *genetische Methode,* das heißt das Verstehen von Strukturen durch die Darstellung der Herkunftsgeschichte, und der enge *Bezug auf den zeitgenössischen Stand der Naturwissenschaften* charakteristische Topoi des romantischen Denkens.

Natürlich gibt es auch signifikante Unterschiede. Der entscheidende Unterschied zur Evolutionstheorie des 19. und 20. Jahrhunderts besteht darin,

---

[4]   G. Vollmer, *Evolutionäre Erkenntnistheorie,* Stuttgart 1975, 84.
[5]   Auch Franz M. Wuketits spricht von der Evolution als einem Prinzip und von der „universellen" Evolution. Vgl. K. Lorenz u. F. M. Wuketits (Hg.), *Die Evolution des Denkens,* 1983, 21 f.

daß Evolution damals als ein Begriff der naturphilosophischen und geschichtsphilosophischen *Spekulation* erkannt und entsprechend traktiert worden ist. Evolution wird nicht als ein Begriff gebraucht, durch den die Naturprozesse beschrieben werden könnten; sie müssen vielmehr empirisch beschrieben werden. Der Begriff der Evolution ist ein *Begriff der Deutung*. Durch ihn werden die Naturprozesse insgesamt, von der Kosmogonie bis zu den höchsten Bewußtseinsprozessen, als ein strukturierter, in sich zusammenhängender und sinnreicher Prozeß ausgelegt.

4. Schellings Philosophie der Evolution

Für Schelling, der diese Unterscheidung von empirischer Forschung und philosophischer Rekonstruktion klar und deutlich durchhält, gilt einerseits: „Wir wissen ursprünglich überhaupt nichts als durch Erfahrung, und mittelst der Erfahrung, und insofern besteht unser ganzes Wissen aus Erfahrungssätzen"[6]. Andererseits weiß er, daß, wenn es „einen notwendigen Zusammenhang in irgendeinem die ganze Natur zusammenhaltenden Prinzip geben" soll, dieser nicht durch Erfahrung oder durch eine naturwissenschaftliche Theorie gegeben ist, sondern in einer philosophischen Theorie, das ist in der logischen Rekonstruktion eines möglichen Zusammenhangs dargestellt werden muß. Schelling weiß, daß er „spekulative Physik" betreibt — so nennt er seine Naturphilosophie — und daß das etwas anderes ist als eine physikalistische Pseudophilosophie.

Ich skizziere den Schellingschen Evolutionsbegriff durch eine Vorstellung des Prinzips, der Struktur und des Sinnes von Evolution.

Das Prinzip der Evolution faßt Schelling durch den Begriff einer absoluten Produktivität oder absoluten Tätigkeit. Dieser Begriff bezeichnet nicht den Anfang oder eine erste Ursache der Weltentwicklung; er ist vielmehr der Begriff einer primordialen Tätigkeit, die vom Naturforscher in *allen* Naturprozessen — von den die Materie konstituierenden Mikroprozessen bis zu den kosmogonischen Prozessen — unausgesprochen oder ausgesprochen — vorausgesetzt ist. (Der Urknall ist bekanntlich nicht in der Lage, sich selber begreiflich zu machen.) Der Begriff einer unbedingten Produktivität ist kein Begriff der Naturwissenschaften, sondern zunächst ein logischer Grenzbegriff: Da alle Produkte des evolutiven Prozesses bedingt sind, muß, soll auch nur ein einziges Produkt begreifbar sein, eine erste und unbedingte Produktivität als Prinzip in aller Entwicklung gedacht werden. Sie wird als (denknotwendige) Bedingung vorausgesetzt.

Der Sinn eines solchen Begriffs der unbedingten Produktivität läßt sich

---

[6] F. W. J. Schelling, Einleitung zu dem Entwurf eines Systems der Naturphilosophie. *SW III*, 278.

durch eine Analogie erläutern. Wenn ein Künstler in seinem Schaffen produktiv ist und die Produkte seines Schaffens sich durch Qualität und Reichtum auszeichnen, so schreibt man ihm eine hohe Produktivität zu. Dieser Ausdruck bezeichnet nicht eine Ursache, sondern eine ursprüngliche Aktualität. Angesichts seiner Produktionen mag der Laie sich fragen, woher nimmt er das? — eine Frage, die natürlich nicht beantwortbar ist. Denn die künstlerische Produktivität ist nicht etwas außerhalb des Künstlers, sie ist aber auch nicht etwas im Künstler, über das er verfügen könnte; diese Aktualität ist er selbst, sein keiner Beobachtung zugängliches Tätigsein — benannt im Hinblick auf die Ursprünglichkeit seines künstlerischen Schaffens.

Schelling entwickelt den Begriff der absoluten Produktivität als die notwendige unbedingte Bedingung jedweden Produktes der Natur und des Geistes. Sie ist der Begriff eines Prinzips der Evolution. Die Evolutionstheorie kennt nicht den Begriff eines Prinzips; sie beschränkt sich auf die Deskription einer stammesgeschichtlichen Folge von Produkten, ohne nach dem Grund der Produktion zu fragen. Die Folge wird entweder als kausal determiniert erkannt oder als Zufall interpretiert. Diese Interpretation ist fragwürdig, da der Begriff des Zufalls weder eine physikalische Kategorie, noch auch — als vorläufiger Lückenbüßer für fehlenden Kausalnexus — ein Begriff der Philosophie ist. Da der Begriff eines Prinzips der Evolution fehlt, ist es konsequent, daß evolutionstheoretisch die Evolution irgendwo und beliebig angefangen haben muß und nirgendwo enden kann.

Auch der philosophische Begriff des Prinzips der Evolution erlaubt es nicht, einen Anfang der Evolution objektiv festzumachen oder ein Ende der Evolution zu prognostizieren. Aber er erlaubt es, einen Anfang und ein Ende zu denken. Den Anfang denkt Schelling derart, daß die absolute Tätigkeit als reine Identität sich als diese Identität „setzt". Mit dieser Beziehung des Identischen auf sich selbst ist eine erste Differenz im Identischen gesetzt, eine Differenz, die zugleich eine Rückbeziehung der Identität auf sich enthält und dergestalt ein Identischsein (Indifferenz) auf höherem, auf „reflektiertem" Niveau hervorbringt.

Damit zeichnet sich eine *Struktur der Evolution* ab. Eine Prozeßstruktur aus dem Prinzip der Evolution zu entwickeln, ist deswegen notwendig, weil der Begriff des Prinzips allein (absolute Tätigkeit) es noch nicht erlaubt, eine Evolution dieser Produktivität in Zeitgestalten wie Milchstraßensystem, Pflanzen oder Sozietäten zu denken. Eine Evolution der Produktivität rein absolut — so Schelling — müßte als eine Evolution „mit unendlicher Geschwindigkeit" gedacht werden; es käme nicht zu Produkten.

Das Produkt begreift Schelling darum als ein Gehemmtsein der absoluten Tätigkeit oder Produktivität. Die Hemmung kann nicht als eine von außen kommende gedacht werden; das würde den Begriff des Unbedingten aufheben. Sie muß als „Differenz" und „Reflexion" im weiten Sinn, als ein Sichzurückbeziehen der Tätigkeit auf sich selbst gedacht werden. So wird auch ein instinktives oder triebmäßiges Verhalten durch ein Moment der Reflexion gehemmt. Über diese Möglichkeit verfügen auch Tiere, wenn der Trieb nicht unmittelbar in Motorik umgesetzt wird[7]. Die Struktur der Evolution denkt Schelling in folgenden drei Phasen. Erstens: Die absolute Tätigkeit, sofern sie sich auf sich selber zurückwendet, hemmt sich in ihrem absoluten Produzieren. Die Evolution ist nicht eine Evolution im Nu, sondern in Zeitgestalten. Zweitens: Das Produkt ist philosophisch durch eine Negation, nämlich als gehemmte Tätigkeit zu begreifen. Durch eben dieses Moment — Tätigkeit im Status des Gehemmtseins — bestimmt Schelling den Begriff „Kraft". Somit sind die ersten, noch nicht sinnlich wahrnehmbaren Produkte der Evolution Kräfte (Energien); reale Produkte werden erst durch bestimmte Kräfteverhältnisse konstituiert. Drittens: Das Gehemmtsein der absoluten Tätigkeit durch sich selbst ist nicht endgültig; als ursprüngliche Tätigkeit setzt sie sich gegenüber jedem Produkt durch und transformiert es zu einem Produkt von neuer Qualität.

Diese ontologische Struktur des Produzierens begründet das Produkt als eine Zeitgestalt; weder vergeht es im Nu (Evolution mit unendlicher Geschwindigkeit), noch bleibt es ohne Ende. Jedes Produkt der Natur, auch der Mensch, hat einen Anfang und ein Ende.

Der spekulative Evolutionsbegriff erlaubt es Schelling, die Prozesse der Natur und des Geistes auf *ein* Prinzip zurückzuführen und sie gemäß der gleichen Prozeßstruktur analog zu beschreiben. Der manchmal mißverständlich sogenannte „Materialismus" Schellings beruht nicht auf einer Reduktion der nichtmateriellen Phänomene auf Materie, sondern darauf, daß Schelling — vom lebendigen Organismus als dem Zentralphänomen der Natur ausgehend — nach der einen Seite die Materie, nach der anderen Seite das Bewußtsein als verschiedene Potenzierungsniveaus von Kräfteverhältnissen begreift. Die Trennung von ausgedehnter Substanz und denkender Substanz im rationalistischen Denken wie auch ihre Konfrontierung in einer materialistischen oder spiritualistischen Metaphysik sind nicht das philosophisch letzte Wort über die Verschiedenheit von Natur und Geist. Der spekulative Evolutionsbegriff erlaubt es, eine (allerdings nicht simpel, sondern logisch strukturierte) Einheit von Materie und Bewußtsein zu denken, ohne deswegen die geistigen Prozesse auf biochemische Prozesse zu reduzieren oder anorganische Prozesse als solche zu vitalisieren. Das romantische Ideal des *henkaipan* wird nicht durch die unkritische Totalisierung einer naturwissenschaftlichen Theorie, sondern durch eine transzendental-logische Strukturphilosophie realisiert. Die gemeinsame, aber im Prozeß der Natur sich potenzierende Struktur läßt es als begründet erscheinen, von einem Universum zu sprechen

---

[7] K. Lorenz sagt dann umstandslos: „Das Tier konnte auf einmal denken, ehe es handelte". Zit. nach G. Vollmer. a. a. O. 104. — Vgl. K. Lorenz, Die angeborenen Formen möglicher Erfahrung. In: *Zeitschrift für Tierpsychologie*, 1943, 235—409. Ob diese Bezeichnungsweise des Naturforschers glücklich ist, darüber darf man verschiedener Meinung sein. Man kann sie aber tolerieren, wenn sie nicht zu einem pseudophilosophischen Ausdruck stilisiert wird.

und den metaphysischen Hiatus zwischen Natur und Freiheit, zwischen Natur und Geschichte zu überwinden.

Der philosophische Evolutionsbegriff erlaubt es Schelling schließlich, einen *Sinn der Evolution* auszumachen, nämlich die Selbstdarstellung des Absoluten in der Reihe der Zeitgestalten. Diese Konzeption hat Schelling wie auch andere Denker dem Pantheismusverdacht ausgesetzt. Da die Pantheismusproblematik kein Pendant in der modernen Evolutionstheorie hat, kann sie hier beiseite bleiben.

5. Evolution und Freiheit

Die Philosophie der Evolution ist der Versuch einer umfassenden theoretischen Interpretation des Universums. Sie ist Spekulation; d. h. wenn man die anorganische Natur, die organische Natur und wenn wir Menschen uns selbst in den empirischen Wissenschaften als *Produkte* der Natur objektivieren, und zwar so, daß diese Objektivationen einen Zusammenhang bilden, dann kann man die Aufgabe der philosophischen Theorie, diesen Zusammenhang vorzustellen, durch das Konstrukt eines evolutiven Prozesses lösen. Ich sage, man kann; diese Interpretation ist möglich. Doch die derart interpretierende Vernunft muß sich bewußt bleiben, daß ihr dabei dreierlei entgeht.

Ihr entgeht der Grund, warum es überhaupt Produkte gibt, also eine Einsicht in die das Produkt begründende Produktivität.

Ihr entgeht ferner ihre eigene Tätigkeit; denn die Vernunft schaut auch sich selbst nur als Produkt der Natur (bzw. der Evolution) an, nicht aber als das Produzierende eben dieser Anschauung. Ihr entgeht der Grund, warum die Blume und der Stern, der andere Mensch und der Theoretiker selbst rein als Produkt — also wissenschaftlich — angeschaut sind. Normalerweise verhalten sich die Menschen ja anders; da leben sie in einem emotionalen und handelnden, sinnbestimmten Verhältnis mit den anderen Menschen und Dingen. Ihr entgeht also die Freiheit zur Theorie.

Schließlich entgeht der objektivierenden Vernunft eben dieses sinnbestimmte praktische Verhältnis. Sie „muß" als Evolution interpretieren, was sie als Vernunft auch als Geschichte begreifen kann. Ihr entgeht damit die Freiheit zur Verantwortung.

Schelling wußte, daß der Mensch sich zum Universum auch in anderer Weise ins Verhältnis setzen kann als spekulativ oder evolutionstheoretisch. Er tut dies selber in seiner Philosophie der Freiheit und in seiner Philosophie der Geschichte. Die Evolutionsphilosophie ist vergleichbar einem nachträglich gezeichneten Plan, der erkennen läßt, wie das, was wirklich geworden ist, *möglich* war. Diese Philosophie der Möglichkeit nannte Schelling später negative Philosophie, der gegenüber er die Philosophie der Geschichte als positive Philosophie verstand. Denn was wirklich eintritt (und daß überhaupt etwas eingetreten ist), ist durch diesen Plan weder festgelegt noch aus ihm erkennbar. Die wirkliche Geschichte ist durch die Evolution nicht präjudiziert. Sich zu dem, was wirklich geschehen ist und geworden ist, *theoretisch ins Verhältnis zu setzen*, ist die eine Freiheit der Vernunft. Sie erkennt die Bedingungen, durch die das Wirkliche möglich war. Sich zu dem, was wirklich geschehen ist und geworden ist, *praktisch ins Verhältnis zu setzen*, ist eine andere Freiheit der Vernunft. Durch sie erkennt sie nicht Bedingungen, sondern setzt selber eine neue Art von Bedingungen, — nicht außerhalb der genetischen Basis, aber mit bestimmtem Gehalt und bestimmtem Ziel.

So ist es quasi natürlich, daß der Mensch als Vernunftwesen sich nicht notwendig und ausschließlich als Produkt (mit allen Produktfolgen wie z. B. Verhalten, Lernfähigkeit etc.) evolutionstheoretisch versteht. Er kann sich auch als Freiheitswesen verstehen. Und er kann es nicht nur; in seiner Existenz als Mensch realisiert er dieses Selbstverständnis. Er realisiert es auch dann noch, wenn er sich theoretisch zum bloßen Produkt erklärt. Denn diese Erklärung fällt nicht mehr in den Begriff des Produktes; sie ist dazu transzendent. Auch noch der erklärte Verzicht auf Freiheit fällt unter den Begriff der Freiheit. Auch noch der Verzicht auf Geschichte zugunsten bloßer Entwicklung ist ein geschichtliches Phänomen.

Durch diese Selbsttranszendenz der Vernunft wird das Verständnis des Menschen als sittliche Person inkommensurabel für eine Interpretation im Rahmen der Evolutionstheorie. Um ein sittliches oder geschichtliches Selbstverständnis des Menschen und der Natur begreiflich zu machen, sind Kategorien und Kategoriensätze notwendig, welche in einer objektivierenden Theorie nicht vorkommen. Zwar lassen sich auch sittliche Phänomene evolutionstheoretisch reflektieren, wie das Wolfgang Wickler am Beispiel der Zehn Gebote gezeigt hat. Doch das sagt nicht viel. Wenn ein bestimmtes Individuum in einer bestimmten Situation Vater und Mutter ehrt, so gibt es, wenn die Regel zur Diskussion steht, möglicherweise auch einen evolutionstheoretischen Interpretationsbeitrag. Doch *daß der Mensch es tut* und nicht verweigert, die Handlung selbst, ist inkommensurabel. Der evolutionstheoretische Interpretationsbeitrag könnte übrigens beim Gebot der Feindesliebe schwieriger werden, und wenn sich die Friedfertigkeit noch evolutionstheoretisch als Mittel zum Überleben unterbringen lassen sollte, so wird doch die Folge — Überleben her, Überleben hin —, der Friedfertige werde Gott schauen, evolutionstheoretisch eher als Unsinn erscheinen.

Doch auch dieser Gedanke ist möglich und übrigens sehr alt wie der Gedanke vom Kampf ums Dasein. Doch er ist nicht nur möglich, sondern sinnvoll; denn er klärt den Menschen darüber auf, daß er das Überleben nicht als einzigen Zweck seines Daseins anerkennen muß. Er klärt ihn darüber auf, daß er frei ist vom Gesetz, wie immer das Gesetz lautet, das ihm vorgestellt wird.

6. Evolution und Geschichte

Das, was wirklich sich ereignet, nicht nur evolutionstheoretisch, sondern auch geschichtlich zu begreifen, bedeutet nicht schlechthin einen Vorzug. Denn das entscheidende Kriterium des geschichtlichen Prinzips ist der *Begriff des Bösen*. Gegenüber einem bloß formellen Begriff der Freiheit, als Wahlfreiheit, über den sich Deterministen und Indeterministen auseinandersetzen, ist „der reale und lebendige Begriff", daß Freiheit „ein Vermögen des Guten und des Bösen" ist. So Schelling in seinen „Untersuchungen über das Wesen der menschlichen Freiheit" (VII 352), einer Schrift, die zwar nicht das Ende, wohl aber eine entscheidende Eingrenzung der philosophischen Bedeutung des Evolutionsdenken bei Schelling darstellt. Das Böse ist ein evolutionsphilosophisch unmöglicher Begriff; denn wie immer auch der Begriff der Evolution gedacht sein mag, ob evolutionstheoretisch oder spekulativ, ein böses Handeln oder Wollen ist evolutiv nicht begreiflich zu machen. Das Subjekt verhält sich — zwangsläufig oder zufällig so, wie es sich verhält. Dieses Verhalten ist entweder angepaßt und dann ist es gut, oder es ist nicht angepaßt, dann verschwinden Subjekte dieser Art früher oder später. Jedwedes Handeln hat immer das gleiche Resultat: das Überleben des Geeignetsten. Ein böses Handeln kann nicht gedacht werden. Der Begriff des Bösen, der Verantwortung und andere sittliche Begriffe müssen als Überbau und als Selbsttäuschung des Subjekts erscheinen. Das Bewußtsein, der Mensch könne Böses tun, er trüge letztlich eine Verantwortung für sein Handeln, muß als falsches Bewußtsein gewertet werden, das entweder durch evolutionstheoretische Aufklärung zu therapieren ist oder aber das Nicht-Überleben von Menschen solcher „Art" zur Folge hat.

Diese Theorie ist anthropologisch wie philosophisch unbefriedigend. Denn der Mensch hat sich als Vernunftwesen nicht allein durch das Überleben der Art und durch die zu diesem Zweck erworbenen hochkomplexen Mittel wie Denken, Zehn Gebote u. a. dargestellt. Unterstellt man einmal, die stammesgeschichtliche Herkunft des Menschen einschließlich seines Gehirns als Bedingung vernünftigen Denkens oder Handelns sei lückenlos dargestellt, so hätte er gleichwohl eine Geschichte. Er würde von Ereignissen erzählen, die nicht hätten eintreten müssen und die er nicht als Zufall ansehen kann, weil er sich als der Täter weiß. Und er ist der Täter, weil er der Täter sein wollte und noch sein will. Eine geschichtliche Interpretation von Ereignissen ist unelimimierbar, weil der Mensch sich selbst als geschichtliches Wesen gesetzt hat und behauptet.

Die heute gegebene geschichtliche Situation macht die geschichtliche Interpretation unverzichtbar. Man wird sich schnell darüber einig sein, daß für gewisse geschichtliche Tatsachen nicht nur Erklärungen verlangt werden. Ein Zeitalter, in dem der Genozid politisch zu praktizieren versucht wird, in dem die Mächtigen über die Technik zur Tötung von Millionen Menschen verfügen, in dem Rassismus die Tötung von Menschen industrialisiert hat, fordert Fragen heraus, die nicht durch die Erklärung, es handele sich hier eben auch um Ergebnisse der Evolution, beantwortbar sind. Eine Erklärung mit Hilfe von biologisch-soziologischen Kategorien wäre Zynismus und würde unfreiwillig dem Täter ein falsches Alibi ausstellen. Es liegt mir fern, dergleichen der biologischen Evolutionstheorie zur Last zu legen. Doch eine unkritische Universalisierung des Evolutionsprinzips setzt sich notwendig Mißverständnissen aus. Daß der Mensch das Böse wollen und böse handeln kann, ist kein Satz der Naturwissenschaften. Aber er ist ein Kernsatz der Geschichtsphilosophie. Die Frage, ob die Menschheit überlebt oder nicht überlebt, ist *eine* Frage. Die Frage aber, wie sie nicht überlebt, wenn sie nicht überlebt, und wie sie überlebt, wenn sie überlebt, ist eine *andere* Frage. Die Einebnung des Unterschiedes von Evolution und Geschichte durch die Universalisierung einer biologischen Theorie läßt nicht nur Fragen offen, die den Menschen in seiner Humanität betreffen. Sie kann auch dazu führen, daß Menschheitsfragen falsch beantwortet werden. Eine Gesellschaft, die glaubt, wissenschaftlich gesichert zu wissen, daß der letzte Maßstab des menschlichen Lebens das Überleben der Art ist, gerät scheinbar ausweglos auf den Weg der Abschreckung. Die menschliche Intelligenz spielt sich darauf ein, daß nicht der andere überleben soll. Dieser Weg könnte der Weg zu dem von Hobbes rekonstruierten Pseudo-Naturzustand sein: homo homini lupus. Diese Gesellschaft könnte sich — um nochmals Novalis zu apostrophieren — als der verwilderte Rest der Menschheit erweisen. Diese Verwilderung aber führte Hobbes folgerichtig zu einer Theorie vom Staat als Leviathan.

7. Die Unmöglichkeit der Totalerklärung

Die Philosophie ist nicht teilbar. Insoweit die Evolutionstheorie als Philosophie auftritt, muß sie sich auch Fragen der Moralphilosophie, der Geschichtsphilosophie, der politischen Philosophie stellen lassen. Damit würde die Auseinandersetzung auch auf den Schauplatz zurückgebracht, wo sie hingehört, nämlich auf den Schauplatz des philosophischen Agon. Es handelt sich um eine Kontroverse innerhalb der Philosophie, nicht um eine Kontroverse zwischen den Naturwissenschaften und der Philosophie. Denn die Erklärungsart der Naturwissenschaft und die Denkart der Philosophie können, wie Kant in seinen kritischen Analysen gezeigt hat, „gar wohl nebeneinander bestehen"[8]. Den Anschein einer Unverträglichkeit aufzulösen, ist Aufgabe einer Dialektik der reflektierenden Urteilskraft[9]. Jede der beiden Erkenntnisarten ist durch kritische Vernunft legitimierbar, sowohl die

---

[8] Kant, 1. Einleitung in die *Kritik der Urteilskraft*, Ed. Cassirer V, 198.
[9] Ebd. § 70—71, ibd. 464 ff.

des objektivierenden Verstandes wie die der reflektierenden Vernunft. Doch ihre unkritische Vermischung durch eine als Philosophie auftretende Naturwissenschaft und durch eine physikalistische Philosophie führt zum Irrtum. Alles aus einem Prinzip erklären zu wollen, ist ein natürliches Streben der Vernunft. Doch die Totalerklärung ist der menschlichen Vernunft versagt; denn ihre Signatur ist die Negation, und alle Erklärung beginnt mit der Unterscheidung. Die spekulativen Systeme der Denker der Romantik sind eindrucksvolle Zeugen des Strebens der Vernunft nach Einheit, doch auch sie, die sich auf dem Gipfel der Geschichte wähnten, sind nur eine Epoche der Geschichte. Die klassische Philosophie der Griechen suchte auch das eine Prinzip, doch mit größerer Weisheit: nämlich als ein Prinzip der menschlichen Praxis. Die Idee des Guten ist bei Platon die eine und höchste Idee; doch durch sie wird nicht die Welt erklärt, sondern das Handeln geleitet. Zu dem durch die Idee des Guten orientierten Handeln gehört dann vorzüglich die Theoria. Diese wiederum besteht letztlich nicht darin, alles zu erklären, sondern im Vergänglichen dem Unvergänglichen auf die Spur zu kommen. Das hat Plato, das haben wir von Sokrates gelernt.

10. Bericht über die Schlußdiskussion
Leitung: Wilhelm Vossenkuhl, München

Reinhard Löw, München

Freiheit und wissenschaftliche Weltsicht
Biologische und gesellschaftliche Evolution
Naturwissenschaft, Philosophie und gemeinsame Sprache
Schlußwort von Hans Jonas

Vorbemerkung:

Ursprünglich hatte die Schlußdiskussion unter dem Thema stehen sollen:
gibt es ein Ziel der Menschheit? Da mancherlei Kontroversen aus den vor-
hergehenden Tagen des Symposiums noch nicht ausgetragen waren, wurde
beschlossen, die Schlußdiskussion im Rahmen des Generalthemas „Evolution und Freiheit" zu führen.

Für die folgende Zusammenfassung wurde weder eine chronologische Rekonstruktion noch die Vollständigkeit aller Diskussionsbeiträge angestrebt.
Die Länge des jeweiligen Berichts über ein Statement drückt nicht dessen
Bedeutsamkeit aus, sondern entspricht etwa proportional der Länge des Beitrags. Die Zusammenfassung der Beiträge geschah nach ihrer Zusammenge-
hörigkeit in Sachkomplexen; die Gliederungsüberschriften sind vom
Berichterstatter.

1. Freiheit und wissenschaftliche Weltsicht

Robert Spaemann:

Wenn in den Referaten und Diskussionsbeiträgen der Eindruck entstand, daß
hier philosophische auf naturwissenschaftliche Argumente getroffen seien,
so ist dies bestimmt falsch. Bei Diskussionen wie dieser handelt es sich notwendig um ein Gespräch von Philosophierenden mit Philosophierenden.
Denn bei naturwissenschaftlichen Statements kann man höchstens nachfra-
gen, ob die Experimente und Beobachtungen richtig angestellt wurden. Da
wir sie hier nicht überprüfen können, müssen wir davon ausgehen, daß dem
so ist. Wenn auf dieser Tagung erörtert wurde, was Evolution im Felde der
Freiheit eigentlich bedeuten kann, dann stand dabei nicht Naturwissenschaft
gegen Philosophie, sondern philosophierende Naturwissenschaftler disku-
tierten mit anderen philosophierenden Menschen.

Im Anschluß an den Beitrag von Herrn Maurer soll auch noch auf die beiden von ihm vorgestellten Freiheitsverständnisse hingewiesen werden, Freiheit als Selbstentfaltung und Freiheit als Selbstschöpfung. Im ersten Fall ist die Naturwissenschaft involviert, wenn nämlich etwas da ist, das sich entfaltet und das man Natur nennen kann. Zum zweiten Fall dagegen, Freiheit als Selbstschöpfung, hat die Naturwissenschaft gar nichts beizutragen. Zur Differenzierung dieser Alternative kann eine Überlegung zum Begriff der „begrenzten Freiheit" dienen. Begrenzte Freizeit kann zweierlei bedeuten. Einmal, daß das, mit Bezug worauf Freiheit stattfindet, begrenzt ist, zum anderen, daß Freiheit innerlich begrenzt ist und daß es in bezug auf gar nichts so etwas wie eine absolute Freiheit gibt. Letzteres aber ist in sich widersprüchlich: wenn Freiheit heißt: Selbstanfang, dann gibt es dies entweder, oder es gibt dies nicht. Hier ist der Begriff einer „begrenzten Freiheit" sinnlos.

Das Problem läßt sich vielleicht so auflösen. Hinsichtlich unseres Tuns und Lassens, des Inhaltes unserer Freiheitsäußerungen, kann Freiheit nur Entfaltung dessen sein, was da ist. Freiheit muß deswegen nicht material von den Inhalten her begriffen werden, gewissermaßen als „unerklärlicher Rest" der Analyse, sondern Freiheit bezieht sich auf das Ganze des materialen Inhalts. Das kann man auf zweierlei Weise ausdrücken:

Zum einen, daß Freiheit der transzendentale Rahmen des Ganzen ist, in welchem alle diese einzelnen Bestimmungen auftreten. Wir können uns determiniert denken, können unsere Evolutionsvergangenheit rekonstruieren — aber das Ganze dieser Tätigkeit steht eben unter der Voraussetzung der Freiheit.

Zum anderen kann man auch sagen: Freiheit ist der Punkt des Ja oder Nein, in welchem wir die Gesamtheit dessen, was wir sind, übernehmen oder verwerfen. In bezug auf diese Gesamtheit, die jeweils die Gesamtheit einer Gegenwart ist, kann man gar nicht wissenschaftlich reden, denn die Wissenschaft redet über das, was war oder sein wird, nicht aber über das, was *ist*. Der Wissenschaftler redet nicht über das, was er selbst gerade tut, und wenn doch, dann nicht als Wissenschaftler. Die eigentliche Wirklichkeit der Gegenwart ist das, was wir Freiheit nennen. Freiheit ist Gegenwärtigkeit. Die Gegenwärtigkeit, dieser einmalige Augenblick im Universum, ist unwiederholbar, nie gewesen, nie wiederkehrend. Meine Entscheidung in bezug auf dieses und jenes in diesem einmaligen Augenblick ist unter dem Aspekt dieser seiner Einmaligkeit etwas vollkommen Inkommensurables, von dem niemand dergestalt reden kann, daß es von dieser oder jener Art sei oder nach diesen oder jenen Regeln abfolge. Sondern es ist genau dieses, was jetzt ist. Im Rückblick erscheint es objektiviert, und dann kann man auch wissenschaftlich darüber reden. Aber das ist dann nicht mehr die Freiheit der Gegenwärtigkeit selbst.

Um nicht aneinander vorbeizureden, sollten wir uns deswegen darüber verständigen, daß wir über Freiheit genau dann reden, wenn wir uns als gegenwärtig lebende, Gegenwart realisierende Subjekte verstehen, die miteinander in Kommunikation treten. Über Evolution dagegen reden wir, wenn wir über Vergangenheit (oder auch Zukunft) reden, ohne aus der Verständigungsgemeinschaft herauszutreten. Letzteres ist vergleichbar einem Physikbuch, das von physikalischen Gegenständen handelt, aber die Adressaten des Buches nicht zugleich als physikalische Gegenstände versteht. Zu dem Adressaten, dem Leser, befindet sich der Autor im Zustand der Gleichzeitigkeit einer Verständigungsgemeinschaft, ohne sie ausdrücklich zu realisieren. Und diese Gleichzeitigkeit charakterisiert ein ganz anderes Verhältnis als jenes, das uns mit den Gegenständen verbindet, über die man redet.

Wenn also von Evolution und Freiheit die Rede ist, so ist der umgreifende Rahmen die Freiheit als Gegenwärtigkeit. Die entscheidende Frage ist die nach dem Status der Wissenschaft im Ganzen des Lebens. Die Diskussion darüber ist aber nicht innerwissenschaftlich, sondern philosophisch.

Hubert Markl:

Die Teilnahme an einer interdisziplinären Tagung ist lehrreich, auch wenn es sich um die Meta-Lehre handeln sollte, daß sich dabei die Teilnehmer einer Fachrichtung wie der Philosophie vielfach widersprechen. Mit dem Biologen Mohr kann man in der realen Außenwelt eine fast vollständige Determination erkennen. Wie kann aber dann sittliche Freiheit gerettet oder gar begründet werden? Zumal dann die subjektive Bewußtseinswelt nur ein Epiphänomen der materiellen Evolution ist. Eine solche Antinomie könnte dadurch zustandekommen, daß die Wirklichkeit nicht so ist, daß sie sich mit unserem Begriffsvermögen ganz begreifen ließe. Das könnte man anerkennen, dann aber alle weiteren scholastischen Bemühungen den Fach-Philosophen, nicht den Philosophen im allgemein-menschlichen Sinne überlassen, und sich selbst wieder der Praxis zuwenden.

Im Beispiel der Zwillingsforschung, dem Suizid eineiiger Zwillinge, das Herr Mohr deterministisch interpretiert, trifft jedoch jeder der beiden Zwillinge, wenn er sich tötet, eine ganz und gar freie Entscheidung. Die innere Gewißheit der Freiheit ist das, was die Freiheit ausmacht, und nicht die äußere Hinterhersagbarkeit, denn von einer Vorhersagbarkeit des Suizids kann ja auch bei den Zwillingen keine Rede sein. Wenn er eingetreten ist, dann kann man eine fast lückenlose Determination vermuten, und dann erscheint rückwirkend die Freiheit als Illusion. Aber das ist ein akademisches Argument. Wir leben beständig unter dem festen Eindruck der Freiheit — da fügt die Bezeichnung Illusion nichts hinzu und nimmt nichts hinweg. Wir können alle möglichen Freiheiten haben oder nicht haben, aber eine bestimmt nicht: die Freiheit, nicht frei zu sein, nicht handeln und entscheiden zu müssen (dies im Anschluß an Krings). Das aber ist vereinbar mit einer Betrachtung, daß die Welt *eine* ist, unsere Erkenntniswege zu ihr aber plural sind. Wahrscheinlich läßt sich bezüglich der Außenweltwahrnehmung irgendwann einmal eine völlige Determination erkennen, während die Innenwelt für uns ganz und gar von Freiheit erfüllt ist. Neben den wissenschaftlichen gibt es noch andere Arten, uns an die Welt heranzutasten, ästhetische, religiöse usf. Wir gleichen gewissermaßen den zehn blinden Männern, die einen Elefanten betasten und seine ganze Gestalt nicht erfassen können, aber doch immer Realitäten an ihm erfassen.

Dem Verhältnis zwischen Darwins und Lamarcks Evolution soll man aber nicht den Stempel mechanischen Zwanges (Darwin) oder Freiheit des Strebens (Lamarck) aufprägen. Auch die Lernvorgänge lamarckischer Vererbung sind sehr mechanistisch; Freiheit steckt so wenig in mikrophysikalischen Zufällen wie in den Lern- und Erziehungstricks der Traditionsvermittlung. Was schließlich die Frage nach dem Ziel der Menschheit anlangt: es gibt ein Ziel der Menschheit — nämlich es zu suchen.

Robert Spaemann:

Die Vorstellung „Determination" mit Bezug auf ein einzelnes Individuum" ist aus logischen Gründen sinnlos, wie Leibniz oder Josef König gezeigt haben. Ein einzelnes Individuum kann nur definiert werden durch die Gesamtheit aller Ereignisse, die im Laufe seiner Existenz vorkommen. Dasjenige, was angeblich ein Individuum determiniert, gehört in Wirklichkeit zu seiner Definition. Die Betrachtungsweise einer „äußeren Determination" des Individuums ist abstrakt: man isoliert das Individuum von einer Reihe der es definierenden Momente, setzt die Momente in eine äußere Beziehung zu diesem Individuum und sagt, diese determinieren es. Das kann man zwar als Modellbetrachtung machen, aber die reale, nicht-abstrakte Rede von diesem Individuum muß von der Art sein, daß alles, was diesem Individuum widerfährt, eben zu ihm gehört. Wenn es aber zu ihm gehört, dann kann man nicht sagen, daß es dadurch determiniert ist, denn Determination ist ein Verhältnis zu etwas Äußerem. Der Blickwechsel vom Innenaspekt zum Außenaspekt sollte also besser so beschrieben werden: daß einmal das Individuum als Individuum vollständig betrachtet wird, während dann aber logisch unzulässig von einer Determination des Individuums durch solcherlei Faktoren die Rede ist.

Hans Köchler:

Ein Freiheitsbegriff, der seine Verbürgung allein aus dem subjektiven Erleben bezieht, greift philosophisch zu kurz. Er ist bestenfalls staatsphilosophisch verwertbar, in dem Sinne, daß niemand, sofern er nicht andere behindert, gezwungen werden soll, etwas zu tun, was er nicht will. Philosophisch wesentlich ist Freiheit aber gerade in dem Sinne, daß ich mich gegenüber jenen subjektiven Freiheitsgefühlen von ehdem, die sich vielleicht wieder in Bedingtheiten auflösen lassen, distanzieren kann, mir selbst virtuell gegenübertreten kann, mich durch Reflexion in einem Prozeß der Selbstverwirklichung als Mensch weiterentwickle.

Was das Verhältnis von Denkakt und seinen physiologischen Korrelaten anlangt, so könnte man noch anmerken, daß letztere notwendige Bedingungen für erstere sind. Von „zureichend" zu sprechen, wäre erkenntnistheoretisch vermessen. Das ist keine naturwissenschaftliche Feststellung — dann wäre sie selbst nur physiologische Äußerung der ursprünglichen Gene —, sondern es soll wahr sein. Wann immer ich mir selbst zum Gegenstand meiner Überlegungen werde, verlasse ich den Determinationskontext, selbst wenn ich ihn behaupte. Als determinierte Behauptung würde er jeden Wahrheitsbezug verlieren.

Hans Michael Baumgartner:

Das Problem der Evolution muß vom Menschen aus unter zwei Grundperspektiven gesehen werden: dem Menschen als Weltwesen, und dem Menschen als Freiheitswesen. Man kann versuchen, den Zusammenhang beider Perspektiven noch einmal durch eine ausgezeichnete Perspektive zu denken, hier in der Diskussion als Innenperspektive vertreten (Maurer, Spaemann), anderswo als Außenperspektive in der sogenannten Evolutionären Erkenntnistheorie vertreten. Gleichwohl erscheint der Verzicht auf eine solche überhöhte Perspektive und der Versuch, den Menschen als Doppelwesen zu begreifen, plausibler, wobei die Doppeltheit — Weltwesen, Freiheitswesen — keineswegs notwendig als Antinomie aufgefaßt werden muß.

Reinhart Maurer:

Das Plädoyer für eine Zwei-Welten-Theorie (Markl) ist weder eine Lösung noch auch nur ein Lösungsversuch für das Problem des Verhältnisses von Evolution und Freiheit — dieses Problem wird einfach stehengelassen, ebenso wie die Frage, warum denn in der Sphäre des Menschlichen plötzlich etwas ganz anderes gelten soll als in der übrigen Wirklichkeit. Das ist ebenso unbefriedigend wie die daraus gezogene Konsequenz, man möge sich schnell wieder der Praxis zuwenden: welcher Praxis nämlich, der naturwissenschaftlichen Forschung oder der menschlichen Lebenswelt? Darüber sind Naturwissenschaftler offensichtlich uneins, denn der Monismus von Herrn Pöppel steht dem Dualismus von Herrn Markl direkt entgegen.

Hubert Markl:

Die Zuwendung zur Praxis war im Sinne der Lebenswelt gemeint, der wichtigeren Probleme, die den Gebrauch der Freiheit erfordern und nicht die Diskussion über sie. Freiheit darf nicht als Ursachenlosigkeit verstanden werden. Daß der Mensch als freies Wesen begriffen wird, ist gemäß Spaemann als Zuerkennungshandlung zu verstehen.

Günther Schiwy:

Es sollte in dieser Situation nicht so sehr darum gehen, recht zu behalten über Freiheit oder Unfreiheit: vielmehr könnten wir inne werden, daß in unserer Diskussion und ihrem Wechselspiel sich gerade Freiheit manifestiert. Das nimmt der Antinomie die Schärfe, man kann sie stehenlassen. Beispielhaft für diese Auffassung sind Goethes Reflexionen über die Schönheit von Organismen ebenso wie Teilhard de Chardins Gedanken zum Stichwort Freiheit: die Möglichkeiten der beliebig kleinen Zerlegung bis ins Anorganische hinein ist noch kein Beweis dafür, daß die Zusammensetzung von Organismen nicht einen spezifisch neuen Wert verkörpert, der bei den Einzelteilen nicht aufzufinden ist. Und so ist es auch bei der Freiheit des Menschen. Beide Seiten, Naturwissenschaft wie Philosophie, sollten nicht glauben, sie hätten Evolution oder Freiheit restlos durchschaut. Was man durchschaut, sieht man nicht mehr. Wichtiger ist es, darauf zu achten, daß wir die Schönheit wie die Freiheit als Phänomen stehen lassen und ihrer nicht über den verschiedenen Analysen vergessen.

2. Biologische und gesellschaftliche Evolution

Friedrich Cramer:

Der von Darwin angenommene Mechanismus der Evolution ist eine instrumentelle Theorie, die einen bislang optimalen Erklärungsversuch für die Welt einschließlich des Lebendigen darstellt. Vorhersagbar ist der Evolutionsstammbaum deswegen trotzdem nicht, auch im strengen Darwinismus ist ein indeterministisches Element enthalten. Indeterminiertheit bedeutet allerdings noch nicht Freiheit. Auch daß lebendige Systeme lernen können, also lamarckisch evolvieren können, ist noch nicht als Hinweis auf Freiheit zu werten. Dennoch müssen Evolution und Freiheit nicht kontrovers gegeneinander stehen; das geschieht nur, wenn die Evolution unvermittelt zu einem metaphysischen Prinzip erhoben wird. Und das ist ein so weit verbreitetes Phänomen, weil die Dominanz der instrumentellen, naturwissenschaftlichen Rationalität uns den nicht-instrumentellen Teil unseres Lebens allzu häufig verdeckt. Zu dem Streben nach dem Ziel einer Ganzheit im Leben und Denken, wie es sich bei Schelling findet, gehört notwendig auch die Pluralität der Positionen, mit der, aus historischen Gründen, wir uns in Deutschland gerade besonders schwertun.

Robert Hettlage:

Aus soziologischer Sicht muß die Dichotomie zwischen den chemischen Genen und der Freiheit des Individuums ergänzt werden um die Dimension der

Freiheit von und in der Gesellschaft. Die Frage nach einer Entwicklung der Gesellschaft muß so gesehen werden, daß der Wandel für den Soziologen das Normale ist und nicht das Problem. Interessant dabei ist, ob sich Anzeichen dafür ergeben, daß sich ein solcher Wandel gerichtet vollzieht, und ob dabei auch von einem Fortschritt gesprochen werden kann. Die Ausdifferenzierung zunehmender Komplexität, wie sie Luhmann darstellt, leuchtet ein, benötigt aber zu ihrer Bewältigung eine weitere Organisation, irgendeine Form von neuem System, welches seinerseits wieder Eigenkomplexität entwickelt und wieder bewältigt werden muß. Auch Integrationsleistungen haben ihre Schwierigkeiten. Anzeichen für gerichteten Wandel ergeben sich auch in den sogenannten „evolutionären Universalien" (Parsons), den Kommunikationssystemen wie Sprache und Schrift, auch den Verwaltungs-, Herrschafts- und Rechtssystemen. L. White wies in „Evolution of culture" auf die Rolle der sich ausdifferenzierenden Energienutzung und der zugehörigen Technologien hin bei der Entwicklung des menschlichen Freiheitsspielraumes gegenüber seinen biologischen Voraussetzungen. Mit allen solchen Anzeichen für gerichteten Wandel ist allerdings noch nicht mitentschieden, daß dies zugleich jeweils im Sinne von Fortschritt gedeutet werden muß. Wir können vielleicht die Umwelt besser bewältigen, haben eine höhere Anpassungskapazität entwickelt. Man kann sich sicher auch darauf einigen, daß es in Teilaspekten des gesellschaftlichen Wandels Fortschritte gegeben hat, etwa vom Hausrecht zum staatlichen Gewaltmonopol, von der Sklavenhaltung zum bürgerlichen Rechtsstaat. Schon beim Problem der Energieverbrauchssteigerung ist das nicht mehr so sicher. Und vor allem darf man nicht übersehen, daß es Grenzen in der Entwicklung gibt, bei welchen gerichteter Wandel wie Fortschritt umschlagen können — zu nennen sind das Kostenproblem, die Ressourcenerschöpfung, im sozialen Bereich die Bürokratisierung, die Verrechtlichung der anonymen und homogenisierten Einzelleben.

Haben wir überhaupt Chancen, hier in die Entwicklung einzugreifen? Positive Kriterien dafür, wann wir definitiv von Fortschritt sprechen können, haben wir im Grunde nicht. Was wir tun können und was wir lernen sollen, ist: konkrete Probleme frühzeitig erkennen. Es ist aber die Frage, ob dies ausgerechnet in interdisziplinärer Diskussion angemessen behandelt werden kann, und ob es deswegen die kollektive Vernunft sein wird, die solche konkreten Probleme rechtzeitig bewältigen kann.

Viktor Vanberg:

Hilfreich für eine genauere Durchdringung des Problems wäre zudem die Unterscheidung der drei Kategorien Selbstbestimmung — Mitbestimmung — Fremdbestimmung, die aus sozialwissenschaftlicher Perspektive der festgefahrenen Diskussion zwischen biologischem und philosophischem Freiheitsbegriff weiterhelfen könnte.

Robert Spaemann:

Fortschritt muß nicht notwendig ein Ziel haben. Evolution und Geschichte scheinen sich diesbezüglich zu unterscheiden. Evolution betrachten wir, jedenfalls insofern sie unsere eigene Vorgeschichte ist, als einen Fortschritt in Richtung auf das, was am Ende da ist und was wir dann rückblickend als Ziel interpretieren können. Dies kann man analog dem Bau eines Autos verstehen: die Zwischenschritte sind zwar Fortschritte, aber sie haben für sich genommen gar keinen Sinn: ein halbfertiges Auto ist so gut wie gar kein Auto, denn man kann damit nicht fahren. Es gibt auch eine ganz andere Art von Fortschritt, wenn die Sache nun fertig ist und man sie weiterentwickelt, verbessert, verschönert usf. Und so muß wohl Fortschritt in der Geschichte verstanden werden, als Fortschritt in bezug auf eine Sache, die schon da ist, nämlich: den Menschen. Da gibt es dann nicht ein Ziel, auf das hin er weiterentwickelt werden sollte und das dann erst den einzelnen Schritten ihren Sinn verleihen würde, sondern das Ziel der Geschichte und der Menschheit ist immer schon da — der einzelne Mensch nämlich, sein gutes und richtiges Leben, und wenn er das gelebt hat, dann ist insoweit das Ziel der Geschichte auch schon erreicht. Jedes Ziel, das darüber hinaus läge, würde Menschen zu Material auf dem Weg zu diesem Ziel machen, und das verstieße gegen die Menschenwürde.

Zwar gibt es Fortschritte, übrigens auch Rückschritte, in der Geschichte auch, aber eben nur in bezug auf das bereits vorhandene Ziel, den Menschen. Diese Unterscheidung macht die Inkommensurabilität des Fortschrittsbegriffs in evolutionstheoretischer und historischer Verwendung aus. Die Evolutionstheorie handelt vom Zustandekommen des Ziels, die Geschichte von der Weiterentwicklung, Verbesserung oder Verschlechterung dieses Ziels in einem offenen Prozeß ohne weiteres Ziel.

3. Naturwissenschaft, Philosophie und gemeinsame Sprache

Ernst Pöppel:

Aus der Sicht der Neurobiologie und der experimentellen Psychologie sollte ergänzt werden, daß viele Leistungen des Gehirns ohne Bewußtsein verlaufen und auch sprachlich nicht adäquat vermittelbar sind (wie z. B. die Emotionalität). Dies erscheint außerordentlich wichtig für eine philosophische Diskussion, denn sie verwendet Worte, sehr spezielle sogar, und somit ist sie eingeschränkt auf eine kleine Teilmenge dessen, was unser Gehirn an intelligenten Leistungen vollbringt. Könnte es nicht sein, daß viele der angesprochenen Äquivokationen durch die nur unangemessen sprachlich gefaßten, verschiedenen Sphären der Gehirnleistungen stammen? Überspitzt könnte man sagen, daß emotionale Widerstände gegen bestimmte Argumente in

Wirklichkeit intellektuelle Einwände sind. Es herrscht nur eine eingeschränkte Isomorphie zwischen mentalem Vorgang und unserem sprachlichen Zugriff darauf, und deswegen darf man sich nicht wundern, daß Leute von verschiedenen Ansatzpunkten her zu nicht-äquivalenten Lösungen kommen. Aufgrund dieser Eingeschränktheit unserer geistigen Werkzeuge und vor allem der sprachlichen Abbildung scheint es fast notwendig, daß wir aneinander vorbeireden, daß es zwischen Philosophen und Naturwissenschaftlern zu keiner Übereinstimmung kommt. Deswegen sollten auch umgekehrt Philosophen nicht versuchen, Naturwissenschaftlern logische Mängel und sozusagen eine gewisse intellektuelle Beschränktheit fühlen zu lassen; und sie sollten dann auch nicht vergessen, daß das, was die Naturwissenschaftler machen, funktioniert, und das hat immer einiges für sich.

Alfred Locker:

Gewiß ist die Wahl der Sprache der Ausgangspunkt für alle Folgerungen, die aus dem Kontext dann gezogen werden können. Aber es erscheint als zu pessimistisch, daß somit die Kontraposition zwischen Naturwissenschaft und Philosophie unüberwindlich wäre. In der Sicht der allgemeinen Systemtheorie, einer Metawissenschaft, nehmen sich häufig unversöhnliche Positionen als nur relativ aus, und daher sollte auch in der Evolutionsproblematik dieser Ansatz versucht werden.

Eine der neuesten Theorien der Astrophysiker kommt zur Erkenntnis, daß der physische Kosmos von seinem Initialereignis her eigentlich so angelegt war, daß er notwendigerweise den Menschen hervorbringen mußte (das „anthropische Prinzip"). Wäre er auch nur in wenigen Parametern anders gewesen, dann wäre entweder alle Vielfalt des Kosmos gar nicht zustandegekommen, oder es wäre für den Menschen noch viel zu früh. In dieser Theorie bringt der Kosmos gewissermaßen als sein Ziel den Menschen hervor.

Allerdings ist diese Sicht bei aller wissenschaftlichen Fundiertheit systemtheoretisch aus zwei Gründen naiv. Zum ersten, weil hier rein physische Prozesse etwas hervorgebracht haben sollen, was nicht rein physisch ist, nämlich Subjektivität und Selbstsein bis zum Menschen hinauf. Man schaltet beim Entwurf der Theorie das Subjekt des Theoretikers aus, um es dann in der Theorie hervorgehen zu lassen. Zum zweiten „mußte" natürlich der Kosmos inhärent diese Ausgangsparameter haben, weil der Kosmos, den die Astrophysik beschreibt, ja ein Konstrukt des menschlichen Geistes ist. Es ist nicht der „Kosmos an sich". Am Beginn der neuzeitlichen Naturwissenschaft steht die methodische Abstraktion einer Beschränkung der Phänomene auf das Meß- und Wägbare, auf das Quantifizierbare. Wenn man dies erinnert, dann wird man verstehen, daß es notwendigerweise zu Trugschlüssen kommt, wenn man aus dem „objektiven" Prozeß Subjektivität hervorgehen lassen will.

Das gilt nun z. B. auch für die These von Herrn Markl, daß die Form der Lebewesen durch ihr genetisches Programm bestimmt werde. Das genetische

186 Evolution und Freiheit — Abendvorträge — Schlußdiskussion

Programm ist umgekehrt selbst Ausdruck der vorangehenden Form, wenn auch nicht der Form, die den Methoden der Naturwissenschaft zugänglich ist. Es zeigt sich hier die Antinomie, die immer dann auftritt, wenn sich der technisch-rationale Verstand Problemen zuwendet, die nur auf anderen Ebenen angemessen erfaßt werden können. Deswegen weist die Evolutionstheorie für sich gesehen vom Kosmos bis zur Kultur hinaus durchaus theoriekonsistente Züge auf, sie wird aber im selben Augenblick, wo wesensmäßig über sie Hinausgehendes durch sie erklärt werden soll, trügerisch. Auch auf das Problem der Zukunft ist dies anzuwenden. Das Wesen der Zukunft ist nicht in der linearen Dimension der chronisch-verlaufenden, physikalisch-meßbaren Zeit zu sehen, sondern Zukunft ist immer das, was Augustin das *nunc stans* nennt, also die stets vorhandene Transzendenz. Nur in ihr kann also das Ziel der Menschheit gesehen werden, und was sich darauf zubewegt, ist nicht eine Species oder Gesellschaft im evolutionistischen Sinne, sondern der täglich willentlich entscheidende Mensch. Wenn es möglich wäre, die Gesellschaft oder Menschheit so zu entwickeln, daß es jedem einzelnen ihrer Glieder möglich ist, den Transzendenzbezug, den es als Glied ja immer schon hat, auch ungehindert ausüben zu können, konkret gesprochen: wenn die Freiheit der Meinung, die Freiheit der Religionsausübung usf. realisiert ist, dann ist gleichsam die Zukunft der Menschheit auch schon realisiert, dann ist die Zukunft Gegenwart.

Dennoch sollte man die mythischen Bilder vom Anfang und vom Ende nicht negieren, den Mythos von ursprünglicher Vollkommenheit und vom Sündenfall, von der Wiederherstellung durch eine Erlösung, durch die Inkarnation der zweiten göttlichen Person (für einen gläubigen Christen ist es natürlich kein Mythos). Wenn man dieses Bild nicht wirklich als Rahmenwerk unserer menschlichen Existenz sieht, Anfang und Ende also eingebunden in das, was im Barnabas-Brief steht: Sehet, ich werde das Ende dem Anfang gleich machen, dann wird man auch nie die Kraft haben, jene Zukunft zu realisieren, die im augustinischen Sinne jetzt schon da ist.

Hermann Krings:

Wenn hier von einer fast unabweislichen Notwendigkeit gesprochen wurde, daß Naturwissenschaftler und Philosophen aneinander vorbeireden (Pöppel), so ist das zu skeptisch. Man muß sich klarmachen, was von einer solchen gemeinsamen Tagung überhaupt zu erwarten ist. Sicher nicht die tatsächliche Isomorphie einer vollständigen Übereinstimmung aller Teilnehmer, sondern vielmehr das Streben nach einer indirekten Integration, beispielsweise der Entdeckung von Komplementarität in den Sichtweisen. Denn daß die verschiedenen Perspektiven — soziologische, psychologische, linguistische, systemtheoretische usf. — die Phänomene jeweils mit ihren Kategorien zu rekonstruieren versuchen, das schließt nicht aus, daß sich nicht, wie hier, ihre Vertreter an einen Tisch setzen können und miteinander im Geiste der Fairneß sprechen. Diese Tatsache läßt sich aber nun nicht noch einmal angemessen von einer jener Perspektiven aus begreifen. Es zeigt sich in ihr eine doppelte Freiheit: einmal die Freiheit, daß wir tatsächlich unter einer vorgegebenen Zielsetzung hier zusammengekommen sind, und zum zweiten die Freiheit, daß wir die Sprache des anderen anhören, zu übersetzen versuchen und darin auftretende Schwierigkeiten erörtern. Die sich dabei ergebende Dichotomie ist zunächst nicht nur aufhebbar, sie ist sogar notwendig, damit es überhaupt zu einem Gespräch kommt.

Unhintergehbar ist aber, daß auch die wissenschaftliche Tätigkeit sauber nicht denkbar ist ohne ein Moment der Freiheit. Man kann sich das auch ontogenetisch klarmachen, denn der Mensch kommt nicht als Wissenschaftler auf die Welt. Es gibt keinen Punkt im Leben, wo man sagen würde: er *muß* Wissenschaftler werden, es sei denn, dieses „Muß" wird als *innere* Notwendigkeit verstanden. Wenn er nun aber Wissenschaftler ist, dann kann die vielfach angesprochene Dichotomie auftreten. Diesem Problem kann man sich in zweierlei Weise gegenüber verhalten, wenn man es in einer höheren Einheit versöhnen will. Einmal durch die Annahme, es müsse sich letztlich alles als Naturphänomen erklären lassen, etwa in einer universellen Evolutionstheorie. Oder man fragt sich, welche Instanz für diese Dichotomie noch einmal eine Orientierung dafür bieten könnte, wie man mit ihr umgeht. In meinem Vortrag (s. o.) wurde die Idee des Guten bei Platon genannt. Für diese beiden Einstellungen lassen sich nun wieder Argumente beiziehen, aber daraus ziehe ich nun mein Plädoyer für die Freiheit der Theorie, d. h. daß die Theorie sich bewußt wird, daß sie eine Leistung der Freiheit ist. Und daß sie auch dann noch, wenn sie in ihrem theoretisch konsequenten Vorgehen sich als durchgängig deterministisches Produkt objektiviert, sich doch bewußt ist, daß eben diese Leistung einer Objektivierung, auch deren methodisch vollkommene Durchführung, selbst in die Objektivierung nicht eingeht und somit gerade diese Theorie ein ausgezeichneter Zeuge der Freiheit ist.

4. Schlußwort von Hans Jonas

Ziel der Menschheit

Auf die Frage: gibt es ein Ziel der Menschheit? kann man dem Nein von Herrn Spaemann ganz zustimmen. Ich will nachfolgende Überlegung hinzufügen: Menschen sind im Gegensatz zur Menschheit teleologische Entitäten. Die Richtung eines Prozesses darf dabei nicht mit dem Ziel verwechselt werden, denn sonst wäre der Tod das Ziel des Lebens (Aristoteles), und sonst wäre die Richtung aller kosmischen Prozesse — höhere Entropie — ihr Ziel, also das totale Chaos. Bei der Ontogenese des Menschen ergibt sich in der Natursicht das Ziel, daß aus dem befruchteten Keim Schritt für Schritt der erwachsene Mensch entsteht, und von da ab setzt er selber Ziele. Was aber das Naturziel der Menschheit insgesamt anlangt, so kann dies nur und nichts anderes sein als daß der Mensch Mensch sei.

Zufall und Notwendigkeit

Jacques Monod, Autor des Buches mit dem Titel „Zufall und Notwendigkeit", ist zwar ein hervorragender Biologe, aber kein guter Philosoph gewesen. Er sagte, der Zufall liege auf seiten der Mutation, und die Notwendigkeit auf seiten des erbarmungslosen Selektionsprozesses. Da auf der Zufallsseite eine gewisse Indeterminiertheit existiert, liegt die Versuchung nahe, diese mit Freiheit zu identifizieren. Aber das ist ein Fehlurteil, denn das, *was* durch den Zufall entstanden ist, ist durch eben diesen auch vollständig determiniert. Freiheit ist bei dieser Sicht der Dinge aus der Diskussion nicht erklärt, sondern eliminiert.

Freiheit und Notwendigkeit

Das Begriffspaar Freiheit und Notwendigkeit hingegen markiert eine substantielle Dialektik — aber keine Antinomie, denn die Vorstellung, Freiheit könne ohne Notwendigkeit sein oder zu ihr im Widerspruch stehen, ist irrig. Freiheit ist zunächst individuell. Ihre Integration in Kollektive ist einerseits Ausdruck von Freiheit, bringt aber auch Notwendigkeiten mit sich für diejenigen, die in den Kollektivordnungen leben und sich anpassen müssen. Kollektivordnungen können zwar danach bewertet werden, ob sie günstigere oder weniger günstigere Bedingungen für persönliche Freiheit darbieten; immer aber scheinen sie die individuelle Freiheit zu beeinträchtigen. Jeder von uns hat gewissermaßen ein großes determinatives Gepäck auf dem Buckel, genetisch, historisch, politisch usf. Aber was bedeutet hier eigentlich „Beeinträchtigung der Freiheit"? Man stelle sich den Begriff unbegrenzter Freiheit vor. Sie ist nur möglich unter den Bedingungen der Allmacht, also bei Gott, und auch da nur, bevor er die Welt erschaffen hat. Mit ihrer Schöpfung hat er ein Gegenüber, das sich dank seines Verzichts auf absolute Allmacht auch gegen ihn verhalten, ihn schmerzen kann wie beim Sündenfall. Unbegrenzte Freiheit ist ein Unbegriff, ist gar nicht vorstellbar, so wenig wie Kraft ohne Widerstand. Freiheit kann überhaupt nur existieren in bezug auf Notwendigkeit. Sie ist eine Art, der Notwendigkeit zu begegnen, sie zu bewältigen, soweit sie zu bewältigen ist. Die Notwendigkeit bietet der Freiheit ihre Chancen.

Diese auszunutzen ist Sache des Besitzers der Freiheit, und sie können so gering sein, daß ihr Aufleuchten einem Wunder gleicht, aber auch so groß, daß die freie Entscheidung über sich und sein Leben der menschliche Normalfall ist. Unter den ungünstigen Bedingungen leuchtet die Freiheit als besondere Tat auf: Sacharow ist das Beispiel einer Freiheit, von der wir nicht hoffen können, daß wir sie selber nachahmen, aber hoffen dürfen, daß wir sie nachahmen könnten, wenn wir selbst unter solchen Bedingungen lebten.

Das ist keine Entschuldigung für die Tyrannei, die die Gelegenheit zu diesen Wundern der Freiheit gibt, so wie die Tugend des Martyrertums nicht die Bedingungen entschuldigt, die Martyrertum ermöglichen.

Sokrates und Anytos

Für die Evolution ist das Überleben entscheidendes Auslesekriterium des Seienden. Im Verhältnis zwischen Sokrates und Anytos, seinem Ankläger, hat also Anytos überlebt und Sokrates ist hingerichtet worden. Aber wer hat *wirklich* überlebt? Es genügt völlig, diese Frage zu stellen, um sie beantwortet zu haben.

Dem Vortrag von Herrn Krings ist noch ein Gedanke anzufügen. Es ist merkwürdig, daß Sokrates überlebte durch sein Vermächtnis der Offenheit des Dialogs, d. h. der Abwesenheit endgültiger Lösungen und Resultate. Auch Resultate können überleben, aber mit ihnen überleben gerade nicht die Menschen, die sie entwickelt haben, nicht Pythagoras, nicht Newton. In Sokrates haben wir aber das Überleben von etwas, woran wir alle noch teilnehmen können und immer wieder teilzunehmen versuchen: die Offenheit des Dialogs, die Vorläufigkeit, die man auf sich nehmen muß, in deren Angesicht man sich um Wahrheit bemüht, die aber die Suche nicht zugleich vergeblich macht. Das Ziel liegt im Prozeß, und nicht an seinem Ende.

Mit dem Menschen trat der Unterschied von Gut und Böse in die Welt, den es im tierischen Leben nicht gibt. Wenn wir daher einen Gradmesser für Wert in der Geschichte aufstellen wollten, so könnten wir sagen: je mehr sokratische Existenz in diesem Prozeß zutage tritt, desto mehr kommt der Mensch zu einem immanenten Ziel, und je mehr hitlerische Existenz, die unendlich mehr zu wissen glaubte als Sokrates, desto weiter bleibt der Prozeß dahinter zurück. Aber: das alles liegt nicht in der Zukunft, mit Herrn Spaemann gesprochen: das Ziel ist immer schon da, es ist die Gegenwart des Menschen.

Verzeichnis der Teilnehmer der Tagung

Dr. Konrad Adam	Frankfurter Allgemeine Zeitung
Prof. Dr. Hans M. Baumgartner	Professor für Philosophie an der Universität Gießen
Prof. Dr. Friedrich Cramer	Direktor des Max-Planck-Instituts für Experimentelle Medizin in Göttingen
Dr. Rainer Döbert	Mitarbeiter am Max-Planck-Institut für Sozialwissenschaften in München
Gisela Fehling	Sender Freies Berlin
Prof. Dr. Gerhard Frey	Professor für Philosophie an der Universität Innsbruck
Günter Haaf	DIE ZEIT, Hamburg
Prof. Dr. Dr. Hermann Haken	Professor für Theoretische Physik an der Universität Stuttgart
Prof. Dr. Robert Hettlage	Professor für Soziologie an der Universität Regensburg
Prof. Dr. Jack Hirshleifer	Professor für Wirtschaftswissenschaften an der University of California, Los Angeles, USA
Prof. Dr. Hans Jonas	Professor em. für Philosophie an der New School for Social Research, New York, USA
Prof. Dr. Hans Köchler	Professor für Philosophie an der Universität Innsbruck
Prof. Dr. Leo Koslowski	Professor für Chirurgie und Direktor der Chirurgischen Universitätsklinik Tübingen
Dr. Peter Koslowski, M. A., Dipl. oec.	Wissenschaftlicher Assistent für Philosophie an der Universität München
Prof. Dr. Hermann Krings	Professor em. an der Universität München
Prof. Dr. Timothy Lenoir	Professor für Wissenschaftsgeschichte an der University of Arizona, USA
Prof. Dr. A. Locker	Professor für Theoretische Physik an der Universität Wien

Prof. Dr. Dr. Reinhard Löw	Professor für Philosophie an der Universität München
Prof. Dr. Hubert Markl	Professor für Biologie an der Universität Konstanz
Prof. Dr. Reinhart Maurer	Professor für Philosophie an der Freien Universität Berlin
Dr. Neil McLeod	Präsident des Liberty Fund, Inc., Indianapolis, USA
Prof. Dr. Hans Mohr	Professor für Biologie an der Universität Freiburg
Dr. Wolfgang Müller-Funk	Bayerischer Rundfunk, München
Prof. Dr. Jochen Röpke	Professor für Wirtschaftswissenschaften an der Universität Marburg
Gerhard Ruis	ORF Landesstudio Salzburg
Dr. Oskar Schatz	ORF Landesstudio Salzburg
Dr. Günther Schiwy	C. H. Beck-Verlag, München
Prof. Dr. Robert Spaemann	Professor für Philosophie an der Universität München
Dr. Viktor Vanberg	Privatdozent am Institut für Genossenschaftswesen der Universität Münster
Dr. Wilhelm Vossenkuhl	Privatdozent für Philosophie an der Universität München
Dr. Franz M. Wuketits	Universitätsdozent für Philosophie und Wissenschaftstheorie an der Universität Wien
Dr. Barbara von Wulffen	Schriftstellerin, Stockdorf

192

Verzeichnis der Autoren

Stephen Jay Gould (geb. 1941) Professor für Geologie an der Harvard-Universität, Veröffentlichungen unter anderem: Ontogeny and Phylogeny (1977), Ever since Darwin (1977), The Panda's Thumb (1980), The Mismeasure of Man (1981) sowie zahlreiche Aufsätze in Fachzeitschriften.

Hermann Haken (geb. 1927) Professor für theoretische Physik an der Universität Stuttgart. Veröffentlichungen unter anderem: Quantenfeldtheorie des Festkörpers (1973), Licht und Materie I. Elemente der Quantenoptik (1979), Erfolgsgeheimnisse der Natur (1981), Synergetik (1983) sowie zahlreiche Aufsätze in Fachzeitschriften.

Jack Hirshleifer (geb. 1925) Professor für Wirtschaftswissenschaften an der Universität Californien in Los Angeles. Veröffentlichungen unter anderem: Water Supply. Economics, Technology and Policy (1960), Investment, Interest and Capital (1970 dt.: Kapitaltheorie (1974)), Price Theory and Applications (1976) sowie zahlreiche Aufsätze in Fachzeitschriften.

Hans Jonas (geb. 1903) Professor em. für Philosophie an der New School for Social Research in New York. Veröffentlichungen unter anderem: Augustin und das paulinische Freiheitsproblem (1930), Gnosis und spätantiker Geist (2 Vols. 1934 und 54), The Phaenomenon of Life. Towards a Philosophical Biology (1966), Organismus und Freiheit (1973), Das Prinzip Verantwortung (1979) sowie zahlreiche Aufsätze in Fachzeitschriften.

Peter Koslowski (geb. 1952) Wissenschaftlicher Assistent für Philosophie an der Universität München. Veröffentlichungen unter anderem: Zum Verhältnis von Polis und Oikos bei Aristoteles (1976, 2. Aufl. 1979), Gesellschaft und Staat. Ein unvermeidlicher Dualismus (1982), Ethik des Kapitalismus (1982, 2. Aufl. 1984), Evolution und Gesellschaft. Eine Auseinandersetzung mit der Soziobiologie (1984) und Aufsätze in Fachzeitschriften.

Hermann Krings (geb. 1913) Professor em. für Philosophie an der Universität München. Veröffentlichungen unter anderem: Ordo. Philosophisch-historische Grundlegung einer abendländischen Idee (1941, 2. Aufl. 1982), Fragen und Aufgaben der Ontologie (1954), Meditation des Denkens (1956), Transzendentale Logik (1964), System und Freiheit (1980) und zahlreiche Aufsätze in Fachzeitschriften.

Reinhard Löw (geb. 1949) Professor für Philosophie an der Universität München. Veröffentlichungen unter anderem: Pflanzenchemie zwischen Lavoisier und Liebig (1977), Philosophie des Lebendigen. Der Begriff des Organischen bei Kant (1980), Die Frage Wozu? (gemeinsam mit R. Spaemann, 1981) und Aufsätze in Fachzeitschriften.

Reinhart Maurer (geb. 1935) Professor für Philosophie an der Freien Universität Berlin. Veröffentlichungen unter anderem: Hegel und das Ende der Geschichte (1965, 2. Aufl. 1980), Platons Staat und die Demokratie (1970), Revolution und „Kehre" (1975), Jürgen Habermas' Aufhebung der Philosophie (1977), sowie Aufsätze in Fachzeitschriften.

Hans Mohr (geb. 1930) Professor für Biologie an der Universität Freiburg (i. Br.). Veröffentlichungen unter anderem: Wissenschaft und menschliche Existenz (1970), Biologische Erkenntnis (1981), Biologische Wurzeln der Ethik (1983) sowie zahlreiche Aufsätze in Fachzeitschriften.

Personenregister*

Kursiv gesetzte Zahlen bezeichnen Namensnennungen im Anmerkungs- und Literaturteil

---

* erstellt von Anna Maria Hauk, M. A.